高等职业教育土建施工类专业融媒体创新系列教

U0664152

建筑材料检测与试验

主 编 曹世晖

中国建筑工业出版社

图书在版编目（CIP）数据

建筑材料检测与试验 / 曹世晖主编. — 北京：中国建筑工业出版社，2024.4

高等职业教育土建施工类专业融媒体创新系列教材

ISBN 978-7-112-29487-9

Ⅰ. ①建… Ⅱ. ①曹… Ⅲ. ①建筑材料-检测-高等职业教育-教材 Ⅳ. ①TU502

中国国家版本馆 CIP 数据核字（2023）第 248550 号

责任编辑：张　健　李天虹　李　阳
责任校对：姜小莲

高等职业教育土建施工类专业融媒体创新系列教材
建筑材料检测与试验
主　编　曹世晖

＊

中国建筑工业出版社出版、发行(北京海淀三里河路 9 号)
各地新华书店、建筑书店经销
北京鸿文瀚海文化传媒有限公司制版
常州市大华印刷有限公司印刷

＊

开本：787 毫米×1092 毫米　1/16　印张：21½　字数：407 千字
2024 年 8 月第一版　2024 年 8 月第一次印刷
定价：**58.00** 元（赠教师课件）
ISBN 978-7-112-29487-9
（42224）

总序
Prologue

　　近年来，国家高度重视职业教育发展，陆续发布《国家职业教育改革实施方案》《职业院校教材管理办法》《关于推动现代职业教育高质量发展的意见》《中华人民共和国职业教育法》等多项法律法规和政策文件，职业教育迎来了大发展的历史机遇。教材建设属于国家事权，职业院校教材是教学的重要依据、培养人才的重要保障，必须体现党和国家意志，建设一批内容科学先进、编排科学合理、符合课标要求的专业课程教材是职教改革的重要任务。

　　我们正处在信息技术飞速发展的全媒体时代，教师与学生的"教与学"模式已然发生转变，要运用现代信息技术改进教学方式方法，适应"互联网＋职业教育"发展需求，职业院校教材应符合技术技能人才成长规律和学生认知特点，充分反映产业发展最新进展，对接科技发展趋势和市场需求，及时吸收比较成熟的新技术、新工艺、新材料、新规范，专业教材随信息技术发展、产业升级和技术进步及时动态更新。如何打造具备时代特点、满足教学需求的职业教育教材，是编者、出版单位需要认真思考的重要课题。

　　"高等职业教育土建施工类专业融媒体创新系列教材"正是为了适应新时期我国建筑工业化、数字化、智能化升级对土建类高素质人才的需求，而组织职业院校的优秀教师、重点企业专家编写的，教材形式新颖、内容简明易懂、数字化资源丰富，满足信息化和个性化教学的需要，凸显新形态教材的特点，具备"先进性、规范性、职业性、实践性"的特点。未来，本系列教材会根据新技术、新工艺、新材料、新设备的发展不断优化完善，依托网络平台动态更新，满足院校师生的教学要求。

　　本套教材的出版，凝聚了各位编写人员、审查人员及编辑的辛勤劳动，得到了有关院校的大力支持。上海盛尚文化传播有限公司在教材策划及配套数字资源的建设方面做出了很大贡献。大家的共同努力，为本套教材的高质量出版提供了保障。希望本套教材的出版能满足广大院校的要求，为建设行业的人才培养做出贡献。

胡兴福

2022 年 9 月

前言
Foreword

　　本书为高等职业教育土建施工类专业融媒体创新系列教材之一，以符合高等职业院校培养高技能人才和全面推进素质教育的需要为编写目标，结合行业职业技能标准要求，按照最新颁布的国家、行业标准及规范编写。

　　本书根据职业教育国家教学标准体系对高等职业土建类专业的建筑材料检测与试验的教学基本要求，将行业职业技能标准的相关内容有机融入教材。各模块的知识框架由各种常用建筑材料检测的基本规定、材料各技术性能指标的检测目的、检测原理、试验室和检测仪器、检测步骤、检测数据处理与检测结论评定等构成，增加了学习的整体性和完整性，突出职业岗位能力的培养，教材的编写注重实用性和可操作性，加强实训环节，尽量做到理论与实践零距离。

　　本书坚持以技能为本位，注重基本知识与基本技能的结合，内容上以实用为准，基本理论以够用为度。教材中编排了较多的实训项目，便于教学中根据实际需要组织有针对性的训练。每个项目都附有知识目标、能力目标、素质目标、思维导图、项目总结、思考及练习，引导学生带着工作任务学习，重点培养学生职业技能和职业素养。

　　本书以融媒体形式出版，教材的编写注重科学性和创新性，读者通过扫描书中的二维码，可以阅读大量与教材内容相关的图片、标准规范、演示动画、操作视频等主题鲜明的电子资料，不仅可以拓宽读者的知识面，还可以使读者更好地理解和掌握建筑材料检测与试验的专业知识和技能要点，通过扫码后阅读丰富、直观的拓展内容，也增强了学习的趣味性，真正实现快乐学习。

　　本书由湖南城建职业技术学院曹世晖主编并统稿。项目1、项目2由曹世晖编写，项目3由湖南城建职业技术学院李碧海编写，项目4、项目9由湖南城建职业技术学院李翠平编写，项目 5、项目 7 由湖南城建职业技术学院杨泽宇编写，项目 6、项目 8 由湖南城建职业技术学院戴婷编写。

本书编写过程中参阅了大量文献资料及电子资料，吸收了许多同行专家的最新研究成果，在此表示衷心感谢。

由于编者的水平有限，本书存在的不足和疏漏之处在所难免，敬请各位读者批评指正。

内容提要

Informative Abstract

本教材共包括9个项目，分别为：建筑材料检测目的及试验数据整理、水泥性能检测与试验、骨料性能检测与试验、外加剂性能检测与试验、混凝土性能检测与试验、建筑砂浆性能检测与试验、墙体材料性能检测与试验、建筑钢材性能检测与试验和防水材料性能检测与试验。

本教材适合高等职业院校土建施工类院校使用。为方便教师授课，本教材作者自制免费课件并提供习题答案，索取方式为：1. 邮箱jckj@cabp.com.cn；2. 电话（010）58337285；3. 建工书院 http://edu.cabplink.com。

数字资源一览

作者简介

Author's Brief Introduction

曹世晖

教授，全国职业教育教学基础专家库专家，全国职业院校技能大赛裁判，湖南省职业教育"楚怡"教师教学创新团队主持人，湖南省职业院校技能大赛命题专家和裁判长，湖南省职业教育评估与咨询专家、湖南省一级科技学会硅酸盐学会副理事长、湖南省第十三次妇女代表大会代表，湖南建设投资集团有限责任公司优秀教师、芙蓉百岗明星，市级高层次人才。主编两部"十四五"职业教育国家规划教材并均评为湖南省职业教育优质教材，主编两部"十三五"职业教育国家规划教材，湖南省专业资源库课程负责人，主持或重要参与湖南省职教重点项目多项，主持或重要参与省级以上教科研项目多项，发表学术论文二十余篇，其中核心期刊论文十余篇。参加湖南省职业院校教师职业能力竞赛教学能力比赛获二等奖，指导学生参加湖南省职业院校技能竞赛获二等奖多项、全国建设类院校职业技能获一等奖多项。

上智云图
使用说明

一册教材 ＝ 海量教学资源 ＝ 开放式学堂

微课视频
知识要点
名师示范
扫码即看
备课无忧

教学课件
教学课件
精美呈现
下载编辑
预习复习

在线案例
具体案例
实践分析
加深理解
拓展应用

拓展学习
课外拓展
知识延伸
强化认知
激发创造

素材文件
多样化素材
深度学习
共建共享

"上智云图"为学生个性化
定制课程，让教学更简单。

PC 端登录方式：www.szytu.com

详细使用说明请参见网站首页
《教师指南》《学生指南》

　　本教材是基于移动信息技术开发的智能化教
材的一种探索。为了给师生提供更多增值服务，
由"上智云图"提供本系列教材的所有配套资源
及信息化教学相关的技术服务支持。如果您在使
用过程中有任何建议或疑问，请与我们联系。

课程兑换码

教材课件索取方式：

1. 邮箱 :jckj@cabp.com.cn;

2. 电话 :(010)58337285;

3. 建工书院 :http://edu.cabplink.com;

4. 上智云图 : www.szytu.com。

目录
Contents

项目1
建筑材料检测目的及
试验数据整理

项目1
建筑材料检测目的及试验数据整理

【教学目标】

1. 知识目标：

掌握建筑材料生产单位检测和施工单位检测的目的；

掌握真值与平均值的概念和表示方法；

掌握误差的分类的计算方法；

理解准确度、正确度与精密度的关系；

掌握数值修约的概念和修约规则；

掌握数据的表示方法；

掌握不确定度的定义；

了解不确定度的来源；

掌握不确定度的评定和表示方法。

2. 能力目标：

能正确计算算术平均值、加权平均值、中位值；

具备区分系统误差、偶然误差和过失误差的能力；

能正确计算绝对误差、相对误差、标准方差、变异系数；

能正确评定准确度、正确度与精密度；

能正确进行数值修约；

能正确运用表格、曲线、数学公式等表示数据；

能正确评定不确定度。

3. 素质目标：

具有良好的职业道德和诚信品质；

具有工匠精神、劳动精神、劳模精神；

具有良好的质量意识、规范意识、环保意识、安全意识、信息技术素养；

具有较强的集体意识和团队合作精神。

【思维导图】

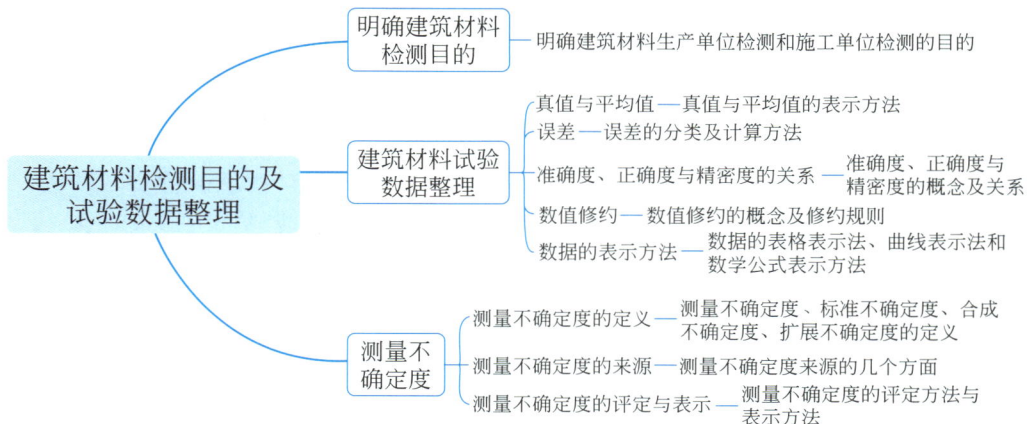

【引文】

  建筑材料是建筑工程的物质基础，与建筑设计、建筑结构、建筑经济及建筑施工一样，是建筑工程极为重要的组成部分。建筑材料性能的好坏，直接影响着整个建筑物质量等级、结构安全、外部造型和建成后的使用功能等。建筑材料的检测，在建设工程质量管理、建筑施工生产、科学研究及科技进步中占有重要地位。建筑材料科学知识和检测技术标准不仅是评定和控制建筑材料质量、监控施工过程、保障工程质量的手段和依据，也是推动科技进步、合理使用建筑材料、降低生产成本、提高企业效益的有效途径。

1.1　明确建筑材料检测目的

  建筑材料的品种繁多，形态各异，性能相差很大，建筑材料质量、性能的好坏直接影响工程质量。要判断建筑材料的质量好坏，必须对建筑材料进行检测。建筑材料检测是根据现有最新的有关技术标准、规范的规定和要求，采取科学合理的检测手段，对建筑材料的性能参数进行检验和测定的过程。

  建筑材料的检测主要分为生产单位检测和施工单位检测两方面。生产单位检测的目的，是通过测定材料的主要质量指标，判定材料的各项性能是否达到相应的技术标准规定，以评定产品的质量等级、判断产品质量是否合格、确定产品能否出厂。施工单位检测是采用规定的抽样方法，抽取一定数量的材料送交相关资质等级的检测机构进行检测，其主要目的是通过测定材料的主要质量指标，判定材料的各项性能是否符合质量等级的要求，即是否合格，以确定该批建筑材料能否用于工程中。

1.2 建筑材料试验数据整理

当检测材料的某一性质，或对材料某一性质作一系列检测时，一方面，必须对所测对象进行分析研究，选择适当的检测方法，估计所测结果的可靠程度，并对所测数据给予合理的解释；另一方面，还必须将所得数据进行归纳整理，以一定的方式表示出各数值之间的相互关系。前者需要误差理论方面的基础知识，后者需要数据处理的基本技术。

1.2.1 真值与平均值

1. 真值

真值是指一个现象中物理量客观存在的真实数值。严格说来，由于各种主客观的原因真值是无法测得的。在实验科学中，为了使真值这个概念具有实际的含义，通常可以这样来定义实验科学中的真值：在没有过失误差和系统误差的情况下，无限多次的观测值的平均值即为真值。在实际测试中不可能观测无限多次，故用有限测试次数求出的平均值，只能是近似值，我们称之为最佳值或平均值。

2. 平均值

常用的平均值有算术平均值、加权平均值、中位值等。

（1）算术平均值

算术平均值是最常用的一种平均值。在一组等精度的测量中，算术平均值是最接近真值的最佳值。

设某一物理量的一组观测值为 x_1，x_2，$\cdots$，x_n，n 表示观测的次数，则其算术平均值为：

$$x = \frac{x_1 + x_2 + \cdots + x_n}{n} = \frac{1}{n}\sum_{i=1}^{n} x_i \qquad \text{式（1-1）}$$

（2）加权平均值

当同一物理量用不同的方法去测定，或由不同的人去测定时，常对可靠的数值予以加权平均，称此平均值为加权平均值。其定义是：

$$x_k = \frac{k_1 x_1 + k_2 x_2 + \cdots + k_n x_n}{k_1 + k_2 + \cdots + k_n} = \frac{\sum_{i=1}^{n} k_i x_i}{\sum_{i=1}^{n} k_i} \qquad \text{式（1-2）}$$

式中，$k_1 + k_2 + \cdots + k_n$ 代表各观测值的对应的权，其权数可依据经验多少、技术高低给定。

（3）中位值

中位值是将同一状态物理量的一组测试数据按一定的大小次序排列起来的中间

值。若遇测试次数为偶数，则取中间两个值的平均值。该法的最大优点是简单，与两端变化无关。只有观测值的分布呈正态分布时，它才能代表一组观测值的近似真值。

上述各种平均值的计算方法，其目的都是在一组测试数据中找出最接近真值的那个值，即最佳值。平均值的选择主要取决于一组观测数据的分布类型。测试数据中讨论的重点是指正态分布类型且平均值将以算术平均值为主。

1.2.2 误差

1. 误差的分类

任何一种测试工作都必须在一定的环境下，通过测试工作者用一定的测试仪表或工具来进行。但是，无论测试仪表多么精密、测试方法多么完善、测试者多么细心，所测得的结果都不可避免要产生误差，即误差的存在是绝对的，不能也不可能完全消除它。随着科学水平、测试技术水平和测试技术的不断提高和发展，人们只能使测量值逐步接近客观存在的真值。

根据误差产生的原因，可将误差种类分为三类：系统误差、偶然误差和过失误差。

（1）系统误差

系统误差是指在测试中由于测试系统不完善产生的误差。一般来说系统误差的出现往往是有规律的，在相同条件下多次重复测量同一物理量时，使测量结果总是朝一个方向偏离，其绝对值大小和符号保持恒定，或按一定规律变化，因此有时称之为恒定误差。系统误差主要由下列原因引起：

1）仪器误差：是指由于测量工具、设备、仪器结构上的不完善，电路的安装、布置、调整不得当，仪器刻度不准或刻度的零点发生变动，样品不符合要求等原因所引起的误差。

2）人为误差：是指由观察者感官的最小分辨力和某些固有习惯引起的误差。例如，由于观察者感官的最小分辨力不同，不同人观测就有不同的误差，某些人的固有习惯，例如在读取仪表读数时总是把头偏向一边等，也会引起误差。

3）外界误差：也称环境误差，是由于外界环境（如温度、湿度等）的影响而造成的误差。

4）方法误差：是指由于测量方法的理论根据有缺点，或引用了近似式，或实验室的条件达不到理论式所规定的要求等造成的误差。

5）试剂误差：在材料的成分分析及某些性质的测定中，有时要用一些试剂，当试剂中含有被测成分或含有干扰杂质时，也会引起测试误差，这种误差称为试剂误差。

系统误差不能依靠增加量测次数的方法使之减小或消除，但是其产生原因往往是可知的或可掌握的，只要仔细观察和研究各种系统误差的具体来源，就可设法消除或降低其影响，如通过实验前对仪表的校验调整、实验环境的改善和测试人员技术水平的提高以及实验数据的修正，可以减少甚至消除系统误差。

（2）偶然误差

在测试中会有许多随机因素，使测试数据波动不稳，这种误差即为偶然误差，也称之为随机误差。偶然误差是因为不能预料、不能控制的原因造成的，产生的这种误差的原因是不固定的，其来源往往也一时难以察觉，在完全相同的条件下进行重复测量时，测量值或大或小，或正或负，起伏不定，这种误差的出现完全是偶然的，无规律性。

造成偶然误差的随机因素包括了测试环境和条件不稳定（温度、湿度、气压、电压的少量波动）、仪表设备不稳定、测试数据的不准确等。例如：实验者对仪器最小分度值的估读，很难每次严格相同；测量仪器的某些活动部件所指示的测量结果，在重复测量时很难每次完全相同，尤其是使用年久的或质量较差的仪器时更为明显；无机非金属材料的许多物化性能都与温度有关，在试验测定过程中，温度应控制恒定，但温度恒定有一定的限度，在此限度内总有不规则的变动，导致测量结果发生不规则的变动；此外，测量结果与室温、气压和湿度也有一定的关系。

偶然误差表面看来无规律可循，有随机性质，无法防止。但对同一物理量用增加量测次数的方法，可以发现偶然误差具有统计规律性，即服从于正态分布。因此，实际工作中可以根据误差理论，适当增加量测次数以减少该误差对测量结果的影响。

（3）过失误差

过失误差是一种显然不符合实际的误差，这种误差完全是由于测试者的粗心大意、不正确的操作、记录错误或测量条件突然变化所引起的。例如：仪器放置不稳，受外力冲击产生毛病；测量时读错数据、记错数据；数据处理时单位搞错、计算出错等。此种误差无规律可循，只有通过认真细致的操作去力求避免，或对同一物理量重复多次的测量，在整理数据时经过分析予以剔除。显然，过失在试验过程中是不允许的。

2. 误差的计算

1）绝对误差和相对误差

测量值与真值的差异称为绝对误差。若令其真值为 x_0、测量值为 x，则绝对误差 Δx 可用下式表示：

$$\Delta x = x - x_0 \qquad \text{式（1-3a）}$$

绝对误差在真值中所占百分比称为相对误差。相对误差 e 可用下式表示：

$$e = \frac{\Delta x}{x_0} \times 100\% \qquad \text{式（1-3b）}$$

2）标准差（均方根差）

方差是指各个数据与平均数之差的平方和的平均数。

标准差是方差的算术平方根。标准差能反映一个数据集的离散程度。平均数相同的，标准差未必相同。

$$\sigma = \sqrt{\frac{(x_1 - \overline{x})^2 + (x_2 - \overline{x})^2 + \cdots + (x_n - \overline{x})^2}{n - 1}} \qquad \text{式（1-4）}$$

标准差是表示绝对波动大小的指标，当进行两个或多个资料变异程度的比较时，如果度量单位与平均数相同，可以直接利用标准差来比较。

3）变异系数

检测较大的量值，绝对误差一般较大；检测较小的量值，绝对误差一般较小。因此要考虑相对波动的大小，即变异系数。变异系数又称"标准差率"，是衡量资料中各观测值变异程度的另一个统计量。当进行两个或多个资料变异程度的比较时，如果单位和（或）平均数不同，比较其变异程度就不能采用标准差，而需采用标准差与平均数的比值（相对值）。标准差与平均数的比值称为变异系数。

$$\delta = \frac{\sigma}{\bar{x}}$$ 式（1-5）

1.2.3 准确度、正确度与精密度的关系

1. 观测值、测试结果和接受参照值

观测值是指作为一次观测结果而确定的特性值。

测试结果是指用规定方法所确定的特性值。测试方法宜指明观测是一个还是多个，报告的测试结果是观测值的平均数还是它的其他函数（例如中位数或标准差）。它可以要求按适用的标准进行修正，如气体容积按标准温度和压力进行修正。因此一个测试结果可以是通过几个观测值计算的结果。在最简单情形，测试结果即为观测值本身。

接受参照值是用作比较的经协商同意的标准值。它来自于：基于科学原理的理论值或确定值；基于一些国家或国际组织的实验工作的指定值或认证值；基于科学或工程组织赞助下合作实验工作中的同意值或认证值；当前三者不能获得时，则用（可测）量的期望，即规定测量总体的均值。

2. 准确度、正确度与精密度

准确度是指测试结果与接受参照值间的一致程度。当用于一组测试结果时，由随机误差分量和系统误差即偏倚分量组成。

正确度是指由大量测试结果得到的平均数与接受参照值间的一致程度。正确度的度量通常用偏倚表示，偏倚是指测试结果的期望与接受参照值之差。与随机误差相反，偏倚是系统误差的总和。偏倚可能由一个或多个系统误差引起。系统误差与接受参照值之差越大，偏倚就越大。

精密度是指在规定条件下，独立测试结果间的一致程度。"独立测试结果"指的是对相同或相似的测试对象所得的结果不受以前任何结果的影响。精密度的定量测定严格依赖于规定的条件，重复性和再现性条件为其中两种极端情况。重复性条件是指在同一实验室，由同一操作员使用相同的设备，按相同的测试方法，在短时间内对同一被测对象相互独立进行的测试条件。再现性条件是指在不同的实验室，由不同的操作员使用不同设备，按相同的测试方法，对同一被测对象相互独立进行的测试条件。精密度仅仅依赖于随机误差的分布而与真值或规定值无关，精密度的度

量通常以不精密度表达，其量值用测试结果的标准差来表示，精密度越低，标准差越大。

准确度是由系统误差和随机误差所决定的，它反映结果的可靠性。正确度由系统误差决定，系统误差有一个或多个，系统误差越小，正确度越高。精密度是由随机误差所决定的，它代表方法的稳定性和重现性。

在检测过程中，准确度、正确度与精密度之间的关系是：准确度高，则正确度和精密度就一定高；精密度高，并不能说明正确度高；正确度高，也不能说明精密度高；正确度和精密度是保证准确度的前提。下面我们通过一个打靶实例进一步说明三者之间的关系。

图 1-1a 射击落点集中，好比测量数据精密度高，但未中靶心，正确度较低；图 1-1b 射击落点在靶心附近，好比测量数据的正确度高，但落点不集中，精密度低；图 1-1c 射击落点分布在离靶心较远的地方，好比测量数据的精密度和正确度都不高，即准确度不高；图 1-1d 射击落点集中在靶心，精密度和正确度均较高，好比测量数据的精密度和正确度都高，即准确度高。

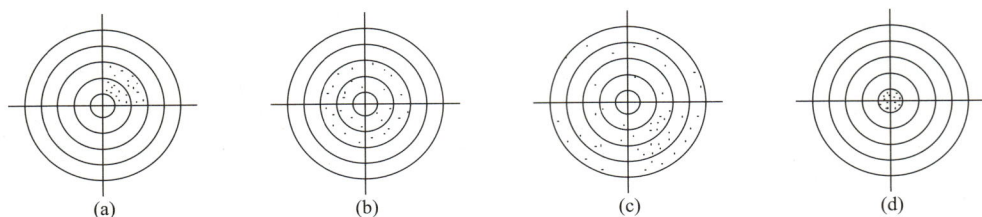

图 1-1　打靶实例

1.2.4　数值修约

1. （末）的概念

所谓（末），指的是任何一个数最末一位数字所对应的单位量值。例如：用分度值为 0.1mm 的钢卷尺测量某物体的长度，测量结果为 19.8mm，最末一位的量值 0.8mm，即为最末一位数字 8 与其所应的单位量值 0.1mm 的乘积，故 19.8mm 的（末）为 0.1mm。

2. 有效数字的概念

人们在日常生活中接触到的数，有准确数和近似数。对于任何数，包括无限不循环小数和循环小数，截取一定位数后所得的即近似数。同样，根据误差公理，测量总是存在误差，测量结果只能是一个接近于真值的估计值，其数字也是近似数。当该近似数的绝对误差的值小于 0.5（末）时，从左边的第一个非零数字算起，直到最末一位数字为止的所有数字。

例如：将无限不循环小数 $\pi = 3.14159\cdots$ 截取到百分位，可得到近似数 3.14，则此时引起的误差绝对值为：

$$|3.14 - 3.14159\cdots| = 0.00159\cdots$$

近似数 3.14 的（末）为 0.01，因此 0.5（末）＝ 0.5 × 0.01 ＝ 0.005，而 0.00159…＜0.005，故近似数 3.14 的误差绝对值小于 0.5（末），3.14 有 3 位有效数字。

测量结果的数字，其有效位数代表结果的不确定度。例如：某长度测量值为 19.8mm，有效位数为 3 位；若是 19.80mm，有效位数为 4 位。它们的绝对误差分别小于 0.5（末），即分别小于 0.05mm 和 0.005mm。显而易见，有效位数不同，它们的测量不确定度也不同，测量结果 19.80mm 比 19.8mm 的不确定度要小。同时，数字右边的"0"不能随意取舍，因为这些"0"都是有效数字。

3. 数值修约的概念

数值修约是指通过省略原数值的最后若干位数字，调整所保留的末位数字，使最后所得到的值最接近原数值的过程。经数值修约后的数值称为（原数值的）修约值。

修约间隔是指修约值的最小数值单位。修约间隔的数值一经确定，修约值即为该数值的整数倍。例如指定修约间隔为 0.1，修约值应在 0.1 的整数倍中选取，相当于将数值修约到一位小数；如果指定修约间隔为 100，修约值应在 100 的整数倍中选取，相当于将数值修约到"百"数位。

4. 数值修约的规则

1）确定修约间隔

指定修约间隔为 10^{-n}（n 为正整数），或指明将数值修约到 n 位小数；指定修约间隔为 1，或指明将数值修约到"个"数位；指定修约间隔为 10^n（n 为正整数），或指明将数值修约到 10^n 数位，或指明将数值修约到"十""百""千"……数位。

2）进舍原则

① 拟舍弃数字的最左一位数字小于 5，则舍去，保留其余各位数字不变。例如将 12.1498 修约到个数位，得 12；将 12.1498 修约到一位小数，得 12.1。

② 拟舍弃数字的最左一位数字大于 5，则进一，即保留数字的末位数字加 1。例如将 1 268 修约到"百"数位，得 1300。

③ 拟舍弃数字的最左一位数字是 5，且其后有非 0 数字时进一，即保留数字的末位数字加 1。例如将 10.5002 修约到个数位，得 11。

④ 拟舍弃数字的最左一位数字为 5，且其后无数字或皆为 0 时，若所保留的末位数字为奇数（1、3、5、7、9）则进一，即保留数字的末位数字加 1；若所保留的末位数字为偶数（0、2、4、6、8）则舍去。例如将 1.050 修约到个位数，得 1，将 0.35 修约到一位小数，得 0.4。

⑥ 负数修约时，先将它的绝对值按规定进行修约，然后在所得值前面加上负号。例如将－335 修约到"十"位数，得－360。

⑦ 数值修约不允许连续修约，拟修约数字应在确定修约间隔或指定修约数位后一次修约获据结果，不得多次连续修约。例如将 97.46 修约到个位数，正确的修约做法 97.46→97，不正确的修约做法 97.46→97.5→98。

3）0.5 单位修约与 0.2 单位修约

① 0.5 单位修约（半个单位修约）是指按指定修约间隔对拟修约的数值 0.5 单位进行的修约。其修约方法如下：将拟修约数值 X 乘以 2，按指定修约间隔对 $2X$ 根据前面进舍原则进行修约，所得数值（$2X$ 修约值）再除以 2。

例如：将 60.25 修约到个位数的 0.5 单位修约，先将 60.25 乘以 2 得 120.5，然后将 120.5 修约到个位数得 120，再将 120 除以 2 得最终修约值为 60.0。

② 0.2 单位修约是指按指定修约间隔对拟修约的数值 0.2 单位进行的修约。其修约方法如下：将拟修约数值 X 乘以 5，按指定修约间隔对 $5X$ 根据前面进舍原则进行修约，所得数值（$5X$ 修约值）再除以 5。例如：将 830 修约到百位数的 0.2 单位修约，先将 830 乘以 5 得 4150，再修约到百位数得 4200，再将 4200 除以 5 得最终修约值为 840。

1.2.5　数据的表示方法

通常，实验的目的都是为寻求两个或更多的物理量之间的关系，经过整理的数据都要用一定的方式表达出来，以供进一步分析、使用。检测数据的表示方法通常有表格表示法、曲线表示法和数学公式法三种。

1. 表格表示法

表格表示法简称表格法，是工程技术中用得最多的数据表示方法之一。通常有两种表格，一种是检测数据记录表，一种是检测结果表。

表格法反映的数据直接、明确，但也存在着一些缺点，如对检测数据不易进行数学解析，不易看出变量与对应函数间的关系以及变量之间的变化规律。

2. 曲线表示法

工程领域中，常把数据绘制成曲线，这种表示方法简明、直观，可一目了然统观测试结果的全貌。例如，表示混凝土龄期与抗压强度的关系时，把坐标系中的横坐标设为混凝土龄期，纵坐标设为混凝土的抗压强度，根据不同龄期下的混凝土抗压强度检测数据，可以得到一条曲线，由此可以了解混凝土龄期与抗压强度的变化规律。

但是曲线表示法也有其缺点，如对曲线进行解析比较困难，同时根据曲线得到某点所对应的函数值时，往往误差过大。因此，用曲线表达法时要注意以下几点：选择适当坐标（直角坐标、对数坐标、三角坐标），坐标比例尺和分度，习惯上自变量用横坐标表示，因变量用纵坐标表示；曲线要光滑匀整，曲折少，且尽量与所有测试数据点接近；曲线两侧的数据点数要大体相等，分布均匀。

为达到上述要求，用曲线表示法时就必须有足够的实验数据点，否则精度会降低。

3. 数学公式法

在处理检测数据时，往往还需要用函数的解析表达形式，以便做有关计算用。检测时常遇到两个变量因素的检测值，可以利用检测数据，找出它们之间的规律，建立两个相关变量因果经验公式，作为数据处理的经验公式。

根据一系列检测数据建立经验公式，是这个方法中最基本的问题。建立公式的基本步骤大致为：

（1）对检测数据进行检查、修正，舍去有明显过失误差的数据，并做出系统误差的修正。

（2）以自变量为横坐标，函数量为纵坐标，建立直角坐标系，把检测数据描绘在坐标纸上，再把数据点描绘成曲线。

（3）根据经验和解析几何原理，对绘成的曲线进行分析，确定公式的类型，选择经验公式应有的形式。

（4）确定所选定回归方程的系数，一般可用选点法、平均值法，或最小二乘法等。

（5）根据检测数据来检验公式的准确性，将检测数据中的自变量代入公式中，计算其函数值，并与实际检测值比较，计算均方差值，估计公式的精度。

两个变量间最简单的关系是直线关系，其普遍式是：

$$y = ax + b \qquad\qquad 式（1\text{-}6）$$

式中：y——因变量；

　　　x——自变量；

　　　a——系数或斜率；

　　　b——常数或截距。

通常见到的两个变量间的经验相关公式，大多数是简单的直线关系公式。例如，有关水泥规范中的经验公式，即标准稠度用水量 P 与试锥下沉深度 S 之间呈简单的直线关系：

$$P = 33.4 - 0.185S \qquad\qquad 式（1\text{-}7）$$

1.3　测量不确定度

1.3.1　测量不确定度的定义

测量不确定度是指利用可获得的信息，表征赋予被测量量值分散性的非负参数。

测量不确定度包括由系统效应引起的分量，如与修正量和测量标准所赋量值有关的分量及定义的不确定度。有时对估计的系统效应未作修正，而是当作不确定度分量处理。

此参数可以是诸如称为标准测量不确定度的标准差（或其特定倍数），或是说明了包含概率的区间半宽度。

测量不确定度一般由若干分量组成。其中一些分量可根据一系列测量值的统计分布，按测量不确定度的 A 类评定进行评定，并可用标准差表征。而另一些分量则可根据经验或其他信息所获得的概率密度函数，按测量不确定度的 B 类评定进行评定，也用标准差表征。

通常，对于一组给定的信息，测量不确定度是相应于所赋予被测量的值的，该值的改变将导致相应的不确定度的改变。

标准不确定度是以标准差表示的测量不确定度。标准不确定度的 A 类评定是对在规定测量条件下测得的量值用统计分析的方法进行的测量不确定度分量的评定。标准不确定度的 B 类评定是用不同于测量不确定度 A 类评定的方法对测量不确定度分量进行的评定。

合成标准不确定度是由在一个测量模型中各输入量的标准测量不确定度获得的输出量的标准测量不确定度。

扩展不确定度是合成标准测量不确定度与一个大于 1 的数字因子的乘积。

通俗来讲，测量不确定度即对任何测量的结果存有怀疑。由于对任何测量总是存在怀疑的余量，所以我们需要回答"余量有多大"和"怀疑有多差"，这样为了给不确定度定量，实际上需要有两个数。一个是该余量（或称区间）的宽度。另一个是置信概率。说明我们对"真值"在该余量范围内有多大把握。

例如：我们用钢卷尺测量窗的长度为 1200mm，误差为 ±1mm，有 95％的置信概率。这结果可写成：1200mm±1mm。置信概率为 95％，这表明该窗的长度为 1199mm 至 1201mm 之间有 95％的把握。

1.3.2 测量不确定度的来源

由于实际的测量绝不会是在完美条件下进行的，可能导致不确定度的因素很多。不确定度大体上来源于下述几个方面：

1. 对被测量的定义不完整或不完善

例如：定义被测量是一根标称值为 1m 长的钢棒长度，如果要求测准至 μm 量级，则被测量的定义就不够完整。因为此时被测钢棒 1m 受温度和压力的影响已较明显。而这些条件没有在定义中说明，由于定义的不完整使测量结果引入温度和压力影响的不确定度，这时完整的被测量定义是：标称值为 1m 的钢棒在 25℃ 和 101325Pa 时的长度。

2. 实现被测量定义的方法不理想

如上例，由于测量时温度和压力实际上达不到定义的要求（包括由于温度和压力的测量本身存在不确定度），使测量结果引入不确定度。

3. 取样的代表性不够

被测量的样本不能完全代表所定义的被测量。例如：被测量为某种介质材料在给定频率时的相对介电常数。由于测量方法和测量设备的限制，只能取这种材料的一部分做成样块，然后对其进行测量。如果测量所用的样块在材料的成分或均匀性方面不能完全代表定义的被测量，则样块就引起测量不确定度。

4. 对测量过程受环境影响的认识不周全，或对环境条件的测量与控制不完善

同样以上述钢棒为例，不仅温度和压力影响其长度，实际上，湿度和钢棒的支

撑方式都有明显影响，但由于认识不足，没有采取措施，就会引起不确定度。此外在按被测量的定义测量钢棒的长度时，测量温度和压力所用的温度计和压力表的不确定度也是不确定度的来源。

5. 对模拟式仪器的读数存在人为偏差（偏移）

模拟式仪器在读取其示值时，一般是估读到最小分度值的 1/10。由于观测者的位置、不同的观测习惯等原因，可能对同一状态下的显示值会有不同的估读值，这种差异将产生不确定度。

6. 测量仪器计量性能的局限性

测量仪器计量性能（如灵敏度、鉴别力阈、分辨力、死区及稳定性等）上的局限性是数字仪器的不确定度来源之一，是其指示装置的分辨力。例如，即使示值为理想重复，重复性所贡献的测量不确定度仍然不为零，因为仪器的输入信号在一个已知区间内变动，却给出同样的示值。

7. 赋予计量标准的值和标准物质的值不准确

通常的测量是将被测量与测量标准的给定值进行比较实现的，因此，标准的不确定度直接引入测量结果。例如用天平测量时，测得质量的不确定度中包括了标准砝码的不确定度。

8. 引用的数据或其他参量的不确定度

物理学常数，以及某些材料的特性参数，例如密度、线膨胀系数等均可由各种手册得到，这些数值的不确定度同样是测量不确定度的来源之一。

9. 与测量方法和测量程序有关的近似性和假定性

例如，被测量表达式的近似程度，自动测试程序的迭代程度，电测量中由于测量系统不完善引起的绝缘漏电、热电势、引线电阻上的压降等，均会引起不确定度。

10. 在相同条件下被测量重复观测值的变化

在实际工作中我们经常会发现、无论怎样控制环境条件以及各类对测量结果可能产生影响的因素，而最终的测量结果总会存在一定的分散性，即多次测量的结果并不完全相等。这种现象是一种客观存在，是由一些随机效应造成的。

由此可见，测量不确定度一般来源于随机性或模糊性。前者归因于条件不充分，后者归因于事物本身概念不明确。因而测量不确定度一般由许多分量组成，其中一些分量具有统计性、另一些分量具有非统计性。所有这些不确定度来源，若影响到测量结果，都会对测量结果的分散性做出贡献。也就是说由于这些不确定度来源的综合效应，使测量结果的可能值服从某种概率分布。可以用概率分布的标准差来表示的测量不确定度，称为标准不确定度，它表示测量结果的分散性。也可以用具有一定置信概率的区间来表示测量不确定度。

1.3.3　测量不确定度的评定与表示

1. 建立满足测量不确定度评定所需的数学模型

很多情况下，被测量 Y（输出量）不能直接测得，而是由 N 个其他量 X_1，X_2，…，

X_n（输入量）通过函数关系 f 来确定，因此也就建立了满足测量所要求准确度的数学模型，即被测量 Y 和所有各影响量 X_i 之间的函数关系。

$$Y = f(X_1, X_2, \cdots, X_n) \qquad 式（1-8）$$

输出量 Y 的输入量 X_1，X_2，$\cdots$，X_n 本身可看作被测量，其本身也可能取决于其他量，包括修正系统影响的修正值和修正因子，从而导致一个复杂的函数关系式，以至函数 f 不能明确地表示出来。因此，如果数据表明 f 没有将测量过程模型化至测量所要求的准确度，则应在 f 中增加输入量以弥补不足。这就可能需要引入一个输入量来反映对影响被测量的现象认识不足。一组输入量 X_1，X_2，$\cdots$，X_n 可以分类为：其值和不确定度是在当前的测量过程中直接测定的量、其值和不确定度是由外部来源获得引入测量过程的量。

被测量 Y 的估计值用 y 表示，是用 n 个输入量 X_1，X_2，$\cdots$，X_n 的估计值 x_1，x_2，$\cdots$，x_n 代入函数式中得到：

$$y = f(x_1, x_2, \cdots, x_n) \qquad 式（1-9）$$

2. 确定各输入量的标准不确定度 $u_c(x)$

每个输入量的估计值 x_i 的标准差估计值，称为标准不确定度，用 $u_c(x)$ 表示。

每个输入量的估计值 x_i 及其相关的标准不确定度 $u_c(x)$ 是由输入量 X_i 的可能值的分布获得的。这个概率分布可能是根据 X_i 的一系列观测值 $x_{i,K}$ 得到的频率分布，或者也可能是一种先验分布。标准不确定度分量的 A 类评定是对在规定测量条件下测得的量值用统计分析的方法进行的测量不确定度分量的评定，根据的是频率分布；而 B 类评定是用不同于测量不确定度 A 类评定的方法对测量不确定度分量进行的评定，根据的是先验分布，B 类评定基于权威机构发布的量值、有证参考物质的量值、校准证书、仪器的漂移、经检定的测量仪器的准确度等级或者根据人员经验推断的极限值等。无论上述哪一种情况，分布都只是代表人们对它的认识程度的模型。

3. 确定合成标准不确定度 $u_c(y)$

合成标准不确定度是由在一个测量模型中各输入量的标准测量不确定度。输出量的估计值或测量结果 y 的标准差估计值称为合成标准不确定度，用 $u_c(y)$ 表示，它是合成方差 $u_c^2(y)$ 的正平方根。

$$u_c^2(y) = \sum_{i=1}^{n} \left[\frac{\partial f}{\partial x_i} \right]^2 u^2(x_i) \qquad 式（1-10）$$

上式称为不确定度传播律。当数学模型 f 为明显非线性时，式中应包括泰勒级数展开中的高阶项。

当各输入量之间存在相关性时，则要考虑它们之间的协方差，即在合成标准不确定度的表示式中应加入相关项。

4. 确定扩展不确定度 U

扩展不确定度是合成标准测量不确定度与一个大于 1 的数字因子的乘积。该因子称为包含因子，取决于测量模型中输出量的概率分布类型及所选取的包含概率，通常用符号 k 表示。

$$U = ku_c(y)$$

确切地说，U 可被理解为确定了测量结果的一个区间，该区间以较大的概率 p 包含了测量结果及其合成标准不确定度表征的概率分布的大部分，p 为区间的"包含概率"或"置信水平"

如果有必要给出扩展不确定度 U，以便提供一个区间 $y-U$ 到 $y+U$，可期望该区间包含了能合理赋予被测量 Y 的值的分布的大部分，则将合成标准不确定度 $u_c(y)$ 乘以包含因子 k 得到 $U = ku_c(y)$，k 的值一般在 $2 \sim 3$ 范围内。

5. 给出测量不确定度报告

报告测量结果 y 及其合成标准不确定度 $u_c(y)$ 或扩展不确定 U，并说明如何获得 y、$u_c(y)$ 和 U。报告中应给出尽可能多的信息，避免用户对所给测量不确定度产生错误的理解。

【项目总结】

建筑材料检测是根据现有最新的有关技术标准、规范的规定和要求，采取科学合理的检测手段，对建筑材料的性能参数进行检验和测定的过程。生产单位和施工单位对建筑材料检测的目的有所不同。

建筑材料检测数据整理时，通常把无限多次的观测值的平均值定义为真值。检测结果必定存在误差，系统误差、随机误差影响检测结果的准确度、正确度与精密度。检测数值修约时必须遵守修约规则，检测数据可以用表格、曲线和数学公式等方法表示。通常测量不确定度表示对测量的结果存有怀疑，给不确定度定量，需要确定测量值区间的宽度和置信概率。

【思考及练习】

一、填空题

1. 建筑材料生产单位检测的目的是要确定产品能否（　　　），施工单位检测的目的是要确定产品能否（　　　）。

2. 外界环境的温度、湿度等的影响而造成的误差属于（　　　），实验室某日因为空调故障，其测试环境的温度不稳定导致的误差属于（　　　）。

3. 标准差反映一组数据的（　　　）程度，该值越大，表示这组数据绝对波动越（　　　）。

4. 精密度的定量测定严格依赖于规定的条件，（　　　）和（　　　）条件为其中两种极端情况。

5. 给不确定度定量，需要确定测量值（　　　）和（　　　）。

二、单选题

1. 在一组等精度的测量中，（　　　）是最接近真值的最佳值。

A. 算术平均值　　　B. 几何平均值　　　C. 加权平均值　　　D. 中位值

2. 观察者感官的最小分辨力不同造成的误差称为（　　　）。

A. 过失误差　　　　　B. 偶然误差　　　　　C. 人为误差　　　　　D. 方法误差

3. 修约间隔为0.1，数据7.4501的修约后的值为（　　　）。

A. 7.45　　　　　B. 7.4　　　　　C. 7.6　　　　　D. 7.5

4. 修约间隔为0.1，数据7.4500的修约后的值为（　　　）。

A. 7.45　　　　　B. 7.4　　　　　C. 7.6　　　　　D. 7.5

三、多选题

1. 下面关于数据修约描述正确的有（　　　）。

A. 修约间隔的数值一经确定，修约值即为该数值的整数倍

B. 拟舍弃数字的最左一位数字小于5，则舍去，保留其余各位数字不变

C. 拟舍弃数字的最左一位数字大于等于5，则进一

D. 数值修约不允许连续修约

E. 拟舍弃数字的最左一位数字是5，且其后有非0数字时进一

2. 下面数据处理正确的有（　　　）。

A. 将12.1498修约到一位小数，得12.2

B. 将1268修约到"百"数位，得1300

C. 10.5002修约到个数位，得11

D. 将0.35修约到一位小数，得0.4

E. 将60.25修约到个位数的0.5单位修约，得60.0

四、简答题

1. 准确度、正确度与精密度之间的关系是怎样的？

2. 简单描述数据的数学公式表达法的步骤。

项目2
水泥性能检测与试验

项目2
水泥性能检测与试验

【教学目标】

1. 知识目标：

了解水泥的种类、性能、应用等；

理解水泥性能检测中相关的标准规范以及环境保护、安全消防等知识；

掌握水泥取样制样方法；

掌握水泥性能检测方法；

掌握试验数据分析处理方法；

掌握水泥性能评价方法。

2. 能力目标：

具备确定水泥性能检测依据的能力；

具备水泥取样制样的能力；

具备水泥性能检测的能力；

具备水泥试验数据处理分析的能力；

具备水泥性能评价的能力；

能熟练填写水泥单项性能指标试验报告和水泥检测报告。

3. 素质目标：

具有良好的职业道德和诚信品质；

具有工匠精神、劳动精神、劳模精神；

具有良好的质量意识、规范意识、环保意识、安全意识、信息技术素养；

具有较强的集体意识和团队合作精神。

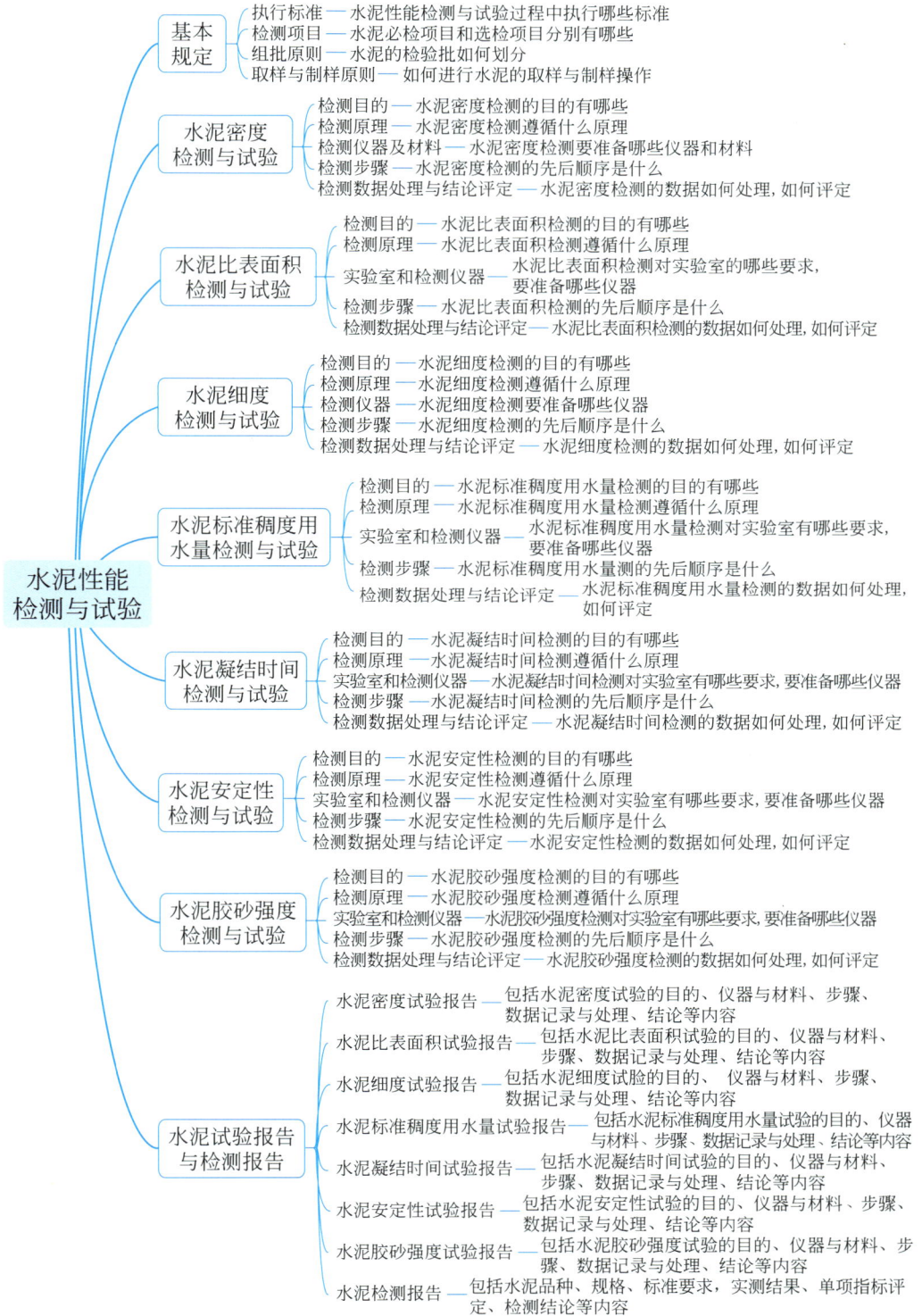

【思维导图】

水泥性能检测与试验

基本规定
- 执行标准 —— 水泥性能检测与试验过程中执行哪些标准
- 检测项目 —— 水泥必检项目和选检项目分别有哪些
- 组批原则 —— 水泥的检验批如何划分
- 取样与制样原则 —— 如何进行水泥的取样与制样操作

水泥密度检测与试验
- 检测目的 —— 水泥密度检测的目的有哪些
- 检测原理 —— 水泥密度检测遵循什么原理
- 检测仪器及材料 —— 水泥密度检测要准备哪些仪器和材料
- 检测步骤 —— 水泥密度检测的先后顺序是什么
- 检测数据处理与结论评定 —— 水泥密度检测的数据如何处理,如何评定

水泥比表面积检测与试验
- 检测目的 —— 水泥比表面积检测的目的有哪些
- 检测原理 —— 水泥比表面积检测遵循什么原理
- 实验室和检测仪器 —— 水泥比表面积检测对实验室的哪些要求,要准备哪些仪器
- 检测步骤 —— 水泥比表面积检测的先后顺序是什么
- 检测数据处理与结论评定 —— 水泥比表面积检测的数据如何处理,如何评定

水泥细度检测与试验
- 检测目的 —— 水泥细度检测的目的有哪些
- 检测原理 —— 水泥细度检测遵循什么原理
- 检测仪器 —— 水泥细度检测要准备哪些仪器
- 检测步骤 —— 水泥细度检测的先后顺序是什么
- 检测数据处理与结论评定 —— 水泥细度检测的数据如何处理,如何评定

水泥标准稠度用水量检测与试验
- 检测目的 —— 水泥标准稠度用水量检测的目的有哪些
- 检测原理 —— 水泥标准稠度用水量检测遵循什么原理
- 实验室和检测仪器 —— 水泥标准稠度用水量检测对实验室有哪些要求,要准备哪些仪器
- 检测步骤 —— 水泥标准稠度用水量测的先后顺序是什么
- 检测数据处理与结论评定 —— 水泥标准稠度用水量检测的数据如何处理,如何评定

水泥凝结时间检测与试验
- 检测目的 —— 水泥凝结时间检测的目的有哪些
- 检测原理 —— 水泥凝结时间检测遵循什么原理
- 实验室和检测仪器 —— 水泥凝结时间检测对实验室有哪些要求,要准备哪些仪器
- 检测步骤 —— 水泥凝结时间检测的先后顺序是什么
- 检测数据处理与结论评定 —— 水泥凝结时间检测的数据如何处理,如何评定

水泥安定性检测与试验
- 检测目的 —— 水泥安定性检测的目的有哪些
- 检测原理 —— 水泥安定性检测遵循什么原理
- 实验室和检测仪器 —— 水泥安定性检测对实验室有哪些要求,要准备哪些仪器
- 检测步骤 —— 水泥安定性检测的先后顺序是什么
- 检测数据处理与结论评定 —— 水泥安定性检测的数据如何处理,如何评定

水泥胶砂强度检测与试验
- 检测目的 —— 水泥胶砂强度检测的目的有哪些
- 检测原理 —— 水泥胶砂强度检测遵循什么原理
- 实验室和检测仪器 —— 水泥胶砂强度检测对实验室有哪些要求,要准备哪些仪器
- 检测步骤 —— 水泥胶砂强度检测的先后顺序是什么
- 检测数据处理与结论评定 —— 水泥胶砂强度检测的数据如何处理,如何评定

水泥试验报告与检测报告
- 水泥密度试验报告 —— 包括水泥密度试验的目的、仪器与材料、步骤、数据记录与处理、结论等内容
- 水泥比表面积试验报告 —— 包括水泥比表面积试验的目的、仪器与材料、步骤、数据记录与处理、结论等内容
- 水泥细度试验报告 —— 包括水泥细度试脸的目的、 仪器与材料、步骤、数据记录与处理、结论等内容
- 水泥标准稠度用水量试验报告 —— 包括水泥标准稠度用水量试验的目的、仪器与材料、步骤、数据记录与处理、结论等内容
- 水泥凝结时间试验报告 —— 包括水泥凝结时间试验的目的、仪器与材料、步骤、数据记录与处理、结论等内容
- 水泥安定性试验报告 —— 包括水泥安定性试验的目的、仪器与材料、步骤、数据记录与处理、结论等内容
- 水泥胶砂强度试验报告 —— 包括水泥胶砂强度试验的目的、仪器与材料、步骤、数据记录与处理、结论等内容
- 水泥检测报告 —— 包括水泥品种、规格、标准要求,实测结果、单项指标评定、检测结论等内容

【引文】

水泥属于水硬性胶凝材料，是建筑工程中最为重要的建筑材料之一，工程中主要用于配制混凝土、砂浆和灌浆材料。

水泥的品种繁多，按其矿物组成，水泥可分为硅酸盐系列、铝酸盐系列、硫酸盐系列、铁铝酸盐系列、氟铝酸盐系列等。按其用途和特性又可分为通用水泥、专用水泥和特性水泥。通用水泥是指目前建筑工程中通用的六大水泥，即硅酸盐水泥、普通硅酸盐水泥、矿渣硅酸盐水泥、火山灰硅酸盐水泥、粉煤灰硅酸盐水泥、复合硅酸盐水泥；专用水泥是指有专门用途的水泥，如砌筑水泥、大坝水泥、道路水泥、油井水泥等；而特性水泥是指某种性能较突出的一类水泥，多用于有特殊要求的工程，主要品种有快凝快硬水泥、抗硫酸盐水泥、膨胀水泥、白色水泥、彩色水泥等。不同系列的水泥，性能有很大的区别，在上述不同系列的水泥中，通用硅酸盐水泥系列的产量最大、应用范围最广泛。

2.1　水泥性能检测的基本规定

2.1.1　执行标准（现行）

《通用硅酸盐水泥》GB 175

《水泥取样方法》GB/T 12573

《水泥标准稠度用水量、凝结时间、安定性检验方法》GB/T 1346

《水泥胶砂强度检验方法（ISO 法）》GB/T 17671

《水泥密度测定方法》GB/T 208

《水泥细度检验方法 筛析法》GB/T 1345

《水泥比表面积测定方法 勃氏法》GB/T 8074

2.1.2　检测项目

必检项目：胶砂强度、凝结时间、安定性、细度。

选检项目：密度、比表面积、标准稠度用水量等。

2.1.3　组批原则

对于通用硅酸盐水泥，出厂前按同品种、同强度等级编号和取样。袋装水泥的散装水泥应分为编号和取样。每一编号为一取样单位。水泥的出厂编号按水泥厂年生产能力规定：

年产能≥200万t的，不超过4000t为一编号；

120万t≤年产能＜200万t的，不超过2400t为一编号；

60万t≤年产能＜120万t的，不超过1000t为一编号；

30万t≤年产能＜60万t的，不超过600t为一编号；

年产能＜30万t的，不超过400t为一编号。

对于通用硅酸盐水泥进场时，应对其品种、代号、强度等级、包装或散装仓号、出厂日期等进行检查，并应对水泥的强度、安定性和凝结时间进行检验，检验结果应符合现行国家标准《通用硅酸盐水泥》GB 175的相关规定。

检查数量：按同一厂家、同一品种、同一代号、同一强度等级、同一批号且连续进场的水泥，袋装不超过200t为一批，散装不超过500t为一批，每批抽样数量不应少于一次。

检验方法：检查质量证明文件和抽样检验报告。

2.1.4 取样与制样原则

1. 取样部位

取样应在有代表性的部位进行，并且不应在污染严重的环境中取样。一般在水泥输送管路中、袋装水泥堆场、散装水泥卸料处或水泥运输机具上取样。

2. 取样步骤

（1）手工取样

散装水泥：当所取水泥深度不超过2m时，每一个编号内采用散装水泥取样器随机取样，通过转动取样器内管控制开关，在适当位置插入水泥一定深度，关闭后小心抽出，将所取样品放入符合要求的容器中。每次抽取的单样量应尽量一致。散装水泥取样器如图2-1所示。

袋装水泥：每一个编号内随机抽取不少于20袋水泥，采用袋装水泥取样器取样，将取样器沿对角线方向插入水泥包装袋中，用大拇指按住气孔，小心抽出取样管，将所取样品放入符合要求的容器中。每次抽取的单样量应尽量一致。袋装水泥取样器如图2-2所示。

（2）自动取样

采用自动取样器取样。该装置一般安装在尽量接近于水泥包装机或散装容器的管路中，从流动的水泥流中取出样品，将所取样品放入符合要求的容器中。

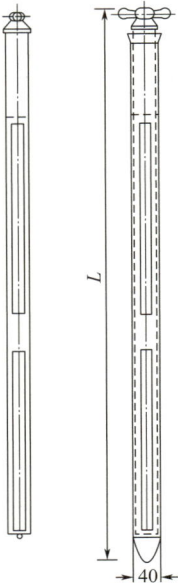

图 2-1　散装水泥取样器（单位：mm；
L＝1000～2000mm）

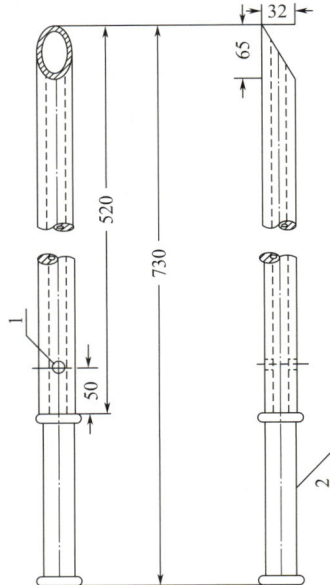

图 2-2　袋装水泥取样器（单位：mm）

1—气孔；2—手柄

3. 取样量

可以连续取，也可从 20 个以上不同部位取等量样品，总量至少 12kg。当散装水泥运输工具的容量超过该厂规定出厂编号吨数时，允许该编号的数量超过取样规定吨数。由一个部位取出的适量的水泥样品为单样，从一个编号内不同部位取得的全部单样经充分混匀后得到的样品为混合样，混合样分成两份，用于出厂水泥质量检验的一份称为试验样，用于复验仲裁的一份称为封存样。

4. 样品制备与贮存

（1）制备

每一编号所取水泥单样通过 0.9mm 方孔筛后充分混匀，一次或多次将样品缩分到相关标准要求的定量，均分为试验样和封存样。试验样按相关标准要求进行试验，封存样按要求贮存以备仲裁。样品不得混入杂物和结块。

（2）贮存

样品取得后应贮存在密闭的容器中，封存样要加封条。容器应洁净、干燥、防潮、密闭、不易破损并且不影响水泥性能。存放封存样的容器应至少在一处加盖清晰、不易擦掉的标有编号、取样时间、取样地点和取样人的密封印，如只有一处标志应在容器外壁上。

封存样应密封贮存，贮存期应符合相应水泥标准的规定。试验样也应妥善贮存。封存样应贮存于干燥、通风的环境中。

2.2　水泥密度检测与试验

2.2.1　检测目的

检测水泥的密度。在进行混凝土配合比设计和贮运水泥时需知道水泥的密度。

2.2.2　检测原理

将一定质量的水泥倒入装有足够量液体介质的李氏瓶内，液体的体积应可以充分浸润水泥颗粒。根据阿基米德定律，水泥颗粒的体积等于它所排开的液体体积，从而算出水泥单位体积的质量即为密度。试验中，液体介质采用无水煤油或不与水泥发生反应的其他液体。

2.2.3　检测仪器及材料

李氏瓶：由优质玻璃制成，透明无条纹，具有抗化学侵蚀性且热滞后性小，要有足够的厚度以确保良好的耐裂性。李氏瓶横截面形状为圆形。瓶颈刻度由 0～1mL 和 18～24mL 两段刻度组成，且 0～1mL 和 18～24mL 以 0.1mL 为分度值，任何标明的容量误差都不大于 0.05mL。如图 2-3 所示。

无水煤油：符合现行《煤油》GB 253 的要求。

恒温水槽：应有足够大的容积，使水温可以稳定控制在 20℃±1℃。

天平：量程不小于 100g，分度值不大于 0.01g。

温度计：量程包含 0～50℃，分度值不大于 0.1℃。

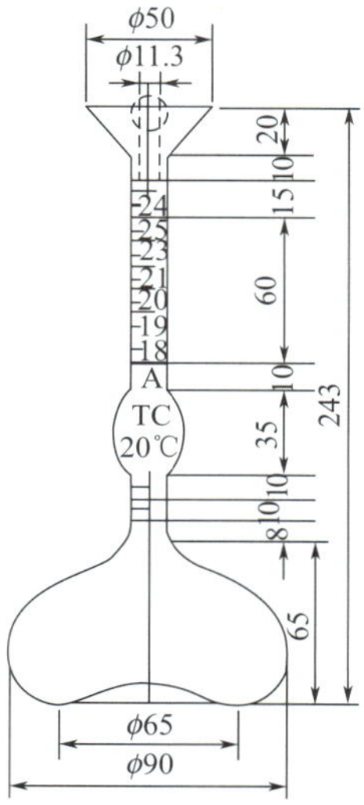

图 2-3　李氏瓶（单位：mm）

2.2.4　检测步骤

水泥试样应预先通过 0.90mm 方孔筛，在 110℃±5℃ 温度下烘干 1h，并在干燥器内冷却至室温（室温应控制在 20℃±1℃）。

称取水泥 60g（m），精确至 0.01g。在测试其他材料密度时，可按实际情况增减称量材料质量，以便读取刻度值。

将无水煤油注入李氏瓶中至"0mL"到"1mL"之间刻度线后（选用磁力搅拌此时应加入磁力棒），盖上瓶塞放入恒温水槽内，使刻度部分浸入水中（水温应控制在 20℃±1℃），恒温至少 30min，记下无水煤油的初始（第一次）读数（V_1）。

从恒温水槽中取出李氏瓶，用滤纸将李氏瓶细长颈内没有煤油的部分仔细擦干净。

用小匙将水泥样品一点点地装入李氏瓶中，反复摇动（亦可用超声波震动或磁力搅拌等），直至没有气泡排出，再次将李氏瓶静置于恒温水槽，使刻度部分浸入水中，恒温至少 30min，记下第二次读数（V_2）。

第一次读数和第二次读数时，恒温水槽的温度差不大于 0.2℃。

2.2.5　检测数据处理与结论评定

水泥密度 ρ 按下式计算，结果精确至 0.01g/cm³，试验结果取两次测定结果的算术平均值，两次测定结果之差不大于 0.02g/cm³。

$$\rho = \frac{m}{(V_2 - V_1)} \qquad\qquad 式（2-1）$$

式中：ρ——水泥密度（g/cm³）；

m——水泥质量（g）；

V_2——李氏瓶第二次读数（mL）；

V_1——李氏瓶第一次读数（mL）。

2.3　水泥比表面积检测与试验

2.3.1　检测目的

检测硅酸盐水泥的比表面积是否符合标准要求。

2.3.2 检测原理

水泥比表面积测定法（勃氏法）主要是根据一定量的空气通过具有一定空隙率和固定厚度的水泥层时，所受阻力不同而引起流速的变化来测定水泥的比表面积。在一定空隙率的水泥层中，空隙的大小和数量是颗粒尺寸的函数，同时也决定了通过料层的气流速度。

2.3.3 实验室和检测仪器

1. 实验室

要求相对湿度不大于 50%。

2. 检测仪器

透气仪：本方法采用的勃氏比表面积透气仪，由透气圆筒、压力计、抽气装置等三部分组成，分手动和自动两种，均应符合现行《勃氏透气仪》JC/T 956 的要求。如图 2-4 所示。

烘干箱：控制温度灵敏度±1℃。

分析天平：分度值为 0.001g。

秒表：精确至 0.5s。

水泥样品：水泥样品按现行《水泥取样方法》GB/T 12573 进行取样，先通过 0.9mm 方孔筛，再在 110℃±5℃下烘干 1h，并在干燥器中冷却至室温。

基准材料：现行《水泥细度和比表面积标准样品》GSB 14-1511 或相同等级的标准物质。有争议时以 GSB 14-1511 为准。

压力计液体：采用带有颜色的蒸馏水或直接采用无色蒸馏水。

滤纸：采用符合现行《化学分析滤纸》GB/T 1914 的中速定量滤纸。

汞：分析纯汞。

2.3.4 检测步骤

1. 测定水泥密度

按现行《水泥密度测定方法》GB/T 208 测定水泥密度。

2. 漏气检查

将透气圆筒上口用橡皮塞塞紧，接到压力计上。用抽气装置从压力计一臂中抽出部分气体，然后关闭阀门，观察是否漏气。如发现漏气，可用活塞油脂加以密封。

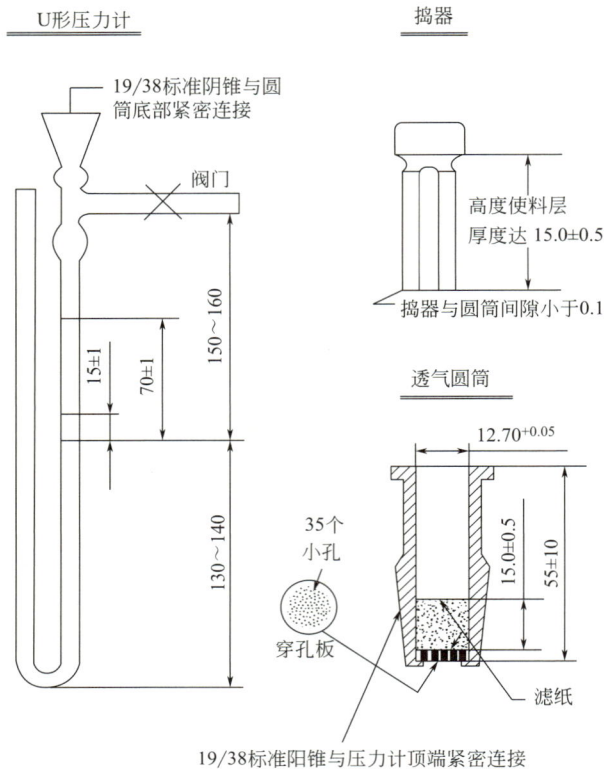

图 2-4 比表面积 U 形压力计示意图（单位：mm）

3. 空隙率确定

PⅠ、PⅡ型水泥的空隙率采用 0.500±0.005，其他水泥或粉料的空隙率选用 0.530±0.005。当按上述空隙率不能将试样压至规定的位置时，则允许改变空隙率。空隙率的调整以 2000g 砝码（5 等砝码）将试样压实至规定的位置为准。

4. 确定试样量

试样量按下式计算：

$$m = \rho V(1-\varepsilon) \qquad\qquad 式（2-2）$$

式中：m——需要的试样量（g）；

　　　ρ——试样密度（g/cm^3）；

　　　V——试料层体积（cm^3），按现行《勃氏透气仪》JC/T 956 测定；

　　　ε——试料层空隙率。

5. 试料层制备

将穿孔板放至透气圆筒的突缘上，用捣棒把一片滤纸放到穿孔板上，边缘放平并压紧。称取确定的试样量，精确到 0.001g，倒入圆筒。轻敲圆筒的边，使水泥层表面平坦。再放入一片滤纸，用捣器均匀捣实试料直至捣器的支持环与圆筒顶边接触，并旋转1~2圈，慢慢取出捣器。穿孔板的滤纸直径为12.7mm边缘光滑的圆形滤纸片。每次测定需用新的滤纸片。

6. 透气试验

把装有试料层的透气圆筒下锥面涂一薄层活塞油脂，然后把它插入压力计顶端锥形磨口处，旋转1~2圈。要保证紧密连接不致漏气，并不振动所制备的试料层。打开微型电磁泵慢慢从压力计一臂中抽出空气，直到压力计内液面上升到扩大部下端时关闭阀门。当压力计内液体的凹月面下降到第一条刻线时开始计时，当液体的凹月面下降到第二条刻线时停止计时，记录液面从第一条刻度线到第二条刻度线所需的时间。以秒记录，并记录下试验时的温度（℃）。每次透气试验，应重新制备试料层。

2.3.5 检测数据处理与结论评定

1. 被测试样的密度、试料层中空隙率与标准样品相同

试验时的温度与校准温度之差≤3℃时，可按下式计算：

$$S = \frac{S_s \sqrt{T}}{\sqrt{T_s}} \qquad \text{式（2-3）}$$

如试验时的温度与校准温度之差>3℃时，则按下式计算：

$$S = \frac{S_s \sqrt{\eta_s} \sqrt{T}}{\sqrt{\eta} \sqrt{T_s}} \qquad \text{式（2-4）}$$

式中：S——被测试样的比表面积（cm^2/g）；

　　　S_s——标准样品的比表面积（cm^2/g）；

　　　T——被测试样试验时，压力计中液面降落测得的时间（s）；

　　　T_s——标准样品试验时，压力计中液面降落测得的时间（s）；

　　　η——被测试样试验温度下的空气黏度（$\mu Pa \cdot s$）；

　　　η_s——标准样品试验温度下的空气黏度（$\mu Pa \cdot s$）。

2. 被测试样的试料层中空隙率与标准样品试料层中空隙率不同

试验时的温度与校准温度之差≤3℃时，可按下式计算：

$$S = \frac{S_s \sqrt{T}(1-\varepsilon_s)\sqrt{\varepsilon^3}}{\sqrt{T_s}(1-\varepsilon)\sqrt{\varepsilon_s^3}} \qquad \text{式（2-5）}$$

如试验时的温度与校准温度之差>3℃时，则按下式计算：

$$S = \frac{S_s \sqrt{T}(1-\varepsilon_s)\sqrt{\varepsilon^3}\sqrt{\eta_s}}{\sqrt{T_s}(1-\varepsilon)\sqrt{\varepsilon_s^3}\sqrt{\eta}} \qquad \text{式（2-6）}$$

式中：ε——被测试样试料层中的空隙率；

ε_s——标准样品试料层中的空隙率。

3. 被测试样的密度和空隙率均与标准样品不同

试验时的温度与校准温度之差≤3℃时，可按下式计算：

$$S = \frac{S_s \rho_s \sqrt{T}(1-\varepsilon_s)\sqrt{\varepsilon^3}}{\rho \sqrt{T_s}(1-\varepsilon)\sqrt{\varepsilon_s^3}} \qquad 式（2-7）$$

如试验时的温度与校准温度之差>3℃时，则按下式计算：

$$S = \frac{S_s \rho_s \sqrt{\eta_s}\sqrt{T}(1-\varepsilon_s)\sqrt{\varepsilon^3}}{\rho \sqrt{T_s}\sqrt{\eta}(1-\varepsilon)\sqrt{\varepsilon_s^3}} \qquad 式（2-8）$$

式中：ρ——被测试样的密度（g/cm³）；

ρ_s——标准样品的密度（g/cm³）。

4. 结果处理

水泥比表面积应由二次透气试验结果的平均值确定。如二次试验结果相差2%以上时，应重新试验。计算结果保留至10cm²/g。

当同一水泥用手动勃氏透气仪测定的结果与自动勃氏透气仪测定的结果有争议时，以手动勃氏透气仪测定结果为准。

2.4 水泥细度检测与试验

2.4.1 检测目的

检测普通硅酸盐水泥、矿渣硅酸盐水泥、火山灰质硅酸盐水泥、粉煤灰硅酸盐水泥和复合硅酸盐水泥的细度是否符合标准要求。

2.4.2 检测原理

水泥细度检验方法（筛析法）采用45μm方孔筛对水泥试样进行筛析试验，用筛上筛余物的质量百分数来表示水泥样品的细度。

为保持筛孔的标准度，在用试验筛应用已知筛余的标准样品来标定。

筛析法又分为负压筛析法、水筛法和手工干筛法。负压筛析法用负压筛析仪，通过负压源产生的恒定气流，在规定筛析时间内使试验筛内的水泥达到筛分。水筛法是将试验筛放在水筛座上，用规定压力的水流，在规定时间内使试验筛内的水泥达到筛分。手工干筛法是将试验筛放在接料盘（底盘）上，用手工按照规定的拍打速度和转动角度，对水泥进行筛析试验。

2.4.3 检测仪器

1. 试验筛

试验筛由圈形筛框和筛网组成，筛网符合现行《试验筛 金属丝编织网、穿孔板和电成型薄板 筛孔的基本尺寸》GB/T 6005 中 R20/3 45μm 的要求，分负压筛、水筛和手工筛三种，负压筛应附有透明筛盖，筛盖与筛上口应有良好的密封性。手工筛筛框高度为 50mm，筛子的直径为 150mm。

筛网应紧绷在筛框上，筛网和筛框接触处应用防水胶密封，防止水泥嵌入。

筛孔尺寸的检验方法按现行《试验筛 技术要求和检验 第 1 部分：金属丝编织网试验筛》GB/T 6003.1 进行。由于物料会对筛网产生磨损，试验筛每使用 100 次后需重新标定。

2. 负压筛析仪

负压筛析仪由筛座（图 2-5）、负压筛（图 2-6）、负压源及收尘器组成，其中筛座由转速为 30r/min±2r/min 的喷气嘴、负压表、控制板、微电机及壳体构成。筛析仪负压可调范围为 4000～6000Pa。喷气嘴上口平面与筛网之间距离为 2～8mm。负压源和收尘器，由功率≥600W 的工业吸尘器和小型旋风收尘筒组成或用其他具有相当功能的设备。

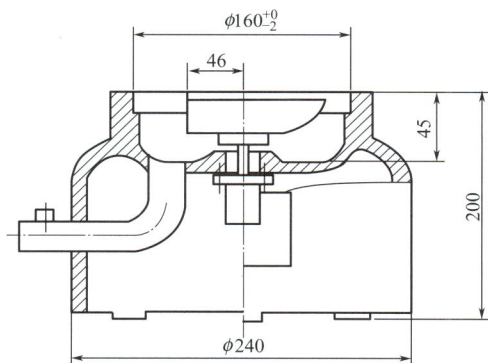

图 2-5 负压筛析仪筛座示意图（单位：mm）

3. 水筛架和喷头

水筛架和喷头的结构尺寸应符合现行《水泥标准筛和筛析仪》JC/T 728 规定，

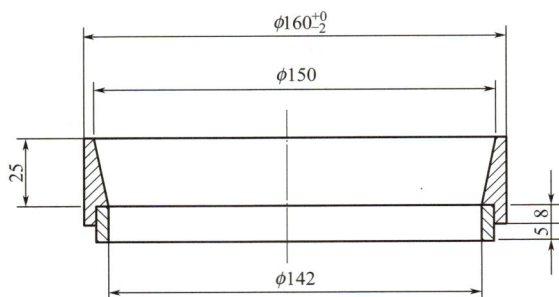

图 2-6 负压筛（单位：mm）

但其中水筛架上筛座内径为 $140mm\pm_3^0mm$。

4. 天平

天平最小分度值不大于 0.01g。

2.4.4 检测步骤

1. 试验准备

试验前所用试验筛应保持清洁，负压筛和手工筛应保持干燥。试验时，$45\mu m$ 筛析试验称取试样 10g。

2. 负压筛析法

筛析试验前应把负压筛放在筛座上，盖上筛盖，接通电源，检查控制系统，调节负压至 4000～6000Pa 范围内。

称取试样精确至 0.01g，置于洁净的负压筛中，放在筛座上，盖上筛盖，接通电源，开动筛析仪连续筛析 2min，在此期间如有试样附着在筛盖上，可轻轻地敲击筛盖使试样落下。筛毕，用天平称量全部筛余物。

3. 水筛法

筛析试验前，应检查水中无泥、砂，调整好水压及水筛架的位置，使其能正常运转，并控制喷头底面和筛网之间距离为 35～75mm。

称取试样精确至 0.01g，置于洁净的水筛中，立即用淡水冲洗至大部分细粉通过后，放在水筛架上，用水压为 0.05MPa±0.02MPa 的喷头连续冲洗 3min。筛毕，用少量水把筛余物冲至蒸发皿中，等水泥颗粒全部沉淀后，小心倒出清水，烘干并用天平称量全部筛余物。

4. 手工筛析法

称取水泥试样精确至 0.01g，倒入手工筛内。

建筑材料检测与试验

用一只手持筛往复摇动，另一只手轻轻拍打，往复摇动和拍打过程应保持近于水平。拍打速度每分钟约 120 次，每 40 次向同一方向转动 60°，使试样均匀分布在筛网上，直至每分钟通过的试样量不超过 0.03g 为止。称量全部筛余物。

5. 试验筛的清洗

试验筛必须经常保持洁净，筛孔通畅，使用 10 次后要进行清洗。金属框筛、铜丝网筛清洗时应用专门的清洗剂，不可用弱酸浸泡。

2.4.5 检测数据处理与结论评定

1. 检测数据处理

水泥试样筛余百分数按下式计算：

$$F = \frac{R_t}{W} \times 100\%$$ 式（2-9）

式中：F——水泥试样的筛余百分数；

　　　R_t——水泥筛余物的质量（g）；

　　　W——水泥试样的质量（g）。

结果计算至 0.1%。

试验筛的筛网会在试验中磨损，因此筛析结果应进行修正。修正的方法是将计算结果乘以该试验筛的有效修正系数，即为最终结果。

2. 结论评定

合格评定时，每个样品应称取二个试样分别筛析，取筛余平均值为筛析结果。若两次筛余结果绝对误差大于 0.5% 时（筛余值大于 5.0% 时可放至 1.0%）应再做一次试验，取两次相近结果的算术平均值，作为最终结果。

负压筛析法、水筛法和手工筛析法测定的结果发生争议时，以负压筛析法为准。

2.5 水泥标准稠度用水量检测与试验

2.5.1 检测目的

水泥的标准稠度用水量是指水泥净浆达到水泥标准稠度（统一规定的浆体可塑性）时的用水量。检测水泥标准稠度用水量，作为检测水泥凝结时间、安定性试验用水量的标准。

2.5.2　检测原理

水泥标准稠度净浆对标准试杆（或试锥）的沉入具有一定阻力。通过试验不同含水量水泥净浆的穿透性，以确定水泥标准稠度净浆中所需加入的水量。

试验用水应是洁净的饮用水，如有争议时应以蒸馏水为准。

2.5.3　实验室和检测仪器

1. 实验室

实验室温度为 20℃±2℃，相对湿度应不低于 50%；水泥试样、拌合用水、仪器和用具的温度应与实验室一致。

2. 检测仪器

水泥净浆搅拌机：由搅拌锅、搅拌叶、电动机等组成，应符合现行《水泥净浆搅拌机》JC/T 729 的要求，如图 2-7 所示。

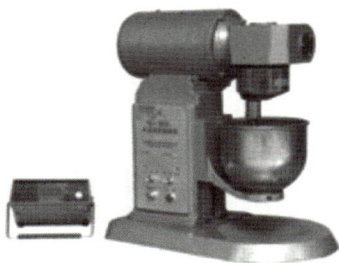

图 2-7　水泥净浆搅拌机

标准法维卡仪：标准稠度试杆由有效长度为 50mm±1mm，直径为 10mm±0.05mm 的圆柱形耐腐蚀金属制成。初凝用试针由钢制成，其有效长度为 50mm±1mm；终凝用试针有效长度为 30mm±1mm，直径为 $\phi1.13mm±0.05mm$。滑动部分的总质量为 300g±1g。与试杆、试针联结的滑动杆表面应光滑，能靠重力自由下落，不得有紧涩和晃动现象。盛装水泥净浆的试模由耐腐蚀的、有足够硬度的金属制成。试模为深 40mm±0.2mm，顶内径 $\phi65mm±0.5mm$，底内径 $\phi75mm±0.5mm$ 的截顶圆锥体。每个试模应配备一个边长或直径约 100mm、厚度 4~5mm 的平板玻璃底板或金属底板。如图 2-8 所示。

代用法维卡仪：应符合现行《水泥净浆标准稠度与凝结时间测定仪》JC/T 727 的要求。

量筒或滴定管：精度±0.5mL。

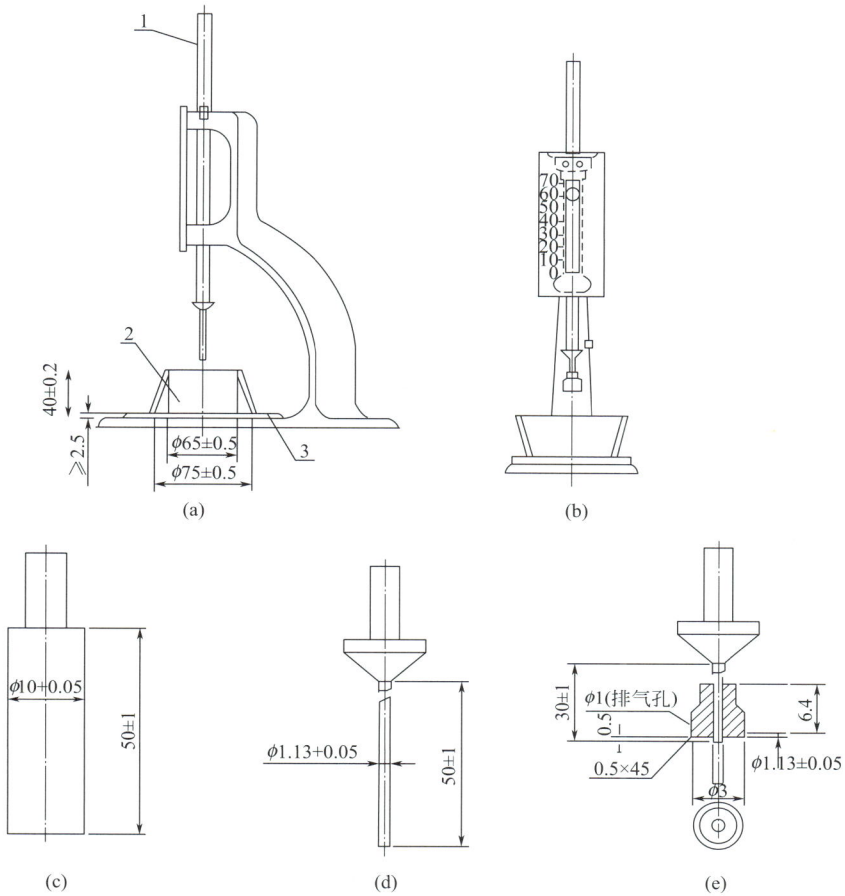

图 2-8 测定水泥标准稠度和凝结时间用维卡仪及配件示意图（单位：mm）

（a）初凝时间测定用立式试模的侧视图；（b）终凝时间测定用反转试模的前视图；

（c）标准稠度试杆；（d）初凝用试针；（e）终凝用试针

1—滑动杆；2—试模；3—玻璃板

天平：最大称量不小于 1000g，分度值不大于 1g。

2.5.4 检测步骤

1. 标准法

（1）准备工作

维卡仪的滑动杆能自由滑动。试模和玻璃底板用湿布擦拭，将试模放在底板上。

调整至试杆接触玻璃板时指针对准零点。

搅拌机运行正常。

（2）水泥净浆拌制

用水泥净浆搅拌机搅拌，搅拌锅和搅拌叶片先用湿布擦过，将拌合用水倒入搅拌锅内，然后在 5～10s 内小心将称好的 500g 水泥加入水中，防止水和水泥溅出；拌和时，先将锅放在搅拌机的锅座上，升至搅拌位置，启动搅拌机，低速搅拌120s，停 15s，同时将叶片和锅壁上的水泥浆刮入锅中间，接着高速搅拌 120s 停机。

（3）标准稠度用水量测定

拌和结束后，立即取适量水泥净浆一次性将其装入已置于玻璃底板上的试模中，浆体超过试模上端，用宽约 25mm 的直边刀轻轻拍打超出试模部分的浆体 5 次以排除浆体中的孔隙，然后在试模上表面约 1/3 处，略倾斜于试模分别向外轻轻锯掉多余净浆，再从试模边沿轻抹顶部一次，使净浆表面光滑。在锯掉多余净浆和抹平的操作过程中，注意不要压实净浆；抹平后迅速将试模和底板移到维卡仪上，并将其中心定在试杆下，降低试杆直至与水泥净浆表面接触，拧紧螺丝 1～2s 后，突然放松，使试杆垂直自由地沉入水泥净浆中。在试杆停止沉入或释放试杆 30s 时记录试杆距底板之间的距离，升起试杆后，立即擦净；整个操作应在搅拌后 1.5min 内完成。

2. 代用法

（1）准备工作

维卡仪的金属棒能自由滑动。

调整至试锥接触锥模顶面时指针对准零点。

搅拌机运行正常。

（2）水泥净浆拌制

与标准法相同。

（3）标准稠度测定

采用代用法测定水泥标准稠度用水量可用调整水量和不变水量两种方法的任一种测定。采用调整水量方法时拌合用水量按经验找水，采用不变水量方法时拌合用水量用 142.5mL。

拌和结束后，立即将拌制好的水泥净浆装入锥模中，用宽约 25mm 的直边刀在浆体表面轻轻插捣 5 次，再轻振 5 次，刮去多余的净浆；抹平后迅速放到试锥下面固定的位置上，将试锥降至净浆表面，拧紧螺丝 1～2s 后，突然放松，让试锥垂直自由地沉入水泥净浆中。到试锥停止下沉或释放试锥 30s 时记录试锥下沉深度。整个操作应在搅拌后 1.5min 内完成。

2.5.5 检测数据处理与结论评定

1. 标准法

以试杆沉入净浆并距底板 6mm±1mm 的水泥净浆为标准稠度净浆。其拌合用水量为该水泥的标准稠度用水量 $P(\%)$，按水泥质量的百分比计。

$$P = \frac{拌合用水量}{水泥用量} \times 100 \qquad\qquad 式（2-10）$$

2. 代用法

用调整水量方法测定时，以试锥下沉深度 30mm±1mm 时的净浆为标准稠度净浆。其拌合用水量为该水泥的标准稠度用水量（P），按水泥质量的百分比计。如下沉深度超出范围需另称试样，调整水量，重新试验，直至达到 30mm±1mm 为止。

用不变水量方法测定时，根据下式（或仪器上对应标尺）计算得到标准稠度用水量 P。当试锥下沉深度小于 13mm 时，应改用调整水量法测定。

$$P = 33.4 - 0.185S \qquad\qquad 式（2-11）$$

式中：P——标准稠度用水量（%）；

S——试锥下沉深度（mm）。

2.6 水泥凝结时间检测与试验

2.6.1 检测目的

检测水泥的凝结时间，评定其是否符合标准要求。

2.6.2 检测原理

通过测定试针沉入水泥标准稠度净浆至一定深度所需的时间来表示水泥的初凝时间和终凝时间。

2.6.3 实验室和检测仪器

1. 实验室

实验室温度为 20℃±2℃，相对湿度应不低于 50%；水泥试样、拌合用水、仪器和用具的温度应与实验室一致。

湿气养护箱的温度应保持在 20℃±1℃，相对湿度不低于 90%。

2. 检测仪器

水泥净浆搅拌机、标准法维卡仪、量筒或滴定管、天平，其要求与标准稠度用水量检测相同。

2.6.4 检测步骤

1. 准备工作

调整凝结时间测定仪的试针接触玻璃板时指针对准零点。

2. 试件制作

以标准稠度用水量按水泥净浆拌制方法制成标准稠度净浆，按标准稠度用水量测定方法将标准稠度水泥净浆装模和刮平后，立即放入湿气养护箱中。记录水泥全部加入水中的时间作为凝结时间的起始时间。

3. 初凝时间测定

试件在湿气养护箱中养护至加水后 30min 时进行第一次测定。测定时，从湿气养护箱中取出试模放到试针下，降低试针与水泥净浆表面接触。拧紧螺丝 1~2s 后，突然放松，试针垂直自由地沉入水泥净浆。观察试针停止下沉或释放试针 30s 时指针的读数。临近初凝时间时每隔 5min（或更短时间）测定一次，当试针沉至距底板 4mm±1mm 时，为水泥达到初凝状态；由水泥全部加入水中至初凝状态的时间为水泥的初凝时间，用 min 来表示。

4. 终凝时间测定

为了准确观测试针沉入的状况，在终凝针上安装了一个环形附件。在完成初凝时间测定后，立即将试模连同浆体以平移的方式从玻璃板取下，翻转 180°，直径大端向上，小端向下放在玻璃板上，再放入湿气养护箱中继续养护。临近终凝时间时每隔 15min（或更短时间）测定一次，当试针沉入试体 0.5mm 时，即环形附件开始不能在试体上留下痕迹时，为水泥达到终凝状态。由水泥全部加入水中至终凝状态的时间为水泥的终凝时间，用 min 来表示。

5. 测定注意事项

测定时应注意，在最初测定的操作时应轻轻扶持金属柱，使其徐徐下降，以防试针撞弯，但结果以自由下落为准；在整个测试过程中试针沉入的位置至少要距试模内壁 10mm。临近初凝时，每隔 5min（或更短时间）测定一次，临近终凝时每隔

15min（或更短时间）测定一次，到达初凝时应立即重复测一次，当两次结论相同时才能确定到达初凝状态，到达终凝时，需要在试体另外两个不同点测试，确认结论相同才能确定到达终凝状态。每次测定不能让试针落入原针孔，每次测试完毕须将试针擦净并将试模放回湿气养护箱内，整个测试过程要防止试模受振。

2.6.5 检测数据处理与结论评定

由水泥全部加入水中至初凝状态的时间为水泥的初凝时间，用 min 来表示。临近初凝时，每隔 5min（或更短时间）测定一次，到达初凝时应立即重复测一次，当两次结论相同时才能确定到达初凝状态。

由水泥全部加入水中至终凝状态的时间为水泥的终凝时间，用 min 来表示。临近终凝时每隔 15min（或更短时间）测定一次，到达终凝时，需要在试体另外两个不同点测试，确认结论相同才能确定到达终凝状态。

2.7 水泥安定性检测与试验

2.7.1 检测目的

测定水泥硬化后体积变化的均匀性，用以评定水泥的质量。

2.7.2 检测原理

水泥安定性检测方法有标准法（雷氏法）和代用法（试饼法）两种，当有争议时应以标准法（雷氏法）为准。

标准法（雷氏法）是通过测定水泥标准稠度净浆在雷氏夹中沸煮后试针的相对位移表征其体积膨胀的程度。

代用法（试饼法）是通过观测水泥标准稠度净浆试饼煮沸后的外形变化情况表征其体积安定性。

2.7.3 实验室和检测仪器

1. 实验室

实验室和湿气养护箱要求与水泥凝结时间检测相同。

2. 检测仪器

水泥净浆搅拌机、量筒或滴定管、天平要求与水泥标准稠度用水量检测相同。

雷氏夹（图2-9）：由铜质材料制成，当一根指针的根部先悬挂在一根金属丝或尼龙丝上，另一根指针的根部再挂上300g质量的砝码时，两根指针针尖的距离增加应在17.5mm±2.5mm范围内，即$2x = 17.5mm±2.5mm$，当去掉砝码后针尖的距离能恢复至挂砝码前的状态（图2-10）。

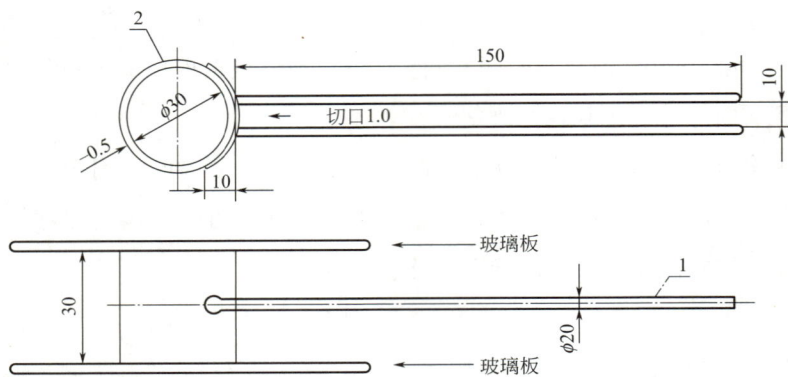

图2-9 雷氏夹（单位：mm）

1—指针；2—环模

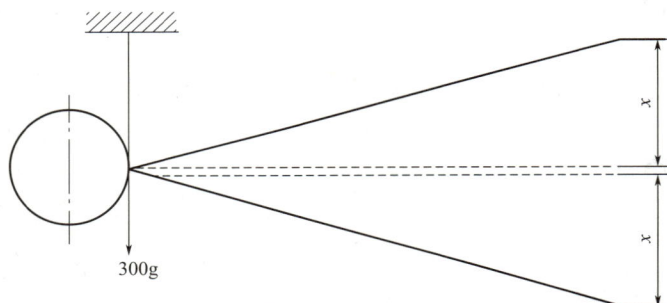

图2-10 雷氏夹受力示意图

沸煮箱：应符合现行《水泥安定性试验用沸煮箱》JC/T 955的要求。

雷氏夹膨胀测定仪（图2-11）：标尺最小刻度为0.5mm。

2.7.4 检测步骤

1. 标准法（雷氏法）

（1）准备工作

每个试样需成型两个试件，每个雷氏夹需配备两个边长或直径约80mm、厚度4~

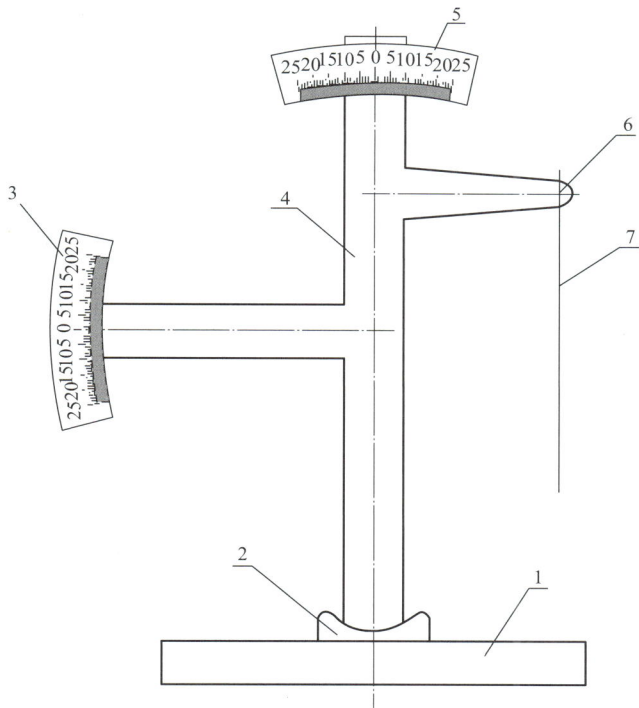

图 2-11　雷氏夹膨胀值测定仪（单位：mm）

1—底座；2—模子座；3—测弹性标尺；4—立柱；5—测膨胀值标尺；6—悬臂；7—悬丝

5mm 的玻璃板，凡与水泥净浆接触的玻璃板和雷氏夹内表面都要稍稍涂上一层油。

（2）雷氏夹试件成型

将预先准备好的雷氏夹放在已稍擦油的玻璃板上，并立即将已制好的标准稠度净浆一次装满雷氏夹，装浆时一只手轻轻扶持雷氏夹，另一只手用宽约 25mm 的直边刀在浆体表面轻轻插捣 3 次，然后抹平，盖上稍涂油的玻璃板，接着立即将试件移至湿气养护箱内养护 24h±2h。

（3）沸煮

调整好沸煮箱内的水位，使能保证在整个沸煮过程中都超过试件，不需中途添补试验用水，同时又能保证在 30min±5min 内升至沸腾。

脱去玻璃板取下试件，先测量雷氏夹指针尖端间的距离（A），精确到 0.5mm，接着将试件放入沸煮箱水中的试件架上，指针朝上，然后在 30min±5min 内加热至沸并恒沸 180min±5min。

2. 代用法（试饼法）

（1）准备工作

每个样品需准备两块边长约 100mm 的玻璃板，凡与水泥净浆接触的玻璃板都要稍稍涂上一层油。

（2）试饼成型

将制好的标准稠度净浆取出一部分分成两等份，使之成球形，放在预先准备好的玻璃板上，轻轻振动玻璃板并用湿布擦过的小刀由边缘向中央抹，做成直径 70～80mm、中心厚约 10mm、边缘渐薄、表面光滑的试饼，接着将试饼放入湿气养护箱内养护 24h±2h。

（3）沸煮

调整好沸煮箱内的水位，使能保证在整个沸煮过程中都超过试件，不需中途添补试验用水，同时又能保证在 30min±5min 内升至沸腾。

脱去玻璃板取下试饼，在试饼无缺陷的情况下将试饼放在沸煮箱水中的篦板上，在 30min±5min 内加热至沸并恒沸 180min±5min。

2.7.5　检测数据处理与结论评定

1. 标准法（雷氏法）

沸煮结束后，立即放掉沸煮箱中的热水，打开箱盖，待箱体冷却至室温，取出试件进行判别。测量雷氏夹指针尖端的距离（C），准确至 0.5mm，当两个试件煮后增加距离（$C-A$）的平均值不大于 5.0mm 时，即认为该水泥安定性合格，当两个试件煮后增加距离（$C-A$）的平均值大于 5.0mm 时，应用同一样品立即重做一次试验。以复检结果为准。

2. 代用法（试饼法）

沸煮结束后，立即放掉沸煮箱中的热水，打开箱盖，待箱体冷却至室温，取出试件进行判别。目测试饼未发现裂缝，用钢直尺检查也没有弯曲（使钢直尺和试饼底部紧靠，以两者间不透光为不弯曲）的试饼为安定性合格，反之为不合格。当两个试饼判别结果有矛盾时，该水泥的安定性为不合格。

2.8　水泥胶砂强度检测与试验

2.8.1　检测目的

检测水泥各龄期抗折强度、抗压强度，确定水泥的强度等级；或已知水泥强度等级，检测其各龄期抗折强度、抗压强度是否符合标准要求。

2.8.2　检测原理

本方法为 40mm×40mm×160mm 棱柱试体的水泥胶砂抗压强度和抗折强度的测定。

试体是由按质量计的一份水泥、三份中国 ISO 标准砂和半份的水（水灰比为 0.5）拌制的一组塑性胶砂制成。

在基准的测试步骤中，胶砂用行星搅拌机搅拌，在振实台上成型。也可使用代用设备和操作步骤，只要已证明它们所得水泥强度试验结果与用基准振实台和操作步骤的结果没有明显的差别。当有争议时，只能使用基准设备和操作步骤。

试体连同试模一起在湿气中养护 24h，脱模后在水中养护至强度试验。

到试验龄期时将试体从水中取出，先用抗折机进行抗折强度试验，折断后对每截再进行抗压强度试验。

2.8.3　实验室和检测仪器

1. 实验室

实验室温度为 20℃±2℃，相对湿度应不低于 50%；试验用水泥、拌合用水、中国 ISO 标准砂及检测仪器应与实验室温度相同。

带模养护试体养护箱的温度应保持在 20℃±1℃，相对湿度不低于 90%。养护箱的使用性能和结构应符合现行《水泥胶砂试体养护箱》JC/T 959 的要求。

水养用养护水池（带算子）的材料不应与水泥发生反应。试体养护池水温度应保持在 20℃±1℃。

2. 检测仪器

行星式胶砂搅拌机（图 2-12）：由搅拌锅、搅拌叶、电动机等组成，应符合现行《行星式水泥胶砂搅拌机》JC/T 681 要求。

试模（图 2-13）：由三个水平槽模组成，可同时成型三条截面为 40mm×40mm、长 160mm 棱形试体。其材质和制造尺寸应符合现行《水泥胶砂试模》JC/T 726 的要求。成型操作时，应在试模上面加有一个壁高 20mm 的金属模套，从上往下看时，模套壁与模型内壁应该重叠。为了控制料层厚度和刮平胶砂，应备有两个播料器和刮平金属直边尺。

胶砂振实台（图 2-14）：其性能应符合现行《水泥胶砂试体成型振实台》JC/T 682 要求，其振幅 15.0mm±0.3mm，振动频率 60 次/(60s±2s)。振实台应安装在高度约 400mm 的混凝土基座上，混凝土基座体积应大于 $0.25m^3$，质量应大于 600kg，将振实台用地脚螺丝固定在基座上，安装后台盘成水平状态，振实台底座与基座之间要铺一层胶砂以保证它们的完全接触。

图 2-12　行星式胶砂搅拌机

图 2-13　试模

图 2-14　胶砂振实台

抗折试验机（图 2-15）：应符合现行《水泥胶砂电动抗折试验机》JC/T 724 的要求，一般采用杠杆比值为 1∶50 的电动抗折检测试验机，抗折夹具的加荷与支撑圆柱直径应为 10mm±0.1mm，两个支撑圆柱中心距为 100mm±0.2mm。

抗压试验机（图 2-16）：应符合现行《水泥胶砂强度自动压力试验机》JC/T 960 的要求，在较大的 4/5 量程范围内使用时示值精确度应为 ±1.0%，具有 2.4kN/s±0.2kN/s 的加荷速度。

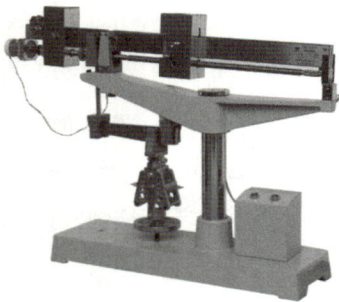

图 2-15　抗折试验机

图 2-16　抗压试验机

抗压夹具（图 2-17）：当需要使用抗压夹具时，应把它放在压力机的上下压板之间并与压力机处于同一轴线，以便将压力机的荷载传递至胶砂试体表面。抗压夹具应符合现行《40mm×40mm 水泥抗压夹具》JC/T 683 的要求，受压面积 40mm×40mm，上压板随着与试体的接触应能自动找平，但在加荷过程中上、下压板的相对位置应保持固定，下压板的表面对夹具的轴线应是垂直的，并且在加荷过程中应保持垂直。

图 2-17　抗压夹具

天平：分度值不大于±1g。

计时器：分度值不大于±1s。

加水器：分度值不大于±1mL。

2.8.4　检测步骤

1. 试验材料准备

（1）中国 ISO 标准砂：中国 ISO 标准砂完全符合 ISO 基准砂颗粒分布的规定，湿含量小于 0.2%，以 1350g±5g 容量的塑料袋包装，所用塑料袋不应影响强度试验结果。使用前，中国 ISO 标准砂应妥善存放，避免破损、污染、受潮。

（2）水泥：水泥样品应贮存在气密的容器里，这个容器不应与水泥发生反应，试验前混合均匀。

（3）水：验收试验或有争议时应使用符合现行《分析实验室用水规格和试验方法》GB/T 6682 规定的三级水，其他试验可用饮用水。

2. 胶砂制备

（1）配合比：胶砂的质量配合比为一份水泥、三份中国 ISO 标准砂和半份水（水灰比 W/C 为 0.50）。每锅材料需 450g±2g 水泥、1350g±5g 砂子和 225mL±1mL 或 225g±1g 水。一锅胶砂成型三条试体。

（2）搅拌：胶砂用搅拌机按以下程序进行搅拌，可以采用自动控制，也可以采用手动控制：把水加入锅里，再加入水泥，把锅固定在固定架上，上升至工作位置；立即开动机器，先低速搅拌 30s 后，在第二个 30s 开始的同时均匀地将砂子加入，把搅拌机调至高速再搅拌 30s；停拌 90s，在停拌开始的 15s 内，将搅拌锅放下，用刮刀将叶片、锅壁和锅底上的胶砂刮入锅中；再在高速下继续搅拌 60s。各个搅拌阶段的时间误差应在±1s 以内。

3. 试体制备

（1）试模准备

试体成型前将试模擦净，四周的模板与底板接触面上应涂黄油，紧密装配，防止漏浆，内壁均匀刷一薄层机油。试体为 40mm×40mm×160mm 的棱柱体。

（2）成型

胶砂制备后立即进行成型。将空试模和模套固定在振实台上，用料勺将锅壁上的胶砂清理到锅内并翻转搅拌胶砂使其更加均匀，成型时将胶砂分两层装入试模。装第一层时，每个槽里约放 300g 胶砂，先用料勺沿试模长度方向划动胶砂以布满模槽，再用大布料器垂直架在模套顶部沿每个模槽来回一次将料层布平，接着振实 60 次。再装入第二层胶砂，用料勺沿试模长度方向划动胶砂以布满模槽，但不能接触已振实胶砂，再用小布料器布平，振实 60 次。每次振实时可将一块用水湿过拧干、比模套尺寸稍大的棉纱布盖在模套上以防止振实时胶砂飞溅。

移走模套，从振实台上取下试模，用一金属直边尺以近似 90°的角度（向刮平方向稍斜）架在试模模顶的一端，然后沿试模长度方向以横向锯割动作慢慢向另一端移动，将超过试模部分的胶砂刮去。锯割动作的多少和直尺角度的大小取决于胶砂的稀稠程度，较稠的胶砂需要多次锯割、锯割动作要慢以防止拉动已振实的胶砂。用拧干的湿毛巾将试模端板顶部的胶砂擦拭干净，再用同一直边尺以近乎水平的角度将试体表面抹平。抹平的次数要尽量少，总次数不应超过 3 次。最后将试模周边的胶砂擦除干净。

用毛笔或其他方法对试体进行编号。两个龄期以上的试体，在编号时应将同一试模中的 3 条试体分在两个以上龄期内。

4. 试体养护

（1）带模养护

在试模上盖一块玻璃板。也可用相似尺寸的钢板或不渗水的、和水泥不发生反应的材料制成的板。盖板不应与水泥胶砂接触，盖板与试模之间的距离应控制在 2～3mm 之间。为了安全，玻璃板应有磨边。

立即将做好标记的试模放入养护室或湿箱的水平架子上养护，湿空气应能与试模各边接触。养护时不应将试模放在其他试模上。一直养护到规定的脱模时间时取出脱模。

（2）脱模

脱模应非常小心。脱模时可以用橡皮锤或脱模器。

对于 24h 龄期的，应在破型试验前 20min 内脱模。对于 24h 以上龄期的，应在成型后 20～24h 之间脱模。

如经 24h 养护，会因脱模对强度造成损害时，可以延迟至 24h 以后脱模，但在试验报告中应予说明。

已确定作为 24h 龄期试验（或其他不下水直接做试验）的已脱模试体，应用湿布覆盖至做试验时为止。

对于胶砂搅拌或振实台的对比，建议称量每个模型中试体的总量。

（3）水中养护

将做好标记的试体立即水平或竖直放在 20℃±1℃ 水中养护，水平放置时刮平面应朝上。试体放在不易腐烂的算子上，并彼此间保持一定间距，让水与试体的六个面接触。养护期间试体之间间隔或试体上表面的水深不应小于 5mm。不宜用未经防腐处理的木算子。

每个养护池只养护同类型的水泥试体。

最初用自来水装满养护池（或容器），随后随时加水保持适当的水位。在养护期间，可以更换不超过 50% 的水。

5. 强度测定

（1）强度试验试体的龄期

除 24h 龄期或延迟至 48h 脱模的试体外，任何到龄期的试体应在试验（破型）前提前从水中取出。揩去试体表面沉积物，并用湿布覆盖至试验为止。试体龄期是从水泥加水搅拌开始试验时算起。不同龄期强度试验在下列时间里进行：

——24h±15min；

——48h±30min；

——72h±45min；

——7d±2h；

——28d±8h。

（2）抗折强度测定

用抗折强度试验机测定抗折强度。

将试体一个侧面放在试验机支撑圆柱上，试体长轴垂直于支撑圆柱，通过加荷圆柱以 50N/s±10N/s 的速率均匀地将荷载垂直地加在棱柱体相对侧面上，直至折断。

保持两个半截棱柱体处于潮湿状态直至抗压试验。

（3）抗压强度测定

抗折强度试验完成后，取出两个半截试体，进行抗压强度试验。将断块试件放入抗压夹具内，并以试件的侧面作为受压面，半截棱柱体中心与压力机压板受压中心差应在±0.5mm内，棱柱体露在压板外的部分约有10mm。

在整个加荷过程中以2400N/s±200N/s的速率均匀地加荷直至破坏。

2.8.5　检测数据处理与结论评定

1. 抗折强度数据处理与结论评定

抗折强度按下式计算：

$$R_f = \frac{1.5 F_f L}{b^3} \qquad 式（2-12）$$

式中：R_f——水泥抗折强度（MPa）；

$\quad$ F_f——折断时施加于棱柱体中部的荷载（N）；

$\quad$ L——支撑圆柱之间的距离（mm）；

$\quad$ b——棱柱体正方形截面的边长（mm）；

以一组三个棱柱体抗折结果的平均值作为试验结果。当三个强度值中有一个超出平均值的±10%时，应剔除后再取平均值作为抗折强度试验结果；当三个强度值中有两个超出平均值±10%时，则以剩余一个作为抗折强度结果。

单个抗折强度结果精确至0.1MPa，算术平均值精确至0.1MPa。

2. 抗压强度数据处理与结论评定

抗压强度按下式计算，受压面积计为1600mm²：

$$R_c = \frac{F_c}{A} \qquad 式（2-13）$$

式中：R_c——水泥抗压强度（MPa）；

$\quad$ F_c——破坏时的最大荷载（N）；

$\quad$ A——受压部分面积（mm²）。

以一组三个棱柱体上得到的六个抗压强度测定值的平均值为试验结果。当六个测定值中有一个超出六个平均值的±10%时，剔除这个结果，再以剩下五个的平均值为结果。当五个测定值中再有超过它们平均值的±10%时，则此组结果作废。当六个测定值中同时有两个或两个以上超出平均值的±10%时，则此组结果作废。

单个抗压强度结果精确至0.1MPa，算术平均值精确至0.1MPa。

2.9　水泥试验报告与检测报告

2.9.1　水泥密度试验报告

1. 试验目的

2. 试验仪器与材料

3. 试验步骤

（1）称取水泥试样

（2）注入无水煤油并记录数据

（3）加入水泥试样并记录数据

（4）清洁整理试验仪器和试验台

4. 试验数据记录

试验次数	水泥试样质量(g)	李氏瓶第一次读数(mL)	李氏瓶第二次读数(mL)
第 1 次			
第 2 次			

5. 试验数据处理

6. 试验结论

2.9.2 水泥比表面积试验报告

1. 试验目的

2. 试验仪器与材料

3. 试验步骤

（1）测定水泥密度

（2）漏气检查

（3）确定空隙率

（4）试样量计算及称量

（5）制备试料层

（6）透气试验

（7）清洁整理试验仪器和试验台

4. 试验数据记录

试验次数	$S_s(\mathrm{cm}^2/\mathrm{g})$	$T_s(\mathrm{s})$	$T(\mathrm{s})$
第 1 次			
第 2 次			

5. 试验数据处理

6. 试验结论

2.9.3 水泥细度试验报告

1. 试验目的

2. 试验仪器

3. 试验步骤
(1) 试验仪器准备

(2) 称取水泥试样

(3) 筛分

(4) 称量筛余物并记录数据

(5) 清洁整理试验仪器和试验台

4. 试验数据记录

试验次数	水泥试样质量(g)	水泥筛余物质量(g)
第1次		
第2次		

5. 试验数据处理

6. 试验结论

2.9.4 水泥标准稠度用水量试验报告（标准法）

1. 试验目的

2. 试验仪器

3. 试验步骤

（1）试验仪器准备

（2）称取水泥试样、拌合用水

（3）拌制水泥净浆

（4）制作试件

（5）测定标准稠度用水量

（6）清洁整理试验仪器和试验台

4. 试验数据记录

试验次数	水泥试样质量(g)	拌合用水质量(g)	试杆距底板的距离(mm)
第 1 次			
第 2 次			
第 3 次			

5. 试验数据处理

6. 试验结论

2.9.5 水泥凝结时间试验报告

1. 试验目的

2. 试验仪器

3. 试验步骤

（1）试验仪器准备

（2）称取水泥试样、标准稠度拌合用水

（3）拌制标准稠度水泥净浆

（4）制作试件

（5）测定初凝时间

（6）测定终凝时间

（7）清洁整理试验仪器和试验台

4. 试验数据记录

试验次数		水泥试样质量(g)	拌合用水质量(g)	试杆距底板的距离(mm)	时间(min)
初凝时间	1				
	2				
	3				
终凝时间	1				
	2				
	3				

5. 试验结论

2.9.6 水泥安定性试验报告（标准法）

1. 试验目的

2. 试验仪器

3. 试验步骤

（1）试验仪器准备

（2）称取水泥试样、水泥标准稠度拌合用水

（3）拌制标准稠度水泥净浆

（4）制作雷氏夹试件

（5）沸煮雷氏夹试件

（6）测定膨胀值

（7）清洁整理试验仪器和试验台

4. 试验数据记录

试验次数	水泥试样质量(g)	拌合用水质量(g)	(C−A)(mm)
第1次			
第2次			

5. 试验结论

2.9.7　水泥胶砂强度试验报告

1. 试验目的

2. 试验仪器

3. 试验步骤
（1）试验仪器准备

（2）称取水泥试样、中国 ISO 标准砂、拌合用水

（3）拌制水泥胶砂

（4）制作水泥胶砂试体

（5）试体养护
1）带模养护

2）脱模

3）水中养护

（6）强度测定
1）抗折强度测定

2）抗压强度测定

（7）清洁整理试验仪器和试验台

4. 试验数据记录

抗折强度（MPa）		抗压强度（MPa）	
3d	28d	3d	28d

5. 试验数据处理

3d 抗折强度计算：

28d 抗折强度计算：

3d 抗压强度计算：

28d 抗压强度计算：

6. 试验结论

2.9.8 水泥检测报告

委托单位		委托编号	
工程名称		检测类别	
水泥品种		取样数量	
强度等级		检测日期	
生产厂家		报告日期	
检测依据			

检测结果

检测项目		标准要求		实测结果		单项评定	
密度							
比表面积							
细度							
标准稠度用水量							
凝结时间	初凝						
	终凝						
安定性							
胶砂强度	龄期	3d	28d	3d 单块	28d 平均	3d 单块	28d 平均
	抗折						
	抗压						
结论							
备注							

检测：　　　　审核：　　　　签发：　　　　报告日期：

【项目总结】

水泥性能检测中应执行各项技术指标的检测标准，再对照水泥的质量标准评定其技术指标的合格性。水泥的四个重要技术指标——胶砂强度、凝结时间、安定性和细度为必检项目，其他为选检项目。水泥检测的组批、取样和制样必须执行相关标准。

水泥各项技术指标检测过程中应明确检测目的和原理，准备实验室、试验材料、检测仪器等，按现行标准或规范进行检测操作，记录试验数据，按现行标准或规范要求对试验数据进行处理，并出具试验结论，填写水泥单项性能指标试验报告，填写水泥检测报告。

【思考及练习】

一、填空题

1. 袋装水泥取样时，每一个编号内随机抽取不少于（　　）袋水泥，每次抽取的单样量应尽量一致，总量至少（　　）kg。

2. 水泥密度试验结果取（　　）次测定结果的算术平均值，两次测定结果之差不大于（　　）g/cm^3。

3. 水泥比表面积检测时，当压力计内液体的凹月面下降到第（　　）条刻线时开始计时，当液体的凹月面下降到第（　　）条刻线时停止计时。

4. 负压筛析法检测水泥细度时，调节负压至（　　）Pa 范围内，连续筛析（　　）min。

5. 水泥检测实验室温度要求为（　　）℃，相对湿度应不低于（　　）%。

6. 用试模制作水泥净浆试件时，用直边刀轻轻拍打超出试模部分的浆体（　　）次，然后在试模上表面约（　　）处，略倾斜于试模向外轻轻锯掉多余净浆。

7. 水泥初凝时间测定时，试件在湿气养护箱中养护至加水后（　　）min 时进行第一次测定，临近初凝时间时最多每隔（　　）min 测定一次。

8. 水泥终凝时间测定时，试模直径（　　）端向上，当试针沉入试体（　　）mm 时，即环形附件开始不能在试体上留下痕迹时，为水泥达到终凝状态。

9. 水泥安定性检测时，将雷氏夹试件放入沸煮箱水中的试件架上，指针朝上，然后在（　　）min 内加热至沸并恒沸（　　）min。

10. 水泥胶砂强度检测时应制作（　　　）条试体，每条试体尺寸为（　　　）mm。

11. 水泥胶砂试体脱模后应在（　　　）℃水中养护，养护期间试体之间间隔或试体上表面的水深不应小于（　　　）mm。

12. 水泥胶砂抗压试验时，将抗折试验后的断块试件放入抗压夹具内，并以试件的（　　　）作为受压面，受压面积计为（　　　）mm²。

二、单选题

1. 水泥试样制备时应将水泥单样通过（　　　）mm方孔筛后充分混匀。

A. 0.045　　　　　　B. 0.08　　　　　　C. 0.9　　　　　　D. 1.18

2. 水泥密度检测时，李氏瓶静置于恒温水槽应恒温至少（　　　）min。

A. 15　　　　　　　B. 30　　　　　　　C. 45　　　　　　　D. 60

3. 水泥比表面积如二次试验结果相差（　　　）%以上时，应重新试验。

A. 0.5　　　　　　B. 1.0　　　　　　C. 1.5　　　　　　D. 2

4. 水泥细度测定的结果发生争议时，以（　　　）为准。

A. 负压筛析法　　B. 水筛法　　　　C. 手工筛析法　　D. 最大检测值

5. 标准法测定标准稠度用水量时，在试杆停止沉入或释放试杆（　　　）s时记录试杆距底板之间的距离。

A. 15　　　　　　　B. 30　　　　　　　C. 45　　　　　　　D. 60

6. 标准维卡仪试杆沉入水泥净浆并距底板（　　　）的水泥净浆为标准稠度净浆。

A. 6mm±1mm　　B. 5mm±1mm　　C. 4mm±1mm　　D. 3mm±1mm

7. 水泥性能检测时湿气养护箱的温湿度应为（　　　）。

A. 温度为20℃±2℃，相对湿度不低于50%

B. 温度为20℃±2℃，相对湿度不低于90%

C. 温度为20℃±1℃，相对湿度不低于50%

D. 温度为20℃±1℃，相对湿度不低于90%

8. 当水泥初凝试针沉至距底板（　　　）时，为水泥达到初凝状态。

A. 6mm±1mm　　B. 5mm±1mm　　C. 4mm±1mm　　D. 3mm±1mm

9. 临近终凝时间时最多每隔（　　　）min（或更短时间）测定一次。

A. 20　　　　　　　B. 15　　　　　　　C. 10　　　　　　　D. 5

10. 当两个雷氏夹试件煮后增加距离（$C-A$）的平均值不大于（　　　）mm时，即认为该水泥安定性合格。

A. 3.5　　　　　　B. 4.0　　　　　　C. 4.5　　　　　　D. 5.0

11. 水泥胶砂试体振实时分（　　　）次、每次振实（　　　）次。

A. 2　60　　　　　　　B. 2　30　　　　　　　C. 3　30　　　　　　　D. 3　60

12. 水泥胶砂试体带模养护的条件为（　　　）。

A. 温度为20℃±2℃，相对湿度不低于50%

B. 温度为20℃±2℃，相对湿度不低于90%

C. 温度为20℃±1℃，相对湿度不低于50%

D. 温度为20℃±1℃，相对湿度不低于90%

三、多选题

1. 水泥的必检项目有（　　　）。

A. 密度　　　　　　　B. 标准稠度需水量　C. 胶砂强度

D. 凝结时间　　　　　E. 安定性

2. 制作水泥胶砂强度试体需要的材料有（　　　）。

A. 450g 水泥试样　B. 500g 水泥试样　　C. 225g 水

D. 250g 水　　　　　E. 1350g 标准砂

3. 下面关于水泥胶砂抗折强度数据处理正确的有（　　　）。

A. 单个抗折强度结果精确至 0.1MPa，算术平均值精确至 0.1MPa

B. 以一组三个棱柱体抗折结果的平均值作为试验结果

C. 当三个强度值中有一个超出平均值的±10%时，应剔除后再取平均值作为抗折强度试验结果

D. 当三个强度值中有两个超出平均值±10%时，则以剩余一个作为抗折强度结果

E. 当三个强度值中有两个超出平均值±10%时，则整组数据作废

4. 下面关于水泥胶砂抗压强度数据处理正确的有（　　　）。

A. 以一组三个棱柱体上得到的六个抗压强度测定值的平均值为试验结果

B. 当六个测定值中有一个超出六个平均值的±10%时，剔除这个结果，再以剩下五个的平均值为结果

C. 当五个测定值中再有超过它们平均值的±10%时，则此组结果作废

D. 当六个测定值中同时有两个或两个以上超出平均值的±10%时，则此组结果作废

E. 单个抗压强度结果精确至 0.1MPa，算术平均值精确至 0.1MPa

四、简答题

1. 水泥凝结时间测定应注意哪些事项？

2. 用雷氏夹法检测水泥安定性如何做结论评定？

3. 某水泥试样根据标准实验方法测试其 28d 胶砂强度，抗折强度分别为 7.2MPa、7.5MPa、7.6MPa，抗压破坏载荷分别为 78.9kN、78.8kN、79.2kN、79.1kN、79.5kN、79.4kN，求该水泥试样的抗折强度和抗压强度。

项目3
骨料性能检测与试验

上智云图

教学资源素材

【教学目标】

1. 知识目标：

了解骨料的种类、性能、应用等；

理解骨料性能检测中相关的标准规范以及环境保护、安全消防等知识；

掌握骨料取样制样方法；

掌握骨料性能检测方法；

掌握试验数据分析处理方法；

掌握骨料性能评价方法。

2. 能力目标：

具备确定骨料性能检测依据的能力；

具备骨料取样制样的能力；

具备骨料性能检测的能力；

具备骨料试验数据处理分析的能力；

具备骨料性能评价的能力。

3. 素质目标：

具有良好的职业道德和诚信品质；

具有工匠精神、劳动精神、劳模精神；

具有良好的质量意识、规范意识、环保意识、安全意识、信息技术素养；

具有较强的集体意识和团队合作精神。

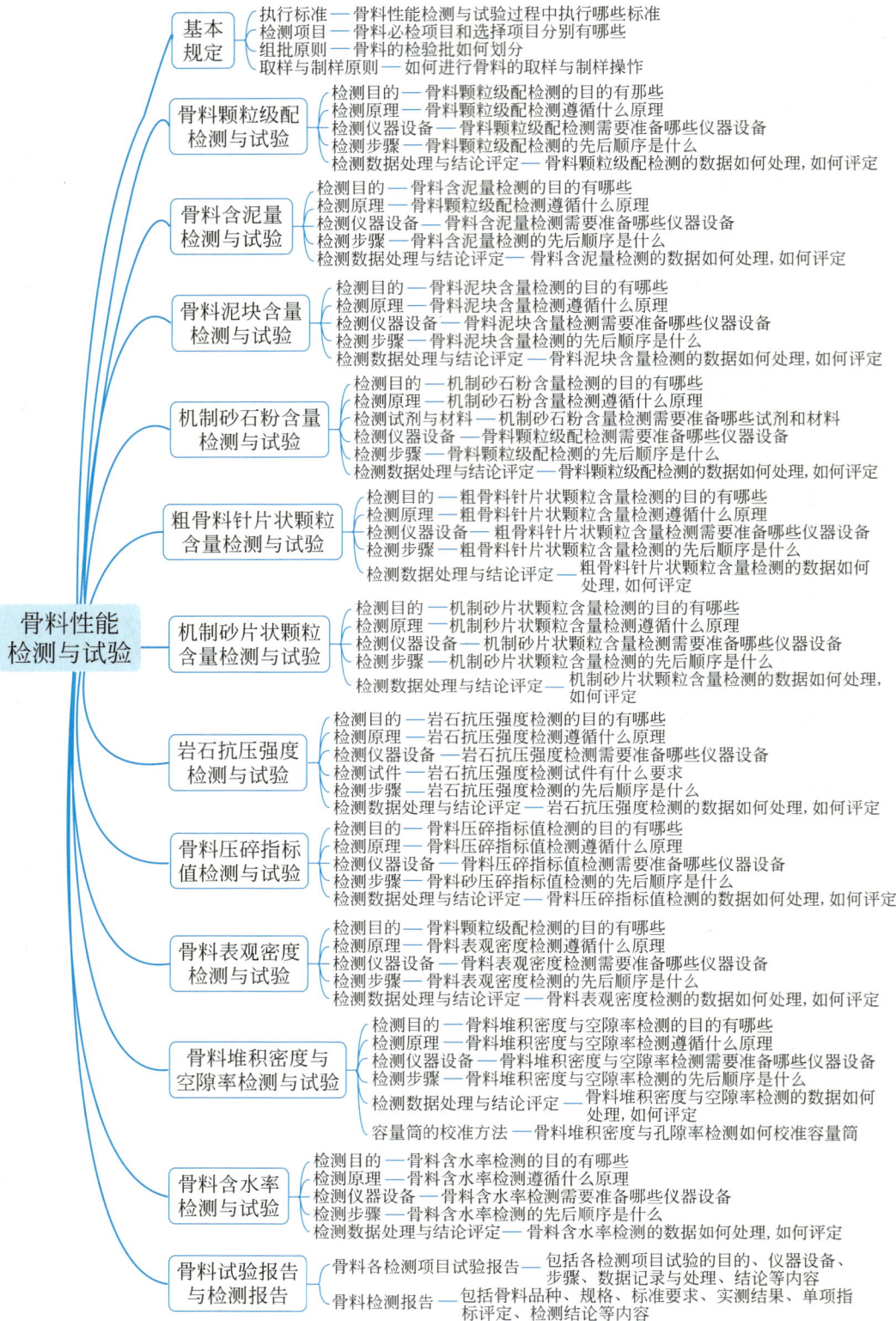

【思维导图】

骨料性能检测与试验

- 基本规定
  - 执行标准 — 骨料性能检测与试验过程中执行哪些标准
  - 检测项目 — 骨料必检项目和选择项目分别有哪些
  - 组批原则 — 骨料的检验批如何划分
  - 取样与制样原则 — 如何进行骨料的取样与制样操作

- 骨料颗粒级配检测与试验
  - 检测目的 — 骨料颗粒级配检测的目的有那些
  - 检测原理 — 骨料颗粒级配检测遵循什么原理
  - 检测仪器设备 — 骨料颗粒级配检测需要准备哪些仪器设备
  - 检测步骤 — 骨料颗粒级配检测的先后顺序是什么
  - 检测数据处理与结论 — 骨料颗粒级配检测的数据如何处理, 如何评定

- 骨料含泥量检测与试验
  - 检测目的 — 骨料含泥量检测的目的有哪些
  - 检测原理 — 骨料颗粒级配检测遵循什么原理
  - 检测仪器设备 — 骨料含泥量检测需要准备哪些仪器设备
  - 检测步骤 — 骨料含泥量检测的先后顺序是什么
  - 检测数据处理与结论评定 — 骨料含泥量检测的数据如何处理, 如何评定

- 骨料泥块含量检测与试验
  - 检测目的 — 骨料泥块含量检测的目的有哪些
  - 检测原理 — 骨料泥块含量检测遵循什么原理
  - 检测仪器设备 — 骨料泥块含量检测需要准备哪些仪器设备
  - 检测步骤 — 骨料泥块含量检测的先后顺序是什么
  - 检测数据处理与结论评定 — 骨料泥块含量检测的数据如何处理, 如何评定

- 机制砂石粉含量检测与试验
  - 检测目的 — 机制砂石粉含量检测的目的有哪些
  - 检测原理 — 机制砂石粉含量检测遵循什么原理
  - 检测试剂与材料 — 机制砂石粉含量检测需要准备哪些试剂和材料
  - 检测仪器设备 — 骨料颗粒级配检测需要准备哪些仪器设备
  - 检测步骤 — 骨料颗粒级配检测的先后顺序是什么
  - 检测数据处理与结论评定 — 骨料颗粒级配检测的数据如何处理, 如何评定

- 粗骨料针片状颗粒含量检测与试验
  - 检测目的 — 粗骨料针片状颗粒含量检测的目的有哪些
  - 检测原理 — 粗骨料针片状颗粒含量检测遵循什么原理
  - 检测仪器设备 — 粗骨料针片状颗粒含量检测需要准备哪些仪器设备
  - 检测步骤 — 粗骨料针片状颗粒含量检测的先后顺序是什么
  - 检测数据处理与结论评定 — 粗骨料针片状颗粒含量检测的数据如何处理, 如何评定

- 机制砂片状颗粒含量检测与试验
  - 检测目的 — 机制砂片状颗粒含量检测的目的有哪些
  - 检测原理 — 机制砂片状颗粒含量检测遵循什么原理
  - 检测仪器设备 — 机制砂片状颗粒含量检测需要准备哪些仪器设备
  - 检测步骤 — 机制砂片状颗粒含量检测的先后顺序是什么
  - 检测数据处理与结论评定 — 机制砂片状颗粒含量检测的数据如何处理, 如何评定

- 岩石抗压强度检测与试验
  - 检测目的 — 岩石抗压强度检测的目的有哪些
  - 检测原理 — 岩石抗压强度检测遵循什么原理
  - 检测仪器设备 — 岩石抗压强度检测需要准备哪些仪器设备
  - 检测试件 — 岩石抗压强度检测试件有什么要求
  - 检测步骤 — 岩石抗压强度检测的先后顺序是什么
  - 检测数据处理与结论评定 — 岩石抗压强度检测的数据如何处理, 如何评定

- 骨料压碎指标值检测与试验
  - 检测目的 — 骨料压碎指标值检测的目的有哪些
  - 检测原理 — 骨料压碎指标值检测遵循什么原理
  - 检测仪器设备 — 骨料压碎指标值检测需要准备哪些仪器设备
  - 检测步骤 — 骨料砂压碎指标值检测的先后顺序是什么
  - 检测数据处理与结论评定 — 骨料压碎指标值检测的数据如何处理, 如何评定

- 骨料表观密度检测与试验
  - 检测目的 — 骨料颗粒级配检测的目的有哪些
  - 检测原理 — 骨料表观密度检测遵循什么原理
  - 检测仪器设备 — 骨料表观密度检测需要准备哪些仪器设备
  - 检测步骤 — 骨料表观密度检测的先后顺序是什么
  - 检测数据处理与结论评定 — 骨料表观密度检测的数据如何处理, 如何评定

- 骨料堆积密度与空隙率检测与试验
  - 检测目的 — 骨料堆积密度与空隙率检测的目的有哪些
  - 检测原理 — 骨料堆积密度与空隙率检测遵循什么原理
  - 检测仪器设备 — 骨料堆积密度与空隙率检测需要准备哪些仪器设备
  - 检测步骤 — 骨料堆积密度与空隙率检测的先后顺序是什么
  - 检测数据处理与结论评定 — 骨料堆积密度与空隙率检测的数据如何处理, 如何评定
  - 容量筒的校准方法 — 骨料堆积密度与孔隙率检测如何校准容量筒

- 骨料含水率检测与试验
  - 检测目的 — 骨料含水率检测的目的有哪些
  - 检测原理 — 骨料含水率检测遵循什么原理
  - 检测仪器设备 — 骨料含水率检测需要准备哪些仪器设备
  - 检测步骤 — 骨料含水率检测的先后顺序是什么
  - 检测数据处理与结论评定 — 骨料含水率检测的数据如何处理, 如何评定

- 骨料试验报告与检测报告
  - 骨料各检测项目试验报告 — 包括各检测项目试验的目的、仪器设备、步骤、数据记录与处理、结论等内容
  - 骨料检测报告 — 包括骨料品种、规格、标准要求、实测结果、单项指标评定、检测结论等内容

【引文】

骨料亦称"集料"，是混凝土及砂浆中起骨架和填充作用的粒状材料。按其粒径大小不同分为细骨料和粗骨料。

粒径小于 4.75mm 的骨料称为细骨料，俗称砂。砂按产源分为天然砂、机制砂和混合砂。天然砂是在自然条件作用下岩石产生破碎、风化、分选、运移、堆（沉）积形成的粒径小于 4.75mm 的岩石颗粒。天然砂包括河砂、湖砂、山砂、净化处理的海砂，但不包括软质、风化的颗粒。机制砂是以岩石、卵石、矿山废石和尾矿等为原料，经除尘处理，由机械破碎、整形、筛分、粉控等工艺制成的、级配、粒形和石粉含量满足要求且粒径小于 4.75mm 的颗粒，但不包括软质、风化的颗粒。混合砂是由机制砂和天然砂按一定比例混合而成的砂。

粒径大于 4.75mm 的骨料称为粗骨料，俗称石。常用的有碎石及卵石两种。碎石是天然岩石、卵石或矿山废石经破碎、筛分等机械加工而成的，粒径大于 4.75mm 的岩石颗粒。卵石是在自然条件下岩石产生破碎、风化、分选、运移、堆（沉）积，而形成的粒径大于 4.75mm 的岩石颗粒。

3.1 骨料性能检测的基本规定

3.1.1 执行标准（现行）

《建设用砂》GB/T 14684

《建设用卵石、碎石》GB/T 14685

3.1.2 检测项目

必检项目：颗粒级配、含泥量、泥块含量、机制砂石粉含量、针片状颗粒含量、机制砂压碎指标值、松散堆积密度。

选检项目：岩石抗压强度、表观密度、空隙率、含水率等。

3.1.3 组批取样原则

1. 取样方法

（1）按表 3-1 规定的质量取样。

试验项目	细骨料最少取样质量（kg）	粗骨料最少取样质量（kg）							
		最大粒径（mm）							
		9.5	16.0	19.0	26.5	31.5	37.5	63.0	≥75.0
颗粒级配	4.4	9.5	16.0	19.0	26.5	31.5	37.5	63.0	80.0
含泥量	4.4	8.0	8.0	24.0	24.0	40.0	40.0	80.0	80.0
泥块含量	20.0	8.0	8.0	24.0	24.0	40.0	40.0	80.0	80.0
机制砂石粉含量	6.0	—							
针片状颗粒含量	—	1.2	4.0	8.0	12.0	20.0	40.0	40.0	40.0
片状颗粒含量	4.4	—							
岩石抗压强度	—	选取有代表性的完整石块，按试验要求锯切或钻取成试验用样品							
压碎指标	20.0	按试验要求的粒级和质量取样							
表观密度	2.6	8.0	8.0	8.0	8.0	12.0	16.0	24.0	24.0
堆积密度与空隙率	5.0	40.0	40.0	40.0	40.0	80.0	80.0	120.0	120.0
含水率	4.4	16.0	16.0	16.0	16.0	16.0	16.0	16.0	16.0

（2）在料堆上取样时，取样部位应均匀分布。取样前先将取样部位表层铲除，然后从不同部位随机抽取大致等量的砂 8 份、石子 15 份。抽取石子时，应在料堆的顶部、中部和底部均匀分布的 15 个不同部位取得，各自组成一组样品。

（3）从皮带运输机上取样时，应全断面定时随机抽取大致等量的砂 4 份、石子 8 份，各自组成一组样品。

（4）从火车、汽车、货船上取样时，从不同部位和深度抽取大致等量的砂 8 份、石 15 份，各自组成一组样品。

2. 组批规则

按同分类、类别、公称粒径及日产量组批。

日产量不超过 4000t，每 2000t 为一批，不足 2000t 亦为一批；

日产量超过 4000t，按每条生产线连续生产 8h 的产量为一批，不足 8h 亦为一批。

3.2　细骨料颗粒级配检测与试验

3.2.1　检测目的

评定混凝土用细骨料的颗粒级配，计算细骨料的细度模数，评定细骨料的粗细程度，为混凝土配合比设计提供依据。

3.2.2 检测原理

采用筛分析的方法进行测定。筛分析的方法是用一套孔径为 0.15mm、0.30mm、0.60mm、1.18mm、2.36mm、4.75mm 的 6 个标准筛，将试样倒入组合套筛上由粗到细进行筛分，称取各筛的筛余量，计算各筛的分计筛余率及累计筛余百分率。

3.2.3 检测仪器设备

仪器设备应符合以下规定：

烘箱：温度控制在 105℃±5℃；

天平：量程不小于 1000g，分度值不大于 1g；

试验筛：规格为 0.15mm、0.30mm、0.60mm、1.18mm、2.36mm、4.75mm 及 9.50mm 的筛，并附有筛底和筛盖，并应符合现行 GB/T 6003.1 和 GB/T 6003.2 中方孔试验筛的规定，见图 3-1；

摇筛机：见图 3-2。

图 3-1　方孔试验筛　　　　　　　图 3-2　摇筛机

3.2.4 检测步骤

1. 按表 3-1 规定取样，筛除大于 9.50mm 的颗粒，并算出其筛余百分率，并将试样缩分至约 1100g，放在烘箱中于 105℃±5℃下烘干至恒重，待冷却至室温后，平均分为 2 份备用。

注：恒重系指在相邻两次称量间隔不小于 3h 的情况下，前后两次质量之差不大于该项试验所要求的称量精度（下同）。

2. 称取试样 500g，精确至 1g。将试样倒入按孔径大小从上到下 4.75mm、2.36mm、1.18mm、0.6mm、0.3mm、0.15mm 组合的套筛（附筛底）上，然后进行筛分。

3. 将套筛置于摇筛机上，摇筛 10min；取下套筛，按筛孔大小顺序再逐个用手筛，筛至每分钟通过量小于试样总量 0.1% 为止。通过的试样并入下一号筛中，并和下一号筛中的试样一起过筛，这样顺序进行，直至各号筛全部筛完为止。称出各号筛的筛余量，精确至 1g。

4. 试样在各号筛的筛余量（m_a）不应超过式（3-1）计算出的值。

$$m_a = \frac{A \times \sqrt{d}}{200} \qquad\qquad 式（3-1）$$

式中：m_a——在一个筛上的筛余量（g）；

A——筛孔面积（mm^2）；

d——筛孔尺寸（mm）。

当超过式（3-1）计算出的值时，应按下列方法之一处理：

（1）将该粒级试样分成少于按上式计算出的量，分别筛分，并以筛余量之和作为该号筛的筛余量；

（2）将该粒级及以下各粒级的筛余混合均匀，称出其质量，精确至 1g。再用四分法缩分为两份，取其中一份，称出其质量，精确至 1g，继续筛分。计算该粒级及以下各粒级的分计筛余量时应根据缩分比例进行修正。

3.2.5 检测数据处理与结论评定

1. 计算分计筛余百分率：各号筛的筛余量与试样总质量之比，计算精确至 0.1%。

2. 计算累计筛余百分率：该号筛的分计筛余百分率加上该号筛以上各分计筛余百分率之总和，计算精确至 0.1%。筛分后，当每号筛的筛余量与筛底的剩余量之和同原试样质量之差超过 1% 时，应重新试验。

3. 砂的细度模数按式（3-2）计算，精确至 0.01。

$$M_x = \frac{A_2 + A_3 + A_4 + A_5 + A_6 - 5A_1}{100 - A_1}$$

式（3-2）

式中： M_x——细度模数；

A_1、A_2、A_3、A_4、A_5、A_6——分别为 4.75mm、2.36mm、1.18mm、0.60mm、0.30mm、0.15mm 筛的累计筛余百分率。

4. 分计筛余、累计筛余百分率取两次试验结果的算术平均值，精确至 1%。细度模数取 2 次试验结果的算术平均值，精确至 0.1。如 2 次试验的细度模数之差超过 0.20 时，应重新进行试验。

3.3 粗骨料颗粒级配检测与试验

3.3.1 检测目的

评定混凝土用粗骨料的颗粒级配，为混凝土配合比设计提供依据。

3.3.2 检测原理

采用筛分析的方法进行测定。筛分析的方法是用 2.36mm、4.75mm、9.50mm、16.0mm、19.0mm、26.5mm、31.5mm、37.5mm、53.0mm、63.0mm、75.0mm 及 90mm 的方孔筛进行筛分，称取各筛的筛余量，计算各筛的分计筛余率及累计筛余百分率。

3.3.3 检测仪器设备

仪器设备应符合以下规定：

烘箱：温度控制在 105℃±5℃；

天平：分度值不大于最少试样质量的 0.1%；

试验筛：孔径为 2.36mm、4.75mm、9.50mm、16.0mm、19.0mm、26.5mm、31.5mm、37.5mm、53.0mm、63.0mm、75.0mm 及 90mm 的方孔筛，并附有筛底和筛盖，筛框内径为 300mm；

摇筛机；

浅盘。

3.3.4　检测步骤

1. 按表 3-1 规定取样，并将试样缩分至不小于表 3-2 规定的质量，烘干或风干后备用。

粗骨料颗粒级配试验所需最少试样质量　　　　　　　表 3-2

最大粒径(mm)	9.5	16.0	19.0	26.5	31.5	37.5	63.0	≥75.0
最少试样质量(kg)	1.9	3.2	3.8	5.0	6.3	7.5	12.6	16.0

2. 称取试样，精确到 1g。将试样倒入按孔径大小从上到下组合的套筛（附筛底）上，然后进行筛分。

3. 将套筛置于摇筛机上，摇筛 10min；取下套筛，按筛孔大小顺序再逐个用手筛，筛至每分钟通过量小于试样总量 0.1% 为止。通过的试样并入下一号筛中，并和下一号筛中的试样一起过筛，这样顺序进行，直至各号筛全部筛完为止。当筛余颗粒的粒径大于 19.0mm 时，在筛分过程中，允许用手指拨动颗粒。

4. 称出各号筛的筛余量，精确到 1g。

3.3.5　检测数据处理与结论评定

1. 计算分计筛余百分率：各号筛的筛余量与试样总质量之比，应精确至 0.1%。

2. 计算累计筛余百分率：该号筛及以上各筛的分计筛余百分率之总和，应精确至 1%。筛分后，如每号筛的筛余量与筛底的筛余量之和与筛分前质量之差超过 1% 时，应重新试验。

3. 根据各号筛的累计筛余百分率评定该试样的颗粒级配。

3.4　骨料含泥量检测与试验

3.4.1　检测目的

测定骨料的含泥量，为评定骨料的质量等级提供依据。

3.4.2　检测原理

含泥量是指骨料中粒径小于 $75\mu m$ 的颗粒含量百分数。利用清水使尘屑、淤泥、黏土与砂粒分离，得到粒径小于 $75\mu m$ 的颗粒质量。

3.4.3 检测仪器设备

仪器设备应符合以下规定：

烘箱：温度控制在 105℃±5℃；

天平：量程不小于 1000g 且分度值不大于 0.1g、分度值不大于最少试样质量的 0.1%；

试验筛：孔径为 $75\mu m$ 及 1.18mm 的方孔筛；

容器：深度大于 250mm，淘洗试样时保持试验不溅出；

浅盘：瓷质或金属质。

3.4.4 检测步骤

1. 取样

（1）细骨料取样

按表 3-1 规定取样，并将试样缩分至约 1100g，放在烘箱中于 105℃±5℃下烘干至恒重，待冷却至室温后，平均分为两份备用。

（2）粗骨料取样

按表 3-1 取样，并将试样缩分至略大于表 3-3 规定的 2 倍质量，放在烘箱中于 105℃±5℃下烘干至恒重，待冷却至室温后，平均分为两份备用。

粗骨料含泥量试验所需最少试样质量　　　　　　　　　表 3-3

最大粒级(mm)	9.5	16.0	19.0	26.5	31.5	37.5	≥63.0
最少试样质量(kg)	2.0	2.0	6.0	6.0	10.0	10.0	20.0

2. 称取一份烘干试样（m_{a1}），精确至 0.1g。将试样倒入淘洗容器中，注入清水，水面高于试样上表面 150mm，充分搅拌均匀后，浸泡 2h±10min，然后用手在水中淘洗试样，使尘屑、淤泥、黏土与砂粒分离，将浑水缓缓倒入 1.18mm 和 $75\mu m$ 的套筛上（1.18mm 筛放在 $75\mu m$ 筛上面），滤去粒径小于 $75\mu m$ 的颗粒。试验前筛子的两面应先用水润湿，在整个试验过程中应防止粒径大于 $75\mu m$ 颗粒流失。

3. 向容器中注入清水，重复上述操作，直到容器内的水目测清澈为止。

4. 用水淋洗剩余在筛上的细粒，并将 $75\mu m$ 筛放在水中，同时使水面略高于骨料颗粒的上表面，来回摇动，以充分洗掉小于 $75\mu m$ 的颗粒，然后将两只筛上筛余的颗粒和清洗容器中已经洗净的试样一并倒入浅盘中，置于烘箱中于105℃±5℃下烘干至恒重，待冷却至室温后，称出其质量（m_{a2}），精确至0.1g。

3.4.5　检测数据处理与结论评定

骨料含泥量按式（3-3）计算（精确至0.1％）：

$$Q_a = \frac{m_{a1} - m_{a2}}{m_{a1}} \times 100\% \qquad\qquad 式（3-3）$$

式中：Q_a——骨料含泥量；

m_{a1}——试验前烘干试样质量（g）；

m_{a2}——试验后烘干试样质量（g）。

骨料含泥量取2个试样的试验结果算术平均值作为测定值，精确到0.1％；如2次结果的差值超过0.2％时，应重新取样进行试验。

3.5　骨料泥块含量检测与试验

3.5.1　检测目的

测定骨料的泥块含量，为评定骨料的质量等级提供依据。

3.5.2　检测原理

利用清水淘洗骨料，确定骨料的泥块含量。

3.5.3　检测仪器设备

仪器设备应符合以下规定：

烘箱：温度控制在105℃±5℃；

天平：量程不小于1000g且分度值不大于0.1g、分度值不大于最少试样质量的0.1％；

试验筛：孔径为0.60mm、1.18mm、2.36mm及4.75mm的方孔筛；

容器：深度大于250mm，淘洗试样时保持试样不溅出；

浅盘：瓷质或金属质。

3.5.4 检测步骤

3.5.4.1 细骨料泥块含量检测

1. 按表 3-1 规定取样，并将试样缩分至约 5000g，放在烘箱中于 105℃±5℃ 下烘干至恒重，用 1.18mm 的筛手动筛分，取筛上物平均分为 2 份备用。

2. 将一份试样倒入淘洗容器中，注入清水进行第一次水洗，水面应高于试样面，用玻璃棒适度搅拌后，将试样过 0.60mm 的筛，将筛上试样全部取出，装入浅盘后，放在烘箱中于 105℃±5℃ 下烘干至恒重，称出其质量（m_{c1}），精确至 0.1g。

3. 将经过上面处理后的试样倒入淘洗容器中，注入清水进行第二次水洗，水面应高于试样面，充分搅拌均匀后，浸泡 24h±0.5h，然后用手在水中碾碎泥块，再将试样放在 0.60mm 的筛上，用水淘洗，直到容器内的水目测清澈为止。保留下来的试样从筛中取出，装入浅盘后，放在烘箱中于 105℃±5℃ 下烘干至恒重，待冷却到室温后，称出其质量（m_{c2}），精确至 0.1g。

3.5.4.2 粗骨料泥块含量检测

1. 按表 3-1 取样，并将试样缩分至不小于表 3-3 规定的 2 倍质量，放在烘箱中于 105℃±5℃ 下烘干至恒重，待冷却至室温后，筛除小于 4.75mm 的颗粒，平均分为两份备用。

2. 称取一份试样（m_{c1}），将试样倒入淘洗容器中，注入清水，使水面高于试样上表面。充分搅拌均匀后，浸泡 24h±0.5h。然后在水中将泥块碾碎，再将试样放在 2.36mm 筛上，用水淘洗，直至容器内的水目测清澈为止。

3. 保留下来的试样从筛中全部取出，装入浅盘后，放在干燥箱中于 105℃±5℃ 下烘干至恒量，待冷却至室温后，称出其质量（m_{c2}），精确到 1g。

3.5.5 检测数据处理与结论评定

泥块含量按式（3-4）计算（精确至 0.1%）：

$$Q_c = \frac{m_{c1} - m_{c2}}{m_{c1}} \times 100\% \qquad\qquad 式（3-4）$$

式中：Q_c——骨料泥块含量；

$\quad\quad m_{c1}$——细骨料第一次水洗后 0.60mm 筛上试样烘干后的质量（g），粗骨料淘洗前烘干试样的质量（4.75mm 筛筛余）（g）；

m_{c2}——细骨料第二次水洗后 0.60mm 筛上试样烘干后的质量（g），粗骨料淘洗后烘干试样的质量（g）。

骨料泥块含量取两次试验结果的算术平均值，精确到 0.1%。

3.6 机制砂石粉含量检测与试验

3.6.1 检测目的

测定机制砂的石粉含量，为评定机制砂的质量等级提供依据。

3.6.2 检测原理

采用亚甲蓝法进行试验。其基本原理是向机制砂与水搅拌制成的悬浊液中不断加入亚甲蓝溶液，每加入一定量的亚甲蓝溶液后，亚甲蓝为机制砂中的粉料所吸附，用玻璃棒蘸取少许悬浊液滴到滤纸上观察是否有游离的亚甲蓝放射出的浅蓝色色晕，判断机制砂对染料溶液的吸附情况。通过色晕试验，确定添加亚甲蓝染料的终点，直到该染料停止表面吸附。当出现游离的亚甲蓝（以浅蓝色色晕宽度 1mm 左右作为标准）时，计算亚甲蓝值（MB）。

3.6.3 检测试剂与材料

亚甲蓝（$C_{16}H_{18}ClN_3S \cdot 3H_2O$）：纯度不小于 98.5%。

亚甲蓝溶液的制备应按下列步骤进行：

1. 先进行亚甲蓝含水率测定：称取亚甲蓝约 5g，精确到 0.01g，记为 m_{w0}。在 (100 ± 5)℃下烘至恒重，置于干燥器中冷却。从干燥器中取出后立即称重，精确到 0.01g，记为 m_{w1}。按式（3-5）计算含水率，精确到 0.1%。

$$w = \frac{m_{w0} - m_{w1}}{m_{w1}} \times 100\% \qquad\qquad 式（3-5）$$

式中：w——含水率；

$\quad\quad m_{w0}$——烘干前亚甲蓝质量（g）；

$\quad\quad m_{w1}$——烘干后亚甲蓝质量（g）。

2. 亚甲蓝溶液制备：称量未烘干的亚甲蓝 $[100\times(1+w)/10]$ g±0.01g，即干燥亚甲蓝 10.00g±0.01g，精确至 0.01g。倒入盛有约 600mL、水温 35～40℃

蒸馏水的烧杯中，用玻璃棒持续搅拌至亚甲蓝完全溶解，冷却至 20℃。将溶液倒入 1L 容量瓶中，用蒸馏水淋洗烧杯等，使所有亚甲蓝溶液全部移入容量瓶，容量瓶和溶液的温度应保持在 20℃±1℃，加蒸馏水至容量瓶 1L 刻度。振荡容量瓶以保证亚甲蓝粉末完全溶解。将容量瓶中溶液移入深色储藏瓶中，标明制备日期、失效日期，并置于阴暗处保存。亚甲蓝溶液保质期应不超过 28d。

滤纸：应选用快速定量滤纸。

3.6.4　检测仪器设备

仪器设备应符合以下规定：

烘箱：温度控制在 105℃±5℃；

天平：量程不小于 1000g 且分度值不大于 0.1g、量程不小于 100g 且分度值不大于 0.01g；

试验筛：孔径为 $75\mu m$、1.18mm 和 2.36mm 的方孔筛；

容器：深度大于 250mm，要求淘洗试样时，保持试样不溅出；

移液管：5mL、2mL；

石粉含量测定仪或叶轮搅拌器：转速可调，最高达 600r/min±60r/min，直径 75mm±10mm；

定时装置：分度值 1s；

玻璃容量瓶：1L。

3.6.5　检测步骤

3.6.5.1　机制砂石粉含量测定

1. 按表 3-1 规定取样，并将试样缩分至约 1100g，放在烘箱中于 105℃±5℃下烘干至恒重，待冷却至室温后，平均分为两份备用。

2. 称取试样 500g（m_{b1}），精确至 0.1g。将试样倒入淘洗容器中，注入清水，使水面高于试样上表面 150mm，充分搅拌均匀后，浸泡 2h，然后用手在水中淘洗试样，使尘屑、淤泥和黏土与砂粒分离，将浑水缓缓倒入 1.18mm 和 $75\mu m$ 的套筛上（1.18mm 筛放在 $75\mu m$ 筛上面），滤去粒径小于 $75\mu m$ 的颗粒。试验前筛子的两面应先用水润湿，在整个试验过程中应防止砂粒流失。

3. 向容器中注入清水，重复上述操作，直到容器内的水目测清澈为止。

4. 用水淋洗剩余在筛上的细粒，并将 $75\mu m$ 筛放在水中，水面高出筛中砂粒的上表面，来回摇动，以充分洗掉小于 $75\mu m$ 的颗粒，然后将两只筛上筛余的颗粒和清洗容器中已经洗净的试样一并倒入浅盘中，置于烘箱中于 $105℃±5℃$ 下烘干至恒重，待冷却至室温后，称出其质量（m_{b2}），精确至 $0.1g$。

3.6.5.2 机制砂亚甲蓝值的测定

1. 按规定取样 $6.0g$，并将样品缩分至 $400g$，放在烘箱中于 $105℃±5℃$ 下烘干至恒重，待冷却至室温后，筛除大于 $2.36mm$ 的颗粒备用。

2. 称取试样 $200g$，精确至 $0.1g$，记为 m_0。将试样倒入盛有 $500mL±5mL$ 蒸馏水的烧杯中，用叶轮搅拌机以 $600r/min±60r/min$ 转速搅拌 $5min$，使其成悬浮液，然后以 $400r/min±40r/min$ 转速持续搅拌，直至试验结束。

3. 悬浮液中加入 $5mL$ 亚甲蓝溶液，以 $400r/min±40r/min$ 转速搅拌至少 $1min$后，用玻璃棒蘸取一滴悬浮液。所取悬浮液滴应使沉淀物直径在 $8\sim12mm$ 内，滴于滤纸上，同时滤纸应置于空烧杯或其他支撑物上，以使滤纸表面不与任何固体或液体接触。若沉淀物周围未出现色晕，再加入 $5mL$ 亚甲蓝溶液，继续搅拌 $1min$，再用玻璃棒蘸取一滴悬浮液，滴于滤纸上，若沉淀物周围仍未出现色晕，重复上述步骤，直至沉淀物周围出现约 $1mm$ 的稳定浅蓝色色晕。此时，应继续搅拌，不加亚甲蓝溶液，每 $1min$ 进行一次蘸染试验。若色晕在 $4min$ 内消失，再加入 $5mL$ 亚甲蓝溶液；若色晕在第 $5min$ 消失，再加入 $2mL$ 亚甲蓝溶液。两种情况下，均应继续进行搅拌和蘸染试验，直至色晕可持续 $5min$。

4. 记录色晕持续 $5min$ 时所加入的亚甲蓝溶液总体积（V），精确至 $1mL$。

3.6.5.3 亚甲蓝的快速试验

1. 制样与搅拌同 3.6.5.2。

2. 一次性向烧杯中加入 $30mL$ 亚甲蓝溶液，以 $400r/min±40r/min$ 转速持续搅拌 $8min$，然后用玻璃棒蘸取一滴悬浊液，滴于滤纸上，观察沉淀物周围是否出现明显色晕。

3.6.6 检测数据处理与结论评定

1. 石粉含量按式（3-6）计算（精确至 0.1%）：

$$Q_b = \frac{m_{b1} - m_{b2}}{m_{b1}} \times 100\% \qquad\qquad 式（3-6）$$

式中：Q_b——机制砂石粉含量；

　　　m_{b1}——试验前烘干试样质量（g）；

　　　m_{b2}——试验后烘干试样质量（g）。

2. 亚甲蓝值按式（3-7）计算（精确至 0.1%）：

$$MB = \frac{V}{m_0} \times 10 \qquad\qquad 式（3-7）$$

式中：MB——亚甲蓝值（g/kg）；

　　　V——所加入的亚甲蓝溶液的总量（mL）；

　　m_0——试样质量（g）；

　　　10——每千克试样消耗的亚甲蓝溶液体积换算成亚甲蓝质量。

3. 亚甲蓝快速试验结果评定方法：当沉淀物周围稳定出现 1mm 以上明显色晕时，判定亚甲蓝快速试验为合格；当沉淀物周围未出现明显色晕，判定亚甲蓝快速试验为不合格。

3.7　粗骨料针片状颗粒含量检测与试验

3.7.1　检测目的

测定粗骨料的针片状颗粒含量，为评定粗骨料的质量等级提供依据。

3.7.2　检测原理

卵石、碎石颗粒的最大一维尺寸大于该颗粒所属粒级的平均粒径 2.4 倍者为针状颗粒；最小一维尺寸小于该颗粒所属粒级的平均粒径 0.4 倍者为片状颗粒。

使用专用规整仪测定粗骨料颗粒的最小厚度（或直径）方向与最大长度（或宽度）方向的尺寸之比小于一定比例的颗粒。

3.7.3　检测仪器设备

仪器设备应符合以下规定：

针状规整仪与片状规整仪，示意图见图 3-3 和图 3-4；

天平：分度值不大于最少试样质量的 0.1%；

试验筛：孔径为 4.75mm、9.50mm、16.0mm、19.0mm、26.5mm、31.5mm、37.5mm、53.0mm、63.0mm、75.0mm 及 90mm 的方孔筛；

游标卡尺。

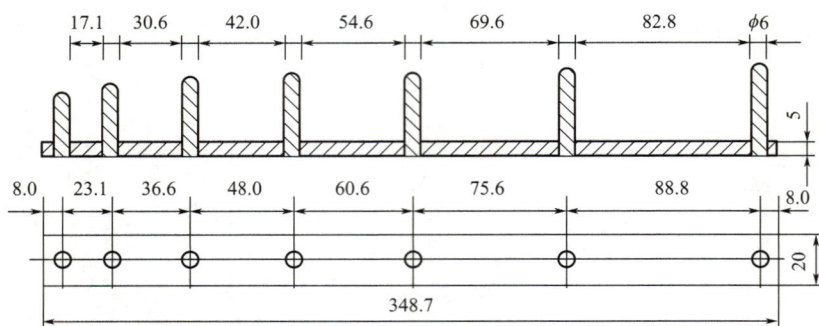

图 3-3　针状规整仪示意图（单位：mm）

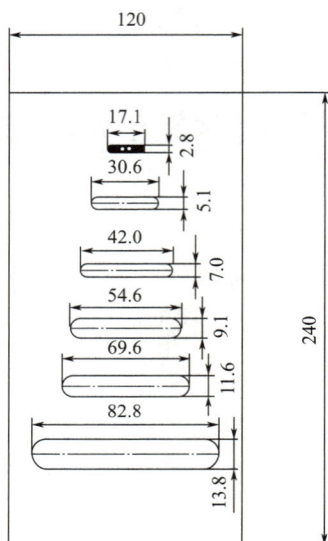

图 3-4　片状规整仪示意图（单位：mm）

3.7.4　检测步骤

1. 按表 3-1 规定取样，并将试样缩分至不小于表 3-4 规定的质量，烘干或风干后备用。

针、片状颗粒含量试验所需最少试样质量　　　　　　　　　　表 3-4

最大粒径（mm）	9.5	16.0	19.0	26.5	31.5	≥37.5
最少试样质量（kg）	0.3	1.0	2.0	3.0	5.0	10.0

2. 按表 3-4 的规定称取试样（m_{d1}），然后按粗骨料颗粒级配规定进行筛分，将试样分成不同粒级。

3. 对表 3-5 规定的粒级分别用规整仪逐粒检验，最大一维尺寸大于针状规整仪上相应间距者，为针状颗粒；最小一维尺寸小于片状规整仪上相应孔宽者，为片状颗粒。

针、片状颗粒含量试验的粒级划分及其相应的规整仪孔宽或间距　　表 3-5

石子粒级（mm）	4.75～9.50	9.50～16.0	16.0～19.0	19.0～26.5	26.5～31.5	31.5～37.5
片状规整仪相对应孔宽（mm）	2.8	5.1	7.0	9.1	11.6	13.8
针状规整仪相对应间距（mm）	17.1	30.6	42.0	54.6	69.6	82.8

4. 对粒径大于 37.5mm 的石子可用游标卡尺逐粒检测，卡尺卡口的设定宽度应符合表 3-6 的规定，最大一维尺寸大于针状卡口相应宽度者，为针状颗粒；最小一维尺寸小于片状卡口相应宽度者，为片状颗粒。

大于 37.5mm 颗粒的针、片状颗粒含量试验的粒级划分及其相应的卡尺卡口设定宽度

表 3-6

石子粒级（mm）	37.5～53.0	53.0～63.0	63.0～75.0	75.0～90
检验片状颗粒的卡尺卡口设定宽度（mm）	18.1	23.2	27.6	33.0
检验针状颗粒的卡尺卡口设定宽度（mm）	108.6	139.2	165.6	198.0

5. 称出上面检出的针、片状颗粒总质量（m_{d2}）

3.7.5　检测数据处理与结论评定

针、片状颗粒含量按式（3-8）计算（精确至 1%）：

$$Q_d = \frac{m_{d1} - m_{d2}}{m_{d1}} \times 100\%　　　　式（3-8）$$

式中：Q_d——针、片状颗粒含量；

　　　　m_{d1}——试样质量（g）；

　　　　m_{d2}——试样中所含针、片状颗粒的总质量（g）。

3.8　机制砂片状颗粒含量检测与试验

3.8.1　检测目的

测定机制砂片状颗粒含量，为评定细骨料的质量等级提供依据。

3.8.2 检测原理

通过条形孔筛分析的方法检测机制砂片状颗粒含量。

3.8.3 检测仪器设备

仪器设备应符合以下规定：

条形孔筛：一套 3 个，并附有筛底和筛盖，筛内孔径为 300mm，筛孔尺寸、孔间距及适用粒级见表 3-7，条形孔筛示意图见图 3-5；

条形孔筛筛孔尺寸、孔间距及适用粒级　　　　表 3-7

孔纵向间距 l_1(mm)	孔横向间距 l_2(mm)	筛孔长度 l_3(mm)	筛孔宽度 l_4(mm)	适用粒级 (mm)
1.5	1.5	15	0.8	1.18～2.36
		15	1.6	2.36～4.75
		20	3.2	4.75～9.5

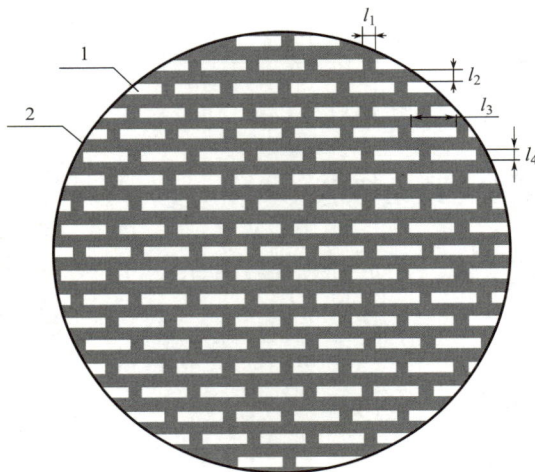

图 3-5　条形孔筛示意图

1—筛孔；2—筛板；l_1—孔纵向间距；l_2—孔横向间距；l_3—筛孔长度；l_4—筛孔宽度

烘箱：温度控制在 105℃±5℃；

天平：量程不小于 1000g，分度值不大于 0.1g；

试验筛：孔径为 1.18mm、2.36mm 及 4.75mm 的方孔筛；

浅盘、毛刷等。

3.8.4 检测步骤

1. 按表 3-1 规定取样，并将试样缩分至约 1100g，放在烘箱中于 105℃±5℃下烘干至恒重，待冷却至室温后，平均分为 2 份备用。

2. 称取试样 500g，精确至 0.1g，记为 m_{h0}。用 1.18mm 及以上的方孔筛手动筛分，分成 1.18～2.36mm、2.36～4.75mm 和 4.75～9.5mm 3 个粒级，然后按表 3-7 的规定分别倒入对应的带筛底的条形孔筛。将条形筛置于摇筛机上，摇筛 10min；再逐个手筛，筛分过程中允许用手指拨动颗粒。称取各条形孔筛筛下颗粒（各筛筛底）的质量（m_{h1}、m_{h2}、m_{h3}），精确至 0.1g。

3.8.5 检测数据处理与结论评定

片状颗粒含量按式（3-9）计算（精确至 0.1%）：

$$Q_h = \frac{m_{h1} + m_{h2} + m_{h3}}{m_{h0}} \times 100\% \qquad \text{式（3-9）}$$

式中：　　　　Q_h——片状颗粒含量；

　　　　　　　m_{h0}——试验前烘干试样的质量（g）；

m_{h1}、m_{h2}、m_{h3}——孔宽 0.8mm、1.6mm 和 3.2mm 的条形筛下颗粒质量（g）。

片状颗粒含量取两个试样的试验结果算术平均值作为测定值，精确到 1%。

3.9 岩石抗压强度检测与试验

3.9.1 检测目的

测定粗骨料母岩在饱水状态下的单轴抗压强度，为评定粗骨料的质量等级提供依据。

3.9.2 检测原理

指圆柱体或立方体岩石试件在单轴压力作用下被破坏时，试件横断面上的平均压应力。

3.9.3 检测仪器设备

仪器设备应符合以下规定：

压力试验机：量程不小于 1000kN，精度不大于 1%；

钻石机或石材切割机；

岩石磨光机；

游标卡尺、角度尺等。

3.9.4　检测试件

试件应符合以下规定：

50mm×50mm×50mm 立方体试件或 ϕ50mm×50mm 圆柱体试件，仲裁试验采用圆柱体试件。

试件与压力机压头接触的两个面要磨光并保持平行，6 个试件为一组，试件形状用角度尺检查。对有明显层理的岩石，应制作 2 组，一组保持层理与受力方向平行，另一组保持层理与受力方向垂直，分别测试。

3.9.5　检测步骤

1. 用游标卡尺测定尺寸，精确至 0.1mm，并计算顶面和底面的面积。取顶面和底面的算术平均值作为计算抗压强度所用的截面积。将试件浸没于水中浸泡（48±2）h。

2. 从水中取出试件，擦干表面，放在压力机上进行强度试验，加荷速度为 0.5～1.0MPa/s。

3.9.6　检测数据处理与结论评定

试件抗压强度按式（3-10）计算（精确至 0.1MPa）：

$$R = \frac{F}{A} \qquad\qquad 式（3-10）$$

式中：R——抗压强度（MPa）；

　　　F——破坏荷载（N）；

　　　A——试件的承载面积（mm^2）。

岩石抗压强度应取 6 个试件试验结果的算术平均值，并给出最小值，应精确到 1MPa。

对存在明显层理的岩石，应以平行层理与垂直层理的岩石抗压强度的算术平均值作为其抗压强度，应精确至 1MPa，并给出最小值。

3.10   粗骨料压碎指标值检测与试验

3.10.1   检测目的

测定粗骨料的压碎指标值，为评定粗骨料的质量等级提供依据。

3.10.2   检测原理

将气干状态下粒径为 9.5～19.0mm 的粗骨料装入圆模内，置于压力试验机上进行加荷受压试验。

3.10.3   检测仪器设备

仪器设备应符合以下规定：

压力试验机：量程不小于 300kN，精度不大于 1%；

天平：量程不小于 5kg，分度值不大于 5g；量程不小于 1kg，分度值不大于 1g；

压碎指标测定仪：示意图见图 3-6。

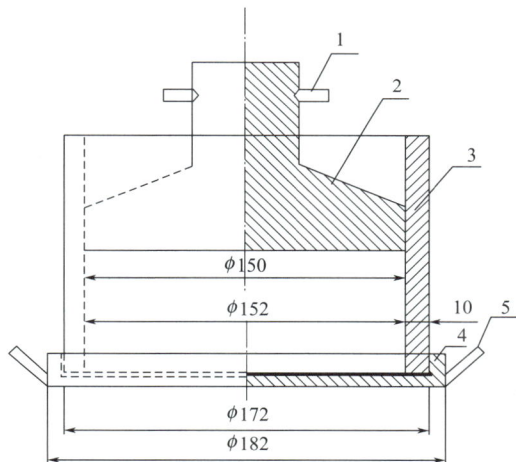

图 3-6   压碎指标测定仪示意图（单位：mm）

1—把手；2—加压头；3—圆模；4—底盘；5—手把

试验筛：孔径为 2.36mm、9.50mm 及 19.0mm 的方孔筛；

垫棒：直径 10mm，长 500mm 圆钢。

3.10.4　检测步骤

1. 按表 3-1 取样，风干或烘干后筛除大于 19.0mm 及小于 9.50mm 的颗粒，平均分为 3 份备用，每份约 3000g。

2. 取一份试样，将试样分两层装于圆模（置于底盘上）内。每装完一层试样后，在底盘下面放置垫棒。将筒按住，左右交替颠击地面各 25 下，两层颠实后，整平模内试样表面，盖上压头。当圆模装不下 3000g 试样时，以装至距圆模上口 10mm 为准。

3. 将装有试样的圆模置于压力试验机上，开动压力试验机，按 1kN/s 速度均匀加荷至 200kN 并稳荷 5s，然后卸荷。取下加压头，倒出试样，并称其质量（m_{g1}）；用孔径 2.36mm 的筛筛除被压碎的细粒，称出留在筛上的试样质量（m_{g2}）。

3.10.5　检测数据处理与结论评定

粗骨料压碎指标值按式（3-11）计算（精确至 0.1%）：

$$Q_g = \frac{m_{g1} - m_{g2}}{m_{g1}} \times 100\% \qquad\qquad 式（3-11）$$

式中：Q_g——压碎指标值；

$\quad m_{g1}$——试样的质量（g）；

$\quad m_{g2}$——压碎试验后筛余的试样质量（g）。

粗骨料压碎指标应取 3 次试验结果算术平均值，并精确到 1%。

3.11　机制砂压碎指标值检测与试验

3.11.1　检测目的

测定机制砂压碎指标值，为评定细骨料的质量等级提供依据。

3.11.2　检测原理

将不同粒级的机制砂试样倒入已组装成的受压钢模内，置于压力试验机上进行加荷受压试验。

3.11.3　检测仪器设备

仪器设备应符合以下规定：

烘箱：温度控制在 105℃±5℃；

天平：量程不小于 1000g，分度值不大于 1g；

压力试验机：量程不小于 50kN，测量精度不大于 1%；

受压钢模：由圆筒、底盘和加压块组成，示意图见图 3-7；

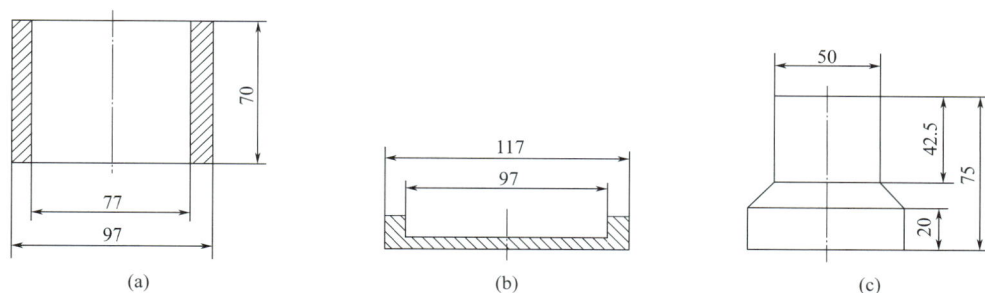

图 3-7　受压钢模示意图（单位：mm）

（a）圆筒；（b）底盘；（c）加压块

试验筛：孔径为 0.30mm、0.60mm、1.18mm、2.36mm 及 4.75mm 的筛；浅盘、小勺、毛刷等。

3.11.4　检测步骤

1. 按表 3-1 规定取样，放在烘箱中于 105℃±5℃下烘干至恒重，待冷却至室温后，筛除大于 4.75mm 及小于 0.30mm 的颗粒，然后按 3.2 筛分成 0.30～0.60mm，0.60～1.18mm，1.18～2.36mm 和 2.36～4.75mm 4 个粒级，每级 1000g 备用。

2. 称取单粒级试样 330g，精确至 1g，记为 $m_{y0,i}$。将试样倒入已组装成的受压钢模内，使试样距底盘面的高度约为 50mm。整平钢模内试样的表面，将加压块放入圆筒内，并转动一周使之与试样均匀接触。

3. 将装好试样的受压钢模置于压力机的支撑板上，对准压板中心后，开动机器，以 500N/s 的速度加荷。加荷至 25kN 时稳荷 5s 后，以同样速度卸荷。

4. 取下受压模，移去加压块，倒出压过的试样，然后用该粒级的下限筛（当粒级为 4.75～2.36mm 时，则其下限筛指孔径为 2.36mm 的筛）进行筛分，称出试样的筛余量（$m_{y1,i}$），精确至 1g。

3.11.5 检测数据处理与结论评定

第 i 单级砂样的压碎指标值按式（3-12）计算（精确至 1%）：

$$Y_i = \frac{m_{y0,\,i} - m_{y1,\,i}}{m_{y0,\,i}} \times 100\%　　　式（3-12）$$

式中：Y_i——第 i 单粒级压碎指标值；

$m_{y0,i}$——各粒级试样试验前的质量（g）；

$m_{y1,i}$——各粒级试样试验后的筛余量（g）；

取最大单粒级压碎指标作为其压碎指标值，精确到 1%。

3.12 细骨料表观密度检测与试验

3.12.1 检测目的

测定细骨料的表观密度，为计算细骨料的空隙率和混凝土配合比设计提供依据。

3.12.2 检测原理

表观密度指细骨料在自然状态下单位体积的质量。利用排液法求得的细骨料体积为自然状态下的体积。

3.12.3 检测仪器设备

仪器设备应符合以下规定：

烘箱：温度控制在 $105℃\pm5℃$；

天平：量程不小于 1000g 且分度值不大于 0.1g；

容量瓶：500mL；

浅盘、滴管、毛刷、温度计等。

3.12.4 检测步骤

1. 按表 3-1 规定取样，并将试样缩分至约 660g，放在烘箱中于 $105℃\pm5℃$ 下烘干至恒重，待冷却至室温后，平均分为 2 份备用。

2. 称取试样 300g，精确至 0.1g，记为 m_{i0}。将试样装入容量瓶，注水至

500mL 的刻度处，用手旋转摇动容量瓶，使砂样充分摇动，排除气泡，塞紧瓶盖，静置 24h。然后用滴管加水至容量瓶 500mL 刻度处，塞紧瓶塞，擦干瓶外水分，称出其质量（m_{i1}），精确至 0.1g。

3. 倒出瓶内水和试样，洗净容量瓶，再向容量瓶内注水至 500mL 刻度处，塞紧瓶塞，擦干瓶外水分，称出其质量（m_{i2}），精确至 0.1g。

4. 在砂的表观密度试验过程中应测量并控制水的温度在 15～25℃ 范围内，试验的各项称量可在 15～25℃ 的温度范围内进行。从试样加水静置的最后 2h 起直至试验结束，其温度相差不应超过 2℃。

3.12.5 检测数据处理与结论评定

砂的表观密度按式（3-13）计算（精确至 $10kg/m^3$）：

$$\rho_0 = \left(\frac{m_{i0}}{m_{i0} + m_{i2} - m_{i1}} - \alpha_i \right) \times \rho_w \qquad 式（3-13）$$

式中：ρ_0——表观密度（kg/m^3）；

m_{i0}——烘干试样的质量（g）；

m_{i1}——试样、水及容量瓶的总质量（g）；

m_{i2}——水及容量瓶的总质量（g）；

α_i——水温对表观密度影响的修正系数（见表 3-8）；

ρ_w——水的密度，取 $1000kg/m^3$。

不同水温对表观密度影响的修正系数 表 3-8

水温（℃）	15	16	17	18	19	20	21	22	23	24	25
α_i	0.002	0.003	0.003	0.004	0.004	0.005	0.005	0.006	0.006	0.007	0.008

表观密度取两次试验结果的算术平均值，精确到 $10kg/m^3$；如两次试验结果之差大于 $20kg/m^3$，应重新试验。

3.13 粗骨料表观密度检测与试验

3.13.1 检测目的

测定粗骨料的表观密度，为计算粗骨料的空隙率、评定粗骨料的质量和混凝土配合比设计提供依据。

3.13.2 检测原理

表观密度指粗骨料在自然状态下单位体积的质量。利用排液法求得的粗骨料体积为自然状态下的体积。

3.13.3 检测仪器设备

试验环境与仪器设备应符合以下规定：

试验时各项称量可在15～25℃范围内进行，但从试样加水静置的2h起至试验结束，其温度变化不应超过2℃；

烘箱：温度控制在105℃±5℃；

天平（浸水天平）：量程不小于10kg，分度值不大于5g，其型号及尺寸应能允许在臂上悬挂盛试样的吊篮，并能将吊篮放在水中称量（图3-8）；

吊篮：直径和高度均为150mm，由孔径为1～2mm的筛网或钻有2～3mm孔洞的耐锈蚀金属板制成；

试验筛：孔径为4.75mm的方孔筛；

盛水容器：有溢流孔；

温度计、浅盘、毛巾等。

图3-8 浸水天平

3.13.4 检测步骤

1. 按表3-1规定取样，并缩分至不小于表3-9规定的质量，风干后筛除4.75mm的颗粒，然后洗刷干净，平均分为2份备用。

表观密度试验所需最少试样质量　　　　　　　　　表3-9

最大粒径(mm)	<26.5	31.5	37.5	63.0	75.0
最少试样质量(kg)	2.0	3.0	4.0	6.0	6.0

2. 取试样一份装入吊篮，并浸入盛水的容器中，水面至少高出试样50mm。浸泡24h±1h后，移放在称量用的盛水容器中，并用上下升降吊篮的方法排除气泡，试样不得露出水面。吊篮每升降一次约为1s，升降高度为30～50mm。

3. 测定水温后，此时吊篮应全浸在水中，称取吊篮及试样在水中的质量

（m_{h2}）。称量时盛水容器中水面的高度由容器的溢流孔控制。

4. 提起吊篮，将试样倒入浅盘，放入烘箱中于105℃±5℃下烘干至恒重，待冷却至室温后，称出其质量（m_{h1}）。

5. 称出吊篮在同样温度的水中质量（m_{h3}）。称量时盛水容器的水面高度仍由溢流孔控制。

3.13.5 检测数据处理与结论评定

粗骨料的表观密度按式（3-14）计算（精确至10kg/m³）：

$$\rho_0 = \left(\frac{m_{h1}}{m_{h1} + m_{h3} - m_{h2}} - \alpha_i \right) \times \rho_w \qquad 式（3-14）$$

式中：ρ_0——表观密度（kg/m³）；

$\quad m_{h1}$——烘干试样的质量（g）；

$\quad m_{h2}$——吊篮及试样在水中的质量（g）；

$\quad m_{h3}$——吊篮在水中的质量（g）；

$\quad \alpha_i$——水温对表观密度影响的修正系数（见表3-8）；

$\quad \rho_w$——水的密度，取1000kg/m³。

表观密度取两次试验结果的算术平均值，两次试验结果之差大于20kg/m³，应重新试验。对颗粒材质不均匀的试样，如两次试验结果之差超过20kg/m³时，可取4次试验结果的算术平均值。

3.14　细骨料堆积密度与空隙率检测与试验

3.14.1　检测目的

测定细骨料的堆积密度与空隙率，为混凝土配合比设计、估计运输工具的数量、存放堆场的面积等提供依据。

3.14.2　检测原理

测定细骨料在自然堆积状态下单位体积（包括砂粒间的空隙体积）的质量，确定细骨料的堆积密度和空隙率。

3.14.3 检测仪器设备

仪器设备应符合以下规定：

烘箱：温度控制在 105℃±5℃；

天平：量程不小于 10kg，分度值不大于 1g；

容量筒：圆柱形金属筒，内径 108mm，净高 109mm，壁厚 2mm，筒底厚约 5mm，容积为 1L；

试验筛：孔径为 4.75mm 的方孔筛；

垫棒：直径 10mm，长 500mm 的圆钢；

直尺、漏斗或料勺、浅盘、毛刷等。

3.14.4 检测步骤

1. 按表 3-1 规定取样，用浅盘装取试样约 3L，放在烘箱中于 105℃±5℃ 下烘干至恒重，待冷却至室温后，筛除大于 4.75mm 的颗粒，平均分为 2 份备用。

2. 测定松散堆积密度试验，取试样一份，用漏斗或料勺将试样从容量筒中心上方 50mm 处缓慢倒入，让试样以自由落体落下，当容量筒上部试样呈堆体，且容量筒四周溢满时，即停止加料，试验过程应防止触动容量筒。用直尺沿筒口中心线向两边刮平，称出容量筒和试样总质量（m_{j1}），精确至 1g。

3. 测定紧密堆积密度试验，取试样一份分两次装入容量筒。装完一层后（约计稍高于 1/2），在筒底垫放一根直径为 10mm 的圆钢，将筒按住，左右交替击地面各 25 下。然后装入第二层，第二层装满后用同样方法颠实，筒底所垫钢筋的方向应与第一层放置方向垂直。再加试样直至超出容量筒筒口，然后用直尺沿筒口中心线向两边刮平，称出容量筒和试样总质量（m_{j2}），精确至 1g。

3.14.5 检测数据处理与结论评定

1. 细骨料的松散堆积密度和紧密堆积密度分别按式（3-15）、式（3-16）计算（精确至 10kg/m³）：

$$\rho_L = \frac{m_{j1} - m_{j0}}{V_j} \qquad \text{式（3-15）}$$

$$\rho_c = \frac{m_{j2} - m_{j0}}{V_j} \qquad \text{式（3-16）}$$

式中：ρ_L——松散堆积密度（kg/m^3）；

ρ_c——紧密堆积密度（kg/m^3）；

m_{j0}——容量筒质量（kg）；

m_{j1}——松散堆积时容量筒和试样总质量（kg）；

m_{j2}——紧密堆积时容量筒和试样总质量（kg）；

V_j——容量筒的体积（m^3）。

2. 细骨料的松散堆积空隙率和紧密堆积空隙率分别按式（3-17）、式（3-18）计算（精确至1%）：

$$P_L = \left(1 - \frac{\rho_L}{\rho_0}\right) \times 100\% \qquad 式（3-17）$$

$$P_c = \left(1 - \frac{\rho_c}{\rho_0}\right) \times 100\% \qquad 式（3-18）$$

式中：P_L——松散堆积空隙率；

P_c——紧密堆积空隙率；

ρ_0——式（3-13）计算的试样的表观密度（kg/m^3）。

3. 堆积密度取两次试验结果的算术平均值，精确至 $10kg/m^3$。空隙率取两次试验结果的算术平均值，精确至1%。

3.14.6 容量筒的校准方法

将温度为15～25℃的饮用水装满容量筒，用一玻璃板沿筒口推移，使其紧贴水面。擦干筒外壁水分，然后称出其质量（m_{j3}），精确至1g。

容量筒体积按式（3-19）计算（精确至0.001L）：

$$V_j = \frac{m_{j3} - m_{j4}}{\rho_T} \qquad 式（3-19）$$

式中：V_j——容量筒的体积（m^3）；

m_{j3}——容量筒、玻璃板和水的总质量（kg）；

m_{j4}——容量筒和玻璃板质量（kg）；

ρ_T——试验温度 T 时水的密度（表3-10）（kg/m^3）。

不同水温时水的密度 表3-10

水温（℃）	15	16	17	18	19	20	21	22	23	24	25
ρ_T（kg/m^3）	999.13	999.87	998.80	998.62	998.43	998.22	998.02	997.79	997.56	997.33	997.02

3.15 粗骨料堆积密度与空隙率检测与试验

3.15.1 检测目的

测定细骨料的堆积密度和空隙率，为混凝土配合比设计、估计运输工具的数量、存放堆场的面积等提供依据。

3.15.2 检测原理

测定粗骨料在自然堆积状态下单位体积（包括砂粒间的空隙体积）的质量，确定粗骨料的堆积密度和空隙率。

3.15.3 检测仪器设备

仪器设备应符合以下规定：

烘箱：温度控制在 $105℃±5℃$；

天平：分度值不大于试样质量的 0.1%；

容量筒：金属质，规格见表 3-11；

垫棒：直径 16mm，长 600mm 的圆钢；

直尺、小铲等。

容量筒的规格要求 表 3-11

最大粒径(mm)	容量筒体积(L)	容量筒规格		
		内径(mm)	净高(mm)	壁厚(mm)
9.5,16.0,19.0,26.5	10	208	294	2
31.5,37.5	20	294	294	3
53.0,63.0,75.0	30	360	294	4

3.15.4 检测步骤

1. 按表 3-1 规定取样，烘干或风干后，拌匀并把试样平均分为 2 份备用。

2. 测定松散堆积密度试验，取试样一份，用小铲将试样从容量筒中心上方50mm 处缓慢倒入，让试样以自由落体落下。当容量筒上部试样呈堆体，且容量筒四周溢满时，即停止加料。除去凸出筒口表面的颗粒，并以合适的颗粒填入凹陷部分，使表面稍凸起部分和凹陷部分的体积大致相等，试验过程应防止触动容量筒。称出容量筒和试样总质量（m_{j1}），精确至 1g。

3. 测定紧密堆积密度试验，取试样一份分三次装入容量筒。装完一层后，在筒底垫放一根直径为 16mm 的圆钢，将筒按住，左右交替颠击地面各 25 次，再装入第二层。第二层装满后用同样方法颠实，筒底所垫钢筋的方向应与第一层放置方向垂直，然后装入第三层。第三层装满后用同样方法颠实，操作时筒底所垫钢筋的方向应与第一层放置方向平行。试样装填完毕，再加试样直至超出筒口，用钢尺沿筒口边缘刮去高出的试样，并用合适的颗粒填平凹陷部分，使表面凸起部分和凹陷部分的体积相等，称出容量筒和试样总质量（m_{j2}），精确至 1g。

3.15.5　检测数据处理与结论评定

1. 粗骨料的松散堆积密度和紧密堆积密度分别按式（3-15）、式（3-16）计算（精确至 $10\mathrm{kg/m^3}$）。

2. 粗骨料的松散堆积空隙率和紧密堆积空隙率分别按式（3-17）、式（3-18）计算（精确至 1%）。

式（3-18）中 ρ_0 取式（3-14）计算的试样的表观密度。

3. 堆积密度取两次试验结果的算术平均值，精确至 $10\mathrm{kg/m^3}$。空隙率取两次试验结果的算术平均值，精确至 1%。

3.15.6　容量筒的校准方法

与 3.14.6 相同。

3.16　骨料含水率检测与试验

3.16.1　检测目的

测定骨料的含水率，为混凝土配合比设计提供依据。

3.16.2　检测原理

骨料的含水率等于骨料中所含水的质量除以干燥骨料的质量。

3.16.3 检测仪器设备

仪器设备应符合以下规定：

烘箱：温度控制在 105℃±5℃；

天平：量程不小于 1000g，分度值不大于 0.1g（用于细骨料）；量程不小于 10kg，分度值不大于 1g（用于粗骨料）；

吸管、浅盘、小勺、毛刷等。

3.16.4 检测步骤

1. 按表 3-1 规定取样并缩分，细骨料缩分至约 1100g，粗骨料缩分至 4.0kg，拌匀平均分为 2 份备用。

2. 称取试样一份（m_{k1}），将试样导入浅盘中，放在烘箱中于（105±5）℃下烘干至恒重，待冷却至室温，称出其质量（m_{k2}）。

3.16.5 检测数据处理与结论评定

含水率按式（3-20）计算（精确至 0.1%）。

$$W = \frac{m_{k1} - m_{k2}}{m_{k2}} \times 100\% \qquad\qquad 式（3-20）$$

式中：W——含水率（%）；

m_{k1}——烘干前试样的质量（g）；

m_{k2}——烘干后试样的质量（g）。

含水率取两次试验结果的算术平均值，精确至 0.1%；两次试验结果之差大于 0.2% 时，应重新试验。

3.17 骨料试验报告与检测报告

3.17.1 细骨料颗粒级配试验报告

1. 试验目的

2. 试验仪器设备

3. 试验步骤

（1）称取细骨料试样

（2）筛分并记录数据

（3）清洁整理试验仪器和试验台

4. 试验数据记录

干燥试样总量(g)	第1组			第2组			平均分计筛余(%)	平均累计筛余(%)
	500			500				
筛孔尺寸（mm）	筛余量（g）	分计筛余（%）	累计筛余（%）	筛余量（g）	分计筛余（%）	累计筛余（%）		
4.75								
2.36								
1.18								
0.60								
0.30								
0.15								
筛底								
筛分后总量(g)								

5. 试验数据处理

6. 试验结论

3.17.2 粗骨料颗粒级配试验报告

1. 试验目的

2. 试验仪器设备

3. 试验步骤

（1）称取细骨料试样

（2）筛分并记录数据

（3）清洁整理试验仪器和试验台

4. 试验数据记录

干燥试样总量(g)	第1组			第2组			平均累计筛余(%)
筛孔尺寸(mm)	筛余量(g)	分计筛余(%)	累计筛余(%)	筛余量(g)	分计筛余(%)	累计筛余(%)	
53.0							
37.5							
31.5							
26.5							
19.0							
16.0							
9.50							
4.75							
2.36							
筛底							
筛分后总量(g)							

5. 试验数据处理

6. 试验结论

3.17.3 骨料含泥量试验报告

1. 试验目的

2. 试验仪器设备

3. 试验步骤

（1）称取骨料试样并记录数据

（2）注入清水冲洗后烘干并记录数据

（3）清洁整理试验仪器和试验台

4. 试验数据记录

试验次数	试验前烘干试样质量(g)	试验后烘干试样质量(g)
第1次		
第2次		

5. 试验数据处理

6. 试验结论

3.17.4 骨料泥块含量试验报告

1. 试验目的

2. 试验仪器设备

3. 试验步骤

（1）细骨料

1）称取骨料试样并记录数据

2）注入清水第一次水洗后烘干并记录数据

3）注入清水第二次水洗后烘干并记录数据

4）清洁整理试验仪器和试验台

（2）粗骨料

1）称取骨料试样并记录数据

2）注入清水淘洗后烘干并记录数据

3）清洁整理试验仪器和试验台

4. 试验数据记录

（1）细骨料

试验次数	细骨料第一次水洗后 0.60mm 筛上试样烘干后的质量(g)	细骨料第二次水洗后 0.60mm 筛上试样烘干后的质量(g)
第 1 次		
第 2 次		

（2）粗骨料

试验次数	粗骨料淘洗前烘干试样质量(g)	粗骨料淘洗后烘干试样质量(g)
第 1 次		
第 2 次		

5. 试验数据处理

6. 试验结论

3.17.5　机制砂石粉含量试验报告

1. 试验目的

2. 试验试剂和材料

3. 试验仪器设备

4. 试验步骤

（1）机制砂石粉含量测定

1）称取试样并记录数据

2）注入清水淘洗后烘干并记录数据

（2）机制砂亚甲蓝值的测定

1）称取试样并记录数据，将试样制成悬浮液

2）加入亚甲蓝溶液并记录数据

（3）亚甲蓝的快速试验

1）称取试样，将试样制成悬浮液

2）加入亚甲蓝溶液并观察现象

（4）清洁整理试验仪器和试验台

5. 试验数据记录

（1）机制砂石粉含量测定

试验次数	试验前烘干试样质量(g)	试验后烘干试样质量(g)
第1次		
第2次		

（2）机制砂亚甲蓝值的测定

试验次数	试样质量(g)	所加入的亚甲蓝溶液的总量(mL)
第1次		
第2次		

6. 试验数据处理

7. 试验结论

3.17.6 粗骨料针片状颗粒含量试验报告

1. 试验目的

2. 试验仪器设备

3. 试验步骤

（1）称取试样并记录数据

（2）将试样分成不同粒级，分别用规整仪逐粒和游标卡尺逐粒检验，并记录数据

（3）清洁整理试验仪器和试验台

4. 试验数据记录

试验次数	试样质量(g)	试样中所含针、片状颗粒的总质量(g)
第1次		
第2次		

5. 试验数据处理

6. 试验结论

3.17.7 机制砂片状颗粒含量试验报告

1. 试验目的

2. 试验仪器设备

3. 试验步骤

（1）称取试样并记录数据

（2）将试样分成不同粒级，分别倒入对应的带筛底的条形孔筛进行筛分，并记录数据

（3）清洁整理试验仪器和试验台

4. 试验数据记录

试验次数	试样质量(g)	孔宽0.8mm条形筛下颗粒质量(g)	孔宽1.6mm条形筛下颗粒质量(g)	孔宽3.2mm条形筛下颗粒质量(g)
第1次				
第2次				

5. 试验数据处理

6. 试验结论

3.17.8 岩石抗压强度试验报告

1. 试验目的

2. 试验仪器设备

3. 试验试件

4. 试验步骤

（1）测定试样尺寸并记录数据

（2）强度测定并记录数据

（3）清洁整理试验仪器和试验台

5. 试验数据记录

试验次数	试样的承载面积(mm^2)	破坏荷载(N)
第1次		
第2次		
第3次		
第4次		
第5次		
第6次		

6. 试验数据处理

7. 试验结论

3.17.9 粗骨料压碎指标值试验报告

1. 试验目的

2. 试验仪器设备

3. 试验步骤

(1) 称取试样并记录数据

(2) 将试样装于圆模置于压力试验机上试验,并记录数据

(3) 清洁整理试验仪器和试验台

4. 试验数据记录

试验次数	试样质量(g)	压碎试验后筛余的试样质量(g)
第 1 次		
第 2 次		
第 3 次		

5. 试验数据处理

6. 试验结论

3.17.10 机制砂压碎指标值试验报告

1. 试验目的

2. 试验仪器设备

3. 试验步骤

（1）取样并筛分试样

（2）称取单粒级试样并记录数据

（3）将试样倒入受压钢模，置于压力机受压，并记录数据

（4）清洁整理试验仪器和试验台

4. 试验数据记录

单粒粒级（mm）	试样试验前的质量(g)	试样试验后的筛余量(g)
0.30~0.60		
0.60~1.18		
1.18~2.36		
2.36~4.75		

5. 试验数据处理

6. 试验结论

3.17.11　细骨料表观密度试验报告

1. 试验目的

2. 试验仪器设备

3. 试验步骤

（1）称取试样并记录数据

（2）装入容量瓶，注水，并记录数据

（3）容量瓶内注水并记录数据

（4）清洁整理试验仪器和试验台

4. 试验数据记录

试验次数	烘干试样质量(g)	试样、水及容量瓶的总质量(g)	水及容量瓶的总质量(g)
第 1 次			
第 2 次			

5. 试验数据处理

6. 试验结论

3.17.12 粗骨料表观密度试验报告

1. 试验目的

2. 试验仪器设备

3. 试验步骤

(1) 取试样装入吊篮并浸入水中，记录数据

(2) 烘干试样并记录数据

(3) 称出吊篮在水中的质量并记录数据

(4) 清洁整理试验仪器和试验台

4. 试验数据记录

试验次数	烘干试样质量(g)	吊篮及试样在水中的质量(g)	吊篮在水中的质量(g)
第1次			
第2次			

5. 试验数据处理

6. 试验结论

3.17.13 细骨料堆积密度与空隙率试验报告

1. 试验目的

2. 试验仪器设备

3. 试验步骤

（1）松散堆积密度试验，记录数据

（2）紧密堆积密度试验，记录数据

（3）清洁整理试验仪器和试验台

4. 试验数据记录

试验次数	容量筒质量(g)	松散堆积时容量筒和试样总质量(g)	紧密堆积时容量筒和试样总质量(g)
第1次			
第2次			

5. 试验数据处理

6. 试验结论

3.17.14 粗骨料堆积密度与空隙率试验报告

1. 试验目的

2. 试验仪器设备

3. 试验步骤

（1）松散堆积密度试验，记录数据

（2）紧密堆积密度试验，记录数据

（3）清洁整理试验仪器和试验台

4. 试验数据记录

试验次数	容量筒质量(g)	松散堆积时容量筒和试样总质量(g)	紧密堆积时容量筒和试样总质量(g)
第 1 次			
第 2 次			

5. 试验数据处理

6. 试验结论

3.17.15 骨料含水率试验报告

1. 试验目的

2. 试验仪器设备

3. 试验步骤

（1）称取试样并记录数据

（2）烘干试样并记录数据

（3）清洁整理试验仪器和试验台

4. 试验数据记录

试验次数	烘干前试样质量(g)	烘干后试样质量(g)
第1次		
第2次		

5. 试验数据处理

6. 试验结论

3.17.16 骨料检测报告

委托单位		委托编号	
工程名称		检测类别	
水泥品种		取样数量	
强度等级		检测日期	
生产厂家		报告日期	
检测依据			

检测结果

检测项目	标准要求	实测结果	单项评定
颗粒级配			
含泥量			
泥块含量			
机制砂石粉含量			
针片状颗粒含量			
岩石抗压强度			
压碎指标			
表观密度			
堆积密度与空隙率			
含水率			
结论			
备注			

检测：　　　　审核：　　　　　　　签发：　　　　　　　报告日期：

【项目总结】

骨料性能检测中应执行各项技术指标的检测标准，再对照骨料的质量标准评定其技术指标的合格性。骨料的颗粒级配、含泥量、泥块含量、机制砂石粉含量、针片状颗粒含量、机制砂压碎指标值、松散堆积密度为必检项目，其他项目为选检项目。骨料检测的组批、取样和制样必须执行相关标准。

骨料各项技术指标检测过程中应明确检测目的和原理，准备实验室、试验材料、检测仪器等，按现行标准或规范进行检测操作，记录试验数据，按现行标准或规范要求对试验数据进行处理，并出具试验结论，填写骨料单项性能指标试验报告，填写骨料检测报告。

【思考及练习】

一、填空题

1. 砂按产源分为（　　　　）、（　　　　）和（　　　　）。

2. 从皮带运输机上取样时，应全断面定时随机抽取大致等量的砂（　　　）份、石子（　　　）份，各自组成一组样品。

3. 细骨料颗粒级配检测时，称取试样（　　　）g。

4. 亚甲蓝快速试验结果评定方法：当沉淀物周围稳定出现（　　　　　　）时，判定亚甲蓝快速试验为合格。

5. 对粒径大于37.5mm的石子可用（　　　　）逐粒检测，卡尺卡口的设定宽度应符合标准的规定，最大一维尺寸大于针状卡口相应宽度者，为（　　　　　）；最小一维尺寸小于片状卡口相应宽度者，为（　　　　　）。

6. 岩石抗压强度检测试件为（　　　　　　）立方体试件或（　　　　）圆柱体试件，仲裁试验采用（　　　　　　）。

7. 机制砂片状颗粒含量检测试样分成（　　　　　　）、（　　　　　　）和（　　　　　　）3个粒级。

8. 机制砂压碎指标取（　　　　　　　）作为其压碎指标值。

9. 细骨料表观密度试验过程中应测量并控制水的温度在（　　　）℃范围内。

10. 粗骨料表观密度检测所用天平为（　　　　　）。

二、单选题

1. 公称最大粒径为19.0mm的碎石筛分试验的最少取样数量为（　　　）kg。

A. 4.0   B. 25.0   C. 3.8   D. 19.0

2. 粗骨料含泥量以两个试样试验结果的算术平均值作为测定值，两次结果之差（　　），应重新取样进行试验。

A. ≤0.2%   B. ≤0.5%   C. ＞0.2%   D. ＞0.5%

3. 进行骨料试验时所用烘箱，其温度控制范围为（　　）。

A. 105℃±10℃   B. 100℃±5℃   C. 105℃±5℃   D. 100℃±10℃

4. 骨料的表观密度精确至（　　）kg/m^3。

A. 100   B. 10   C. 20   D. 5

5. 细骨料筛分试验时在摇筛机上的摇筛时间为（　　）min。

A. 2   B. 5   C. 10   D. 15

6. 称取某砂子干燥试样重400g各两份，进行含泥量试验，两次平行试验干燥试样的重量分别为391g、393g，则该砂子的含泥量为（　　）。

A. 2.0%   B. 1.8%   C. 2.2%   D. 无效

7. 凡卵石、碎石颗粒的长度大于该颗粒所属粒级的平均粒径（　　）倍者为针状颗粒。

A. 0.4   B. 1.4   C. 2.4   D. 3.4

8. 细骨料堆积密度所用容量筒体积为（　　）L。

A. 0.5   B. 1   C. 2   D. 5

9. 测定最大粒径31.5mm的碎石堆积密度时，适宜的容量筒容积为（　　）L。

A. 5   B. 10   C. 20   D. 30

10. 亚甲蓝快速试验应一次性向烧杯中加入（　　）mL亚甲蓝溶液。

A. 50   B. 30   C. 15   D. 60

三、多选题

1. 下列试验项目中，（　　）属于骨料的常规试验项目。

A. 筛分析   B. 含泥量   C. 云母含量   D. 压碎指标

2. 碎石的泥块含量试验与砂子的泥块含量试验不同的地方是（　　）。

A. 称取的试样重量不同   B. 所用筛子的孔径不同

C. 称量的精度不同   D. 试样浸泡的时间不同

3. 粗骨料压碎指标值试验时，应取风干试样，除去（　　）颗粒。

A. ＞19.0mm   B. ＜9.5mm   C. 软弱   D. 针片状

4. 下列关于骨料含水率试验的说法正确的是（　　）。

A. 试样应分成两份备用

B. 试样应在 105℃±5℃的烘箱中烘干至恒重

C. 以两次试验结果中的最大值作为测定值

D. 以两次试验结果中的最小值作为测定值

5. 粗骨料针片状颗粒含量试验的最小试样质量为（　　　）。

A. 最大公称粒径 9.5mm，不少于 0.3kg

B. 最大公称粒径 19.0mm，不少于 3.0kg

C. 最大公称粒径 26.5mm，不少于 3.0kg

D. 最大公称粒径 31.5mm，不少于 5.0kg

四、简答题

1. 取 500g 干砂，经筛分后，其结果见下表。试计算该砂的细度模数，并判断该砂是否属于中砂。

筛孔尺寸(mm)	4.75	2.36	1.18	0.6	0.3	0.15	<0.15
试样 1 筛余量(g)	25	70	78	98	124	103	2
试样 2 筛余量(g)	23	71	81	99	122	101	3

2. 某工地一批碎石，取碎石样做含水率试验，试验数据记录见下表。试计算该碎石的含水率。

试验次数	烘干前试样质量(g)	烘干后试样质量(g)
第 1 次	2000	1955
第 2 次	2000	1952

项目4

外加剂性能检测与试验

【教学目标】

1. 知识目标：

了解外加剂的定义、种类和应用；

理解外加剂性能检测的相关标准及环境保护等知识；

掌握外加剂的取样、制样方法；

掌握外加剂的性能检测方法；

掌握试验数据分析处理方法；

掌握外加剂性能评价方法。

2. 能力目标：

具备确定并检索外加剂性能检测依据的能力；

具备外加剂性能检测的能力；

具备试验数据分析处理的能力；

具备外加剂性能评价的能力。

3. 素质目标：

具有良好的职业道德和诚信品质；

具有精益求精的工匠精神和爱岗敬业的劳动态度；

具有人际交往能力和团队协作精神；

具有规范意识、质量意识、安全意识和环保意识。

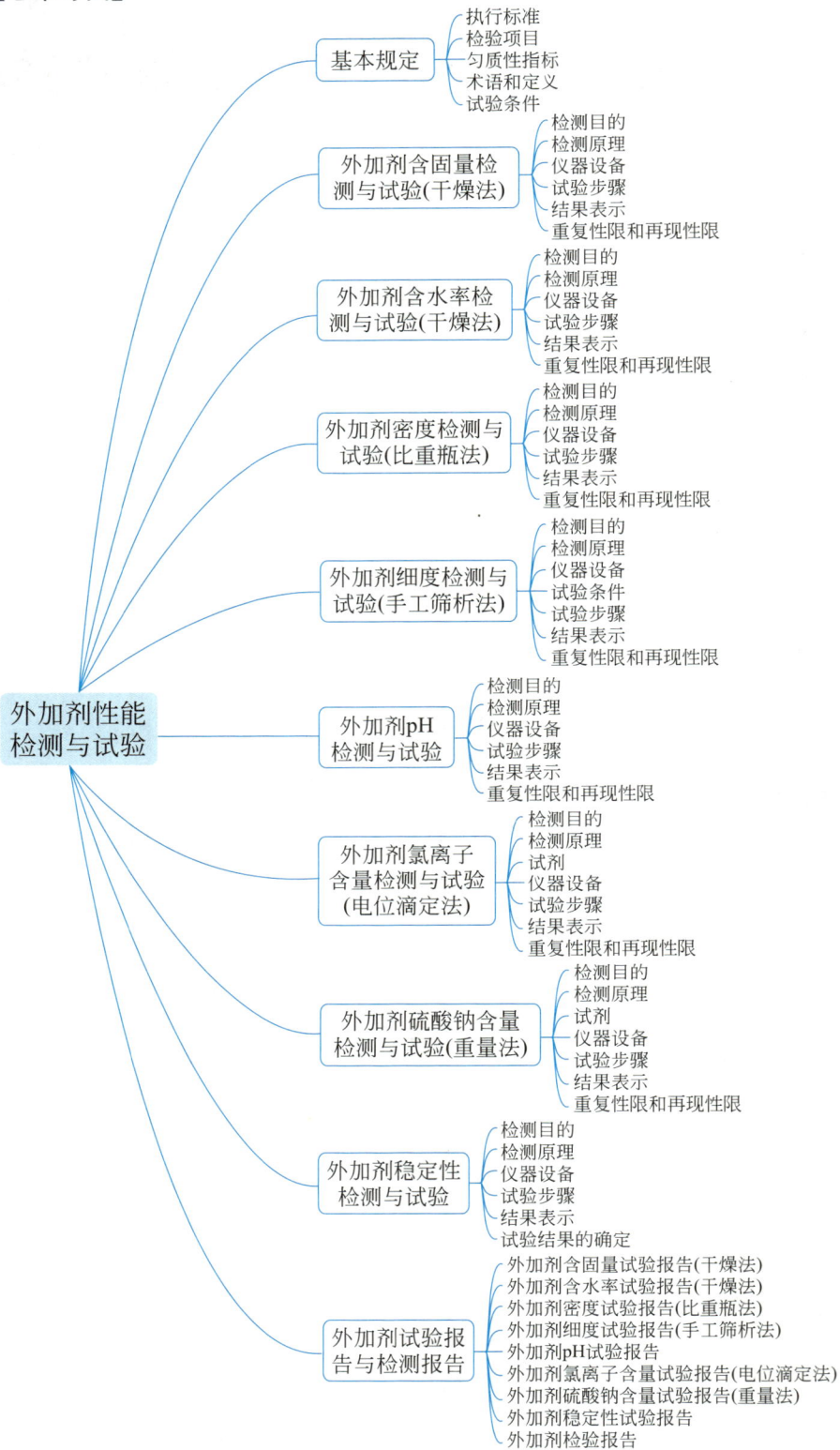

【思维导图】

外加剂性能检测与试验
- 基本规定
  - 执行标准
  - 检验项目
  - 匀质性指标
  - 术语和定义
  - 试验条件
- 外加剂含固量检测与试验(干燥法)
  - 检测目的
  - 检测原理
  - 仪器设备
  - 试验步骤
  - 结果表示
  - 重复性限和再现性限
- 外加剂含水率检测与试验(干燥法)
  - 检测目的
  - 检测原理
  - 仪器设备
  - 试验步骤
  - 结果表示
  - 重复性限和再现性限
- 外加剂密度检测与试验(比重瓶法)
  - 检测目的
  - 检测原理
  - 仪器设备
  - 试验步骤
  - 结果表示
  - 重复性限和再现性限
- 外加剂细度检测与试验(手工筛析法)
  - 检测目的
  - 检测原理
  - 仪器设备
  - 试验条件
  - 试验步骤
  - 结果表示
  - 重复性限和再现性限
- 外加剂pH检测与试验
  - 检测目的
  - 检测原理
  - 仪器设备
  - 试验步骤
  - 结果表示
  - 重复性限和再现性限
- 外加剂氯离子含量检测与试验(电位滴定法)
  - 检测目的
  - 检测原理
  - 试剂
  - 仪器设备
  - 试验步骤
  - 结果表示
  - 重复性限和再现性限
- 外加剂硫酸钠含量检测与试验(重量法)
  - 检测目的
  - 检测原理
  - 试剂
  - 仪器设备
  - 试验步骤
  - 结果表示
  - 重复性限和再现性限
- 外加剂稳定性检测与试验
  - 检测目的
  - 检测原理
  - 仪器设备
  - 试验步骤
  - 结果表示
  - 试验结果的确定
- 外加剂试验报告与检测报告
  - 外加剂含固量试验报告(干燥法)
  - 外加剂含水率试验报告(干燥法)
  - 外加剂密度试验报告(比重瓶法)
  - 外加剂细度试验报告(手工筛析法)
  - 外加剂pH试验报告
  - 外加剂氯离子含量试验报告(电位滴定法)
  - 外加剂硫酸钠含量试验报告(重量法)
  - 外加剂稳定性试验报告
  - 外加剂检验报告

【引文】

混凝土外加剂是在拌制混凝土的过程中加入，用以改善混凝土性能的物质，掺量一般不大于水泥用量的 5%。混凝土外加剂主要用于改善拌合物工作性及硬化混凝土的力学性质，提高混凝土的强度、耐久性，节约水泥用量，调节凝结时间等。

混凝土外加剂按照功能可以分为：改善混凝土拌合物流变性能的外加剂（减水剂、引气剂、泵送剂等）；调节混凝土凝结时间、硬化性能的外加剂（缓凝剂、早强剂、速凝剂等）；改善混凝土耐久性的外加剂（引气剂、防水剂、抗渗剂等）；改善混凝土其他性能的外加剂（膨胀剂、加气剂、泡沫剂等）。

4.1 外加剂的性能检测的基本规定

4.1.1 执行标准（现行）

《混凝土外加剂匀质性试验方法》GB/T 8077

《混凝土外加剂》GB 8076

4.1.2 检测项目

含固量、含水率、密度、细度、pH、氯离子含量、硫酸钠含量、稳定性。

4.1.3 匀质性指标（表 4-1）

匀质性指标

表 4-1

项目	指标
含固量	$S>25\%$，应控制在 $0.95S\sim1.05S$； $S\leqslant25\%$，应控制在 $0.90S\sim1.10S$
含水率	$W>5\%$，应控制在 $0.90W\sim1.10W$； $W\leqslant5\%$，应控制在 $0.80W\sim1.20W$
密度	$D>1.1$，应控制在 $D\pm0.03$； $D\leqslant1.1$，应控制在 $D\pm0.02$
细度	应在生产厂控制范围内
pH	应在生产厂控制范围内
硫酸钠含量	应在生产厂控制范围内
氯离子含量	不超过生产厂控制值

4.1.4 术语和定义

重复性条件：在同一实验室，由同一操作员使用相同的设备，按照相同的测试方法，在短时间内对同一被测对象相互独立进行的测试条件。

再现性条件：在不同的实验室，由不同的操作员使用不同的设备，按照相同的测试方法，在短时间内对同一被测对象相互独立进行的测试条件。

重复性限：一个数值，在重复性条件下，两个测试结果绝对差小于或等于此数的概率为95%。

再现性限：一个数值，在再现性条件下，两个测试结果绝对差小于或等于此数的概率为95%。

4.1.5 试验条件

4.1.5.1 试验次数及要求

每项测定的试验次数规定为两次，两次结果的绝对差值在重复性限内，用两次试验结果的平均值表示测定结果。如果两次结果的绝对差值超过重复性限，则需要在短时间内进行第三次试验测定，剔除超过重复性限的数据，其余两个数据取平均值。如果第三个数据在两个值中间，则取三次结果的平均值表示测定结果。如果三次结果的绝对差值都超过重复性限，则重新试验，有特殊要求的除外。

例行生产控制分析时，每一项测定的试验次数可为1次。

4.1.5.2 空白试验

使用相同量的试剂，不加入试样，按照相同的测定步骤进行试验，对得到的测定结果进行校正。

4.1.5.3 灼烧

将滤纸和沉淀放入预先已灼烧并恒重的坩埚内，为避免产生火焰，在氧化性气氛中缓慢干燥、灰化，灰化至无黑色炭颗粒后，放入高温炉中，在规定的温度下灼烧。

4.1.5.4 恒量

经第一次灼烧或干燥、冷却、称量后，通过连续每次30min的灼烧或干燥，然后冷却、称量的方法来检查恒定质量，当连续两次称量之差小于0.0005g时，即达到恒重。

4.1.5.5 检查氯离子（Cl^-）（硝酸银检验）

按规定洗涤沉淀数次后，用数滴水淋洗漏斗的下端，用数毫升水洗涤滤纸和沉淀，将滤液收集在试管中，加几滴硝酸银溶液（5g/L），观察溶液是否浑浊。如果浑浊，继续洗涤并检验，直至用硝酸银检验不再浑浊为止。

4.2　外加剂含固量检测与试验（干燥法）

4.2.1　检测目的

测定外加剂的固体物质的百分含量。

4.2.2　检测原理

在 100～105℃的温度下，使水汽化，从而达到烘干的目的。

4.2.3　仪器设备

分析天平（图 4-1）：分度值 0.0001g；

干燥箱（图 4-2）：温度范围室温～200℃；

带盖称量瓶；

干燥器：内盛变色硅胶。

图 4-1　分析天平　　　　　图 4-2　干燥箱

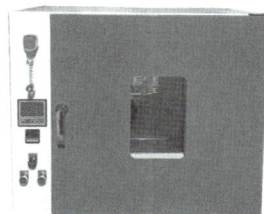

4.2.4　检测步骤

（1）将洁净带盖称量瓶放入干燥箱中，于 100～105℃下烘 30min，取出置于干燥器内，冷却至少 30min 后称量，重复上述步骤直至恒重，其质量为 m_0。

（2）在已恒重的称量瓶中称取约 5g 试样，精确到 0.0001g，盖上盖称出液体试样和称量瓶的总质量 m_1。

（3）将盛有液体试样的称量瓶放入干燥箱内，开启瓶盖，升温至 100～105℃（特殊品种除外）烘干至少 2h，盖上盖置于干燥器内冷却至少 30min 后称量，放入干燥箱内烘 30min，盖上盖置于干燥器内冷却至少 30min 后称量，重复上述步骤直至恒重，其质量为 m_2。

4.2.5　检测数据处理与结论评定

含固量 $X_{固}$ 按照式（4-1）表示：

$$X_{固} = \frac{m_2 - m_0}{m_1 - m_0} \times 100\%　　　　　　式（4-1）$$

式中：$X_{固}$——含固量；

m_0——称量瓶的质量（g）；

m_1——称量瓶和液体试样的质量（g）；

m_2——称量瓶和液体试样烘干后的质量（g）。

4.2.6　重复性限和再现性限

重复性限为 0.30%，再现性限为 0.50%。

4.3　外加剂含水率检测与试验（干燥法）

4.3.1　检测目的

检测外加剂的含水率。

4.3.2　检测原理

粉剂外加剂含有一定的水分，在 100～105℃ 的温度下，使水汽化，从而达到烘干的目的。

4.3.3　仪器设备

分析天平：分度值 0.0001g；

干燥箱：温度范围室温～200℃；

带盖称量瓶；

干燥器：内盛变色硅胶。

4.3.4　检测步骤

（1）将洁净带盖称量瓶放入干燥箱中，于 $100\sim105℃$ 下烘 30min，取出置于干燥器内，冷却至少 30min 后称量，重复上述步骤直至恒重，其质量为 m_0。

（2）在已恒重的称量瓶中称取约 10g 试样，精确到 0.0001g，盖上盖称出粉状试样及称量瓶的总质量为 m_1。

（3）将盛有粉状试样的称量瓶放入干燥箱内，开启瓶盖，升温至 $100\sim105℃$（特殊品种除外）烘干至少 2h，盖上盖置于干燥器内冷却至少 30min 后称量，放入干燥箱内烘 30min，盖上盖置于干燥器内冷却至少 30min 后称量，重复上述步骤直至恒重，其质量为 m_2。

4.3.5　检测数据处理与结论评定

含水率 $X_水$ 按照公式（4-2）表示：

$$X_水 = \frac{m_1 - m_2}{m_1 - m_0} \times 100\%$$　　　　　式（4-2）

式中：$X_水$——含水率；

　　　m_0——称量瓶的质量（g）；

　　　m_1——称量瓶和粉状试样的质量（g）；

　　　m_2——称量瓶和粉状试样烘干后的质量（g）。

4.3.6　重复性限和再现性限

重复性限为 0.30%，再现性限为 0.50%。

4.4　外加剂密度检测与试验（比重瓶法）

4.4.1　检测目的

检验外加剂的密度。

4.4.2　检测原理

将已校正容积（V 值）的容量瓶，灌满被测溶液，根据密度公式，用样品的质量除以体积从而得出密度。

4.4.3 仪器设备

比重瓶（图 4-3）：25mL 或 50mL；

天平：分度值 0.0001g；

干燥器：内盛变色硅胶；

超级恒温器或同等条件下的恒温设备：控温精
度为 ±0.1℃。

图 4-3　比重瓶

4.4.4 检测步骤

1. 比重瓶容积的校正

比重瓶依次用水、乙醇、丙酮和乙醚洗涤并吹干，塞子连瓶一起放入干燥器内，
取出称量比重瓶的质量，质量为 m_0，直至恒重。将预先煮沸并冷却的水装入比重瓶
内，塞上塞子，使多余的水分从塞子毛细管流出，用吸纸吸干瓶外的水分。注意不
能让吸纸吸出塞子毛细管的水，水保持与毛细管上口相平，立即在天平上称出比重
瓶装满水后的质量 m_1。

比重瓶在 20℃±1℃时的容积 V 按照公式（4-3）计算。

$$V = \frac{m_1 - m_0}{\rho_{水}} \qquad 式（4-3）$$

式中：V——比重瓶在 20℃±1℃时的容积（mL）；

　　　m_0——干燥的比重瓶的质量（g）；

　　　m_1——比重瓶盛满 20℃±1℃水的质量（g）；

　　　$\rho_{水}$——20℃±1℃时纯水的密度（g/mL）。

2. 外加剂溶液密度的测定

将已校正 V 值的比重瓶洗净、干燥、灌满被测溶液，塞上塞子后浸入 20℃±
1℃超级恒温水浴内，恒温 20min 后取出，用吸水纸吸干瓶外的水及毛细管溢出的
溶液后，在天平上称出比重瓶装满外加剂溶液后的质量为 m_2。

4.4.5 检测数据处理与结论评定

外加剂溶液的密度 ρ 按照公式（4-4）计算：

$$\rho = \frac{m_2 - m_0}{V} = \frac{m_2 - m_0}{m_1 - m_0} \times \rho_{水} \qquad 式（4-4）$$

式中：ρ——20℃±1℃时外加剂溶液密度（g/mL）；

m_2——比重瓶装满 20℃±1℃外加剂溶液后的质量（g）。

4.4.6 重复性限和再现性限

重复性限为 0.001g/mL，再现性限为 0.002g/mL。

4.5 外加剂细度检测与试验（手工筛析法）

4.5.1 检测目的

检测外加剂的细度。

4.5.2 检测原理

采用孔径为 0.315mm 或 1.180mm 的试验筛，称取烘干试样倒入筛内，使用人工筛样或负压筛，计算筛余占称样量的比值即为细度，其中 1.180mm 的试验筛适用于膨胀剂。

4.5.3 仪器设备

天平：分度值 0.001g；

试验筛：孔径为 0.315mm、1.180mm 的试验筛，筛网符合现行《试验筛　金属丝编织网、穿孔板和电成型薄板　筛孔的基本尺寸》GB/T 6005 的要求。筛框有限直径 150mm、高 50mm。筛布应紧绷在筛框上，接缝严密，并附有筛盖。

4.5.4 检测步骤

外加剂试样充分拌匀并在 100～105℃（特殊品种除外）烘干，称量出烘干试样 10g（m_0），称准至 0.001g 倒入筛内，用人工筛样，将近筛完时，一手执筛往复摇动，一手拍打，摇动速度每分钟约 120 次。其间，筛子应向一定方向旋转数次，使试样分散在筛布上，直至每分钟通过质量不超过 0.005g 时为止。称量筛余物 m_1，称准至 0.001g。

4.5.5　检测数据处理与结论评定

细度用筛余（％）表示，按照公式（4-5）计算：

$$筛余 = \frac{m_1}{m_0} \times 100 \qquad\qquad 式（4-5）$$

式中：m_1——筛余物的质量（g）；

m_0——试样质量（g）。

4.5.6　重复性限和再现性限

重复性限为 0.40％，再现性限为 0.60％。

4.6　外加剂 pH 检测与试验

4.6.1　检测目的

检测外加剂的 pH 值。

4.6.2　检测原理

根据奈斯特（Nernst）方程 $E = E_0 + 0.05915 \lg [H^+]$，$E = E_0 - 0.05915 pH$，利用一对电极在不同 pH 值溶液中能产生不同电位差，这一对电极由测试电极（玻璃电极）和参比电极（饱和甘汞电极）组成，在 25℃时每相差一个单位 pH 值产生 59.15mV 的电位差，pH 值可在仪器的刻度表上直接读出。

4.6.3　仪器设备

酸度计（图 4-4）：pH 测量范围为 0～14.00，精确度为 ±0.01；

甘汞电极（图 4-5）；

玻璃电极（图 4-6）；

复合电极；

天平：分度值 0.0001g；

图 4-4　酸度计

超级恒温器或同等条件下的恒温设备：控温精度为±0.1℃。

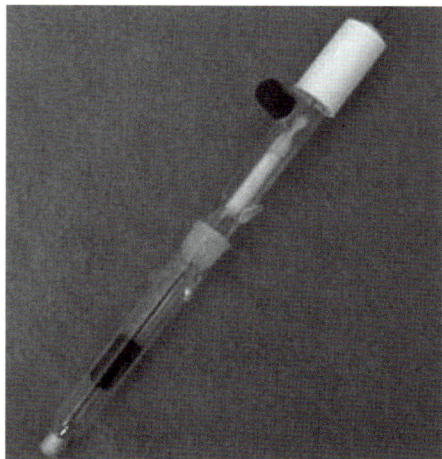

图 4-5　甘汞电极

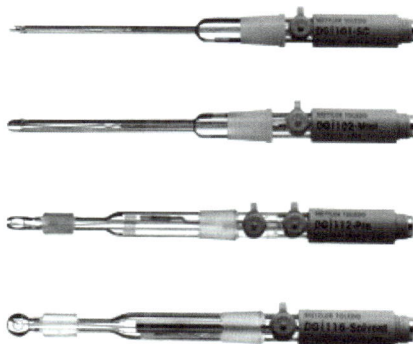

图 4-6　玻璃电极

4.6.4　试验条件

（1）液体样品直接测试；

（2）固体样品溶液的浓度为 10g/L；

（3）被测样品的温度为 20℃±3℃。

4.6.5　检测步骤

仪器校正好后，先用水，再用测试溶液冲洗电极，然后再将电极浸入被测溶液中轻轻摇动试杯，使溶液均匀。当酸度计的读数稳定 1min，记录读数。测量结束后，用水冲洗电极，以待下次测量。

4.6.6　检测数据处理与结论评定

酸度计测出的结果即为溶液的 pH 值。

4.6.7　重复性限和再现性限

重复性限为 0.2，再现性限为 0.5。

4.7 外加剂氯离子含量检测与试验（电位滴定法）

4.7.1 检测目的

检测氯离子含量。

4.7.2 检测原理

用电位滴定法，以银电极或氯电极为指示电极，其电势随 Ag^+ 浓度而变化。以甘汞电极为参比电极，用电位计或酸度计测定两电极在溶液中组成原电池的电势，银离子与氯离子反应生成溶解度很小的氯化银白色沉淀。在等当点前滴入硝酸银生成氯化银沉淀，两电极间电势变化缓慢，在等当点时氯离子全部生成氯化银沉淀，这时滴入少量硝酸银即引起电势急剧变化，指示出滴定终点。

4.7.3 试剂

硝酸（1+1）。

硝酸银溶液（17g/L）：准确称取约17g硝酸银（$AgNO_3$），用水溶解，放入1L棕色容量瓶中稀释至刻度，摇匀，用0.1000mol/L氯化钠标准溶液对硝酸银溶液进行标定。

硝酸银溶液（1.7g/L）：准确称取约1.7g硝酸银（$AgNO_3$），用水溶解，放入1L棕色容量瓶中稀释至刻度，摇匀，用0.0100mol/L氯化钠标准溶液对硝酸银溶液进行标定。

氯化钠标准溶液 $[c(NaCl)=0.0100mol/L]$：称取约5g氯化钠（基准试剂），盛在称量瓶中，130～150℃烘干2h，在干燥器内冷却后精确称取0.5844g，用水溶解并稀释至1L，摇匀。

氯化钠0.1000mol/L标准溶液：称取约10g氯化钠（基准试剂），盛在称量瓶中，130～150℃烘干2h，在干燥器内冷却后精确称取5.8443g，用水溶解并稀释至1L，摇匀。

标定硝酸银溶液（17g/L或1.7g/L）：

用移液管吸取10mL 0.0100mol/L或0.1000mol/L的氯化钠标准溶液于烧杯中，加水稀释至200mL，加4mL硝酸（1+1），在电磁搅拌下用硝酸银溶液以电位滴定法测定终点，过等当点后，在同一溶液中再加入 0.0100mol/L 或 0.1000mol/L 氯化钠标准溶液 10mL，继续用硝酸银溶液滴定至第二个终点，用二次微商法计算出硝酸银溶液消耗的体积 V_{01}，V_{02}。

体积 V_0 按公式（4-6）计算：

$$V_0 = V_{02} - V_{01}$$ 式（4-6）

式中：V_0——10mL 0.0100mol/L 或 0.1000mol/L 氯化钠标准溶液消耗硝酸银溶液的体积（mL）；

V_{01}——空白试验中 200mL 水，加 4mL 硝酸（1+1）和加 10mL 0.0100mol/L 或 0.1000mol/L 氯化钠标准溶液所消耗的硝酸银溶液的体积（mL）；

V_{02}——空白试验中 200mL 水，加 4mL 硝酸（1+1）和加 20mL 0.0100mol/L 或 0.1000mol/L 氯化钠标准溶液所消耗的硝酸银溶液的体积（mL）。

浓度 c 按照公式（4-7）计算：

$$c = \frac{c'V'}{V_0}$$ 式（4-7）

式中：c——硝酸银溶液的浓度（mol/L）；

c'——氯化钠标准溶液的浓度（mol/L）；

V'——氯化钠标准溶液的体积（mL）。

4.7.4 仪器设备

电位测定仪或酸度仪或全自动氯离子测定仪；

银电极或氯电极；

甘汞电极；

电磁搅拌器；

滴定管（25mL）；

移液管（10mL）；

天平：分度值为 0.0001g。

4.7.5 检测步骤

（1）对于可溶性试样，准确称取外加剂试样 0.5000～5.0000g，放入烧杯中，加 200mL 水和 4mL 硝酸（1+1），使溶液呈酸性，搅拌至完全溶解。对于不溶性试样，准确称取外加剂试样 0.5000～5.0000g，放入烧杯中，加 20mL 水，搅拌使试样分散然后在搅拌下加入 20mL 硝酸（1+1），加水稀释至 200mL，加入 2mL 过氧化氢，盖上表面皿，加热煮沸 1～2min，冷却至室温。

（2）用移液管加入 10mL 0.0100mol/L 或 0.1000mol/L 的氯化钠标准溶液，烧杯内加入电磁搅拌子，将烧杯放在电磁搅拌器上，开动搅拌器并插入银电极（或氯电极）及甘汞电极，两电极与电位计或酸度计相连接，用硝酸银溶液缓慢滴定，记录电势和对应的滴定管读数。

由于接近等当点时，电势增加很快，此时要缓慢滴加硝酸银溶液，每次定量加入 0.1mL，当电势发生突变时，表示等当点已过，此时继续滴入硝酸银溶液，直至电势趋向变化平缓。得到第一个终点时硝酸银溶液消耗的体积 V_1。

（3）在同一溶液中，用移液管再加入 10mL 0.0100mol/L 或 0.1000mol/L 氯化钠标准溶液（此时溶液电势降低），继续用硝酸银溶液滴定，直至第二个等当点出现，记录电势和对应的 0.0100mol/L 硝酸银溶液消耗的体积 V_2。

（4）空白试验在干净的烧杯中加入 200mL 水和 4mL 硝酸（1+1），用移液管加入 10mL 0.0100mol/L 或 0.1000mol/L 的氯化钠标准溶液，在不加入试样的情况下，在电磁搅拌下，缓慢滴加硝酸银溶液，记录电势和对应的滴定管读数，直至第一个终点出现。过等当点后，在同一溶液中，再用移液管加入 10mL 0.0100mol/L 或 0.1000mol/L 的氯化钠标准溶液 10mL，继续用硝酸银溶液滴定至第二个终点，用二次微商法计算出硝酸银溶液消耗的体积 V_{01} 及 V_{02}。

4.7.6 检测数据处理与结论评定

外加剂中氯离子所消耗的硝酸银体积 V 按照公式（4-8）计算：

$$V = \frac{(V_1 - V_{01}) + (V_2 - V_{02})}{2} \qquad \text{式（4-8）}$$

式中：V_{01}——试样溶液加 10mL 0.0100mol/L 或 0.1000mol/L 氯化钠标准溶液所消耗的硝酸银溶液体积（mL）；

V_{02}——试样溶液加 20mL 0.0100mol/L 或 0.1000mol/L 氯化钠标准溶液所消耗的硝酸银溶液体积（mL）。

外加剂中氯离子百分含量按照公式（4-9）计算：

$$X_{Cl^-} = \frac{c \cdot V \times 35.45}{m \times 1000} \times 100\% \qquad \text{式（4-9）}$$

式中：c——硝酸银溶液的浓度（mol/L）；

X_{Cl^-}——外加剂中氯离子含量；

V——外加剂中氯离子所消耗硝酸银溶液体积（mL）；

m——外加剂样品质量（g）。

重复性限为0.05%；再现性限为0.08%。

当氯离子含量不大于0.500%时，使用浓度为0.0100mol/L氯化钠标准溶液和1.7g/L的硝酸银溶液检测。当氯离子含量大于0.500%时，使用浓度为0.1000mol/L氯化钠标准溶液和17g/L的硝酸银溶液检测。

4.7.7　重复性限和再现性限（表4-2）

氯离子重复性限和再现性限

表4-2

氯离子含量范围	≤0.500%	>0.500%
重复性限	0.010%	0.025%
再现性限	0.020%	0.030%

4.8　外加剂硫酸钠含量检测与试验（重量法）

4.8.1　检测目的

检测外加剂中硫酸钠含量。

4.8.2　检测原理

氯化钡溶液与外加剂试样中的硫酸盐生成溶解度极小的硫酸钡沉淀，称量经高温灼烧过后的沉淀来计算硫酸钠的含量。

4.8.3　试剂

盐酸（1+1）；
氯化铵溶液（50g/L）；
氯化钡溶液（100g/L）；
硝酸银溶液（5g/L）。

4.8.4　仪器设备

天平：分度值0.0001g；

烧杯：400mL；

瓷坩埚：18～30mL；

长颈漏斗；

电磁电热式搅拌器；

电阻高温炉：最高使用温度不低于950℃。

慢速定量滤纸、快速定性滤纸。

4.8.5　检测步骤

（1）准确称取试样约0.5g（m），于400mL烧杯中，加入200mL水搅拌溶解，再加入氯化铵溶液50mL，加热煮沸后，用快速定性滤纸过滤，用水洗涤数次后，将滤液浓缩至200mL左右，滴加盐酸（1＋1）至浓缩滤液显示酸性。再多加5～10滴盐酸，煮沸后在不断搅拌下趁热滴加氯化钡溶液10mL，继续煮沸15min，取出烧杯，置于加热板上，保持50～60℃静置2～4h或常温静置8h。

（2）用两张慢速定量滤纸过滤，烧杯中的沉淀用70℃水洗净，使沉淀全部转移到滤纸上，用温热水洗涤沉淀至无氯根为止（用硝酸银溶液检验）。

（3）将沉淀与滤纸移入预先灼烧恒重的坩埚中（m_1），小火烘干，灰化。

（4）在800～950℃电阻高温炉中灼烧30min，然后在干燥器里冷却至室温，取出称量，将坩埚放回高温炉中，灼烧30min，取出冷却至室温称量，如此反复直至恒量（m_2）。

4.8.6　检测数据处理与结论评定

外加剂中硫酸钠含量$X_{Na_2SO_4}$按照公式（4-10）计算：

$$X_{Na_2SO_4} = \frac{(m_2 - m_1) \times 0.6086}{m} \times 100\% \qquad 式（4-10）$$

式中：$X_{Na_2SO_4}$——外加剂中硫酸钠含量；

　　　　m——试样质量（g）；

　　　　m_1——空坩埚质量（g）；

　　　　m_2——灼烧后滤渣加坩埚质量（g）；

　　0.6086——硫酸钡换算成硫酸钠的系数。

4.8.7　重复性限和再现性限

重复性限为0.50%；再现性限为0.80%。

4.9 外加剂稳定性检测与试验

4.9.1 检测目的

检测外加剂的稳定性。

4.9.2 检测原理

将一定量的液剂试样放入具塞量筒中，在一定温度下静置一段时间，测试上部清液体积或者底部沉淀物的体积。

4.9.3 仪器设备

量入式具塞量筒：100mL；

天平：分度值 0.0001g。

4.9.4 试验步骤

（1）充分摇匀被测试样，倒入烧杯中。将烧杯中的试样小心倒入 3 个 100mL 具塞量筒中。每个具塞量筒液面在临近 100mL 刻度线时，改用滴管滴至 100mL，精确到 1mL，盖紧筒塞。

（2）将 3 个具塞量筒置于温度为 20℃±2℃ 的环境条件下水平静置，避免太阳直射，28d 后直接读取上部清液体积 V_L（悬浮液）或者底部沉淀物的体积 V_S（溶液型）。

4.9.5 结果表示

当溶液型液体速凝剂静置 28d 后，底部沉淀物太少无法读取时，将溶液倒至另一个 100mL 量筒中，量出溶液体积 V_L，按照公式（4-11）计算出底部沉淀物体积。

$$V_S = 100 - V_L \qquad\qquad 式（4-11）$$

式中：V_S——底部沉淀物体积（mL）；

V_L——溶液体积（mL）。

4.9.6 试验结果的确定

悬浮液型液体速凝剂以读取的 3 个 V_L 的中间值表示，溶液型液体速凝剂以读取或计算的 3 个 V_S 的中间值表示。

4.10 外加剂试验报告与检测报告

4.10.1 外加剂含固量试验报告（干燥法）

1. 试验目的

2. 试验原理

3. 仪器设备

4. 试验步骤

（1）称取称量瓶烘干后质量

（2）称取被测液体与容量瓶质量并记录数据

（3）称取被测液体与称量瓶烘干后质量并记录数据

5. 试验数据记录

试验次数	称量瓶质量(g)	称量瓶与被测液体质量(g)	烘干后称量瓶与被测液体质量(g)
第 1 次			
第 2 次			

6. 试验数据处理

7. 试验结论

4.10.2 外加剂含水率试验报告（干燥法）

1. 试验目的

2. 试验原理

3. 试验仪器与材料

4. 试验步骤

（1）测定称量瓶的质量

（2）测定待测粉状试样与容量瓶的质量

（3）将待测粉状液体与容量瓶烘干至恒重并记录数据

5. 试验数据记录

试验次数	称量瓶的质量(g)	待测粉状试样与 容量瓶的质量(g)	粉状液体与容量瓶 烘干至恒重的质量(g)
第1次			
第2次			

6. 试验数据处理

7. 试验结论

4.10.3 外加剂密度试验报告（比重瓶法）

1. 试验目的

2. 试验原理

3. 试验仪器

4. 试验步骤

（1）比重瓶的校正

（2）外加剂溶液密度的测定

5. 试验数据记录

试验次数	干燥比重瓶的质量(g)	比重瓶盛满20℃水的质量(g)	比重瓶装满20℃外加剂溶液后的质量(g)
第1次			
第2次			

6. 试验数据处理

7. 试验结论

4.10.4　外加剂细度试验报告（手工筛析法）

1. 试验目的

2. 试验原理

3. 试验仪器

4. 试验步骤

（1）称取外加剂试样质量

（2）称取筛余物质量

5. 试验数据记录

试验次数	外加剂试样质量(g)	筛余物质量(g)
第 1 次		
第 2 次		

6. 试验数据处理

7. 试验结论

4.10.5　外加剂 pH 试验报告

1. 试验目的

2. 试验原理

3. 试验仪器

4. 试验步骤

（1）仪器校正

（2）测试溶液冲洗电极，电极浸入被测溶液中轻轻摇动试杯，使溶液均匀。当酸度计的读数稳定 1min，记录读数

（3）清洁整理试验仪器和试验台

5. 试验数据记录

试验次数	酸度计读数
第 1 次	
第 2 次	

6. 试验数据处理

7. 试验结论

4.10.6 外加剂氯离子含量试验报告（电位滴定法）

1. 试验目的

2. 试验原理

3. 试剂

4. 试验步骤

（1）试验仪器准备

（2）称取试样质量并加入水和硝酸溶解并过滤，直至无氯离子

（3）记录电势和对应的滴定管度数

（4）记录第一个终点硝酸银溶液消耗的体积 V_1

（5）第二个等当点出现，记录电势和对应的 0.1mol/L 硝酸银溶液消耗的体积 V_2

（6）二次微商法计算出硝酸银溶液消耗得体积 V_{01} 及 V_{02}

（7）清洁整理试验仪器和试验台

5. 试验数据记录

试验次数	外加剂试样质量	硝酸银溶液浓度	试样溶液加 10mL 0.1000mol/L 氯化钠标准溶液所消耗的硝酸银溶液体积	试样溶液加 20mL 0.1000mol/L 氯化钠标准溶液所消耗的硝酸银溶液体积	第一个终点硝酸银溶液消耗的体积 V_1	0.1mol/L 硝酸银溶液消耗的体积 V_2
1						
2						

6. 试验结论

4.10.7 外加剂硫酸钠含量试验报告（重量法）

1. 试验目的

2. 试验原理

3. 试剂

4. 试验仪器

5. 试验步骤

（1）试验仪器准备

（2）称取外加剂试样并溶解

（3）将溶解的溶液洗涤数次并将滤液浓缩

（4）溶液制备并静置

（5）将沉淀与滤纸移入预先灼烧恒重的坩埚中，小火烘干，灰化

（6）称量出干燥至恒重的质量

（7）清洁整理试验仪器和试验台

6. 试验数据记录

试验次数	试样质量(g)	空坩埚质量(g)	灼烧后滤渣加坩埚质量(g)
第1次			
第2次			

7. 试验结论

4.10.8　外加剂稳定性试验报告

1. 试验目的

2. 试验原理

3. 试验仪器

4. 试验步骤

（1）试验仪器准备

（2）试剂准备和称量

（3）读取上部清液体积或底部沉淀物体积

（4）清洁整理试验仪器和试验台

5. 试验数据记录

试验次数	V_{L1}	V_{L2}	V_{L3}
第 1 次			
第 2 次			

6. 试验结果计算

7. 试验结论

4.10.9 外加剂检测报告

委托单位		委托编号	
工程名称		检测类别	
外加剂品种		取样数量	
强度等级		检测日期	
生产厂家		报告日期	
检测依据			

检测结果

检测项目	标准要求	实测结果	单项评定
含固量			
含水率			
密度			
细度			
pH			
氯离子含量			
硫酸钠含量			
稳定性			
结论			
备注			

检测：　　　　审核：　　　　签发：　　　　报告日期：

【项目总结】

外加剂各项技术指标检测过程中应明确检测目的和原理、检测仪器，按现行标准或规范进行检测操作，记录试验数据，按现行标准或规范要求对试验数据进行处理，并出具试验结论，填写外加剂单项性能指标试验报告，填写外加剂检测报告。

【思考及练习】

一、填空题

1. 含固量试验结果取（　　　）次试验结果的算术平均值作为测试值。

2. 在进行外加剂溶液密度检测时，将已校正 V 值的比重瓶洗净、干燥、灌满被测溶液，塞上塞子后浸入（　　　）超级恒温器内，恒温（　　　）后取出，用（　　　）瓶外的水及毛细管溢出的溶液后，在天平上称出比重瓶装满外加剂溶液后的质量。

3. 外加剂硫酸钠含量检测时，（　　）溶液与外加剂试样中的硫酸盐生成溶解度极小的（　　）沉淀，称量经高温灼烧后的沉淀来计算（　　）的含量。

二、单选题

1. 外加剂性能检测的项目不包括（　　）。

A. 密度　　　　　　B. 细度　　　　　　C. pH　　　　　　D. 强度

2. 采用孔径为（　　）mm 的试验筛，称取烘干试样倒入筛内，使用人工筛样，称量出筛余物的质量。

A. 0.150　　　　　　B. 0.212　　　　　　C. 0.315　　　　　　D. 0.355

三、多选题

1. 外加剂的必检项目有（　　）。

A. 密度　　　　　　　　　　　　B. 细度

C. 水泥净浆流动度　　　　　　　D. 表面张力

E. 含固量

2. 在进行硫酸钠含量检测的时候使用的试剂有（　　）。

A. 氯化铵溶液　　　　　　　　　B. 氯化钡溶液

C. 氢氧化钡溶液　　　　　　　　D. 硝酸银溶液

E. 盐酸

3. 在进行氯离子含量检测的时候使用的仪器有（　　）。

A. 滴定管　　　　　　　　　　　B. 银电极

C. 高温炉　　　　　　　　　　　D. 甘汞电极

E. 坩埚

四、简答题

1. 外加剂氯离子含量测定应注意哪些事项？

2. 外加剂含固量检测如何结果评定？

项目5

混凝土性能检测与试验

项目5
混凝土性能检测与试验

【教学目标】

1. 知识目标：

了解混凝土的种类、性能、应用等；

理解普通混凝土性能检测中相关的标准规范以及环境保护、安全消防等知识；

掌握普通混凝土取样制样方法；

掌握普通混凝土性能检测方法；

掌握试验数据分析处理方法；

掌握普通混凝土性能评价方法。

2. 能力目标：

具备确定普通混凝土性能检测依据的能力；

具备混凝土取样制样的能力；

具备普通混凝土性能检测的能力；

具备普通混凝土试验数据处理分析的能力；

具备普通混凝土性能评价的能力。

3. 素质目标：

具有良好的职业道德和诚信品质；

具有工匠精神、劳动精神、劳模精神；

具有良好的质量意识、规范意识、环保意识、安全意识、信息技术素养；

具有较强的集体意识和团队合作精神。

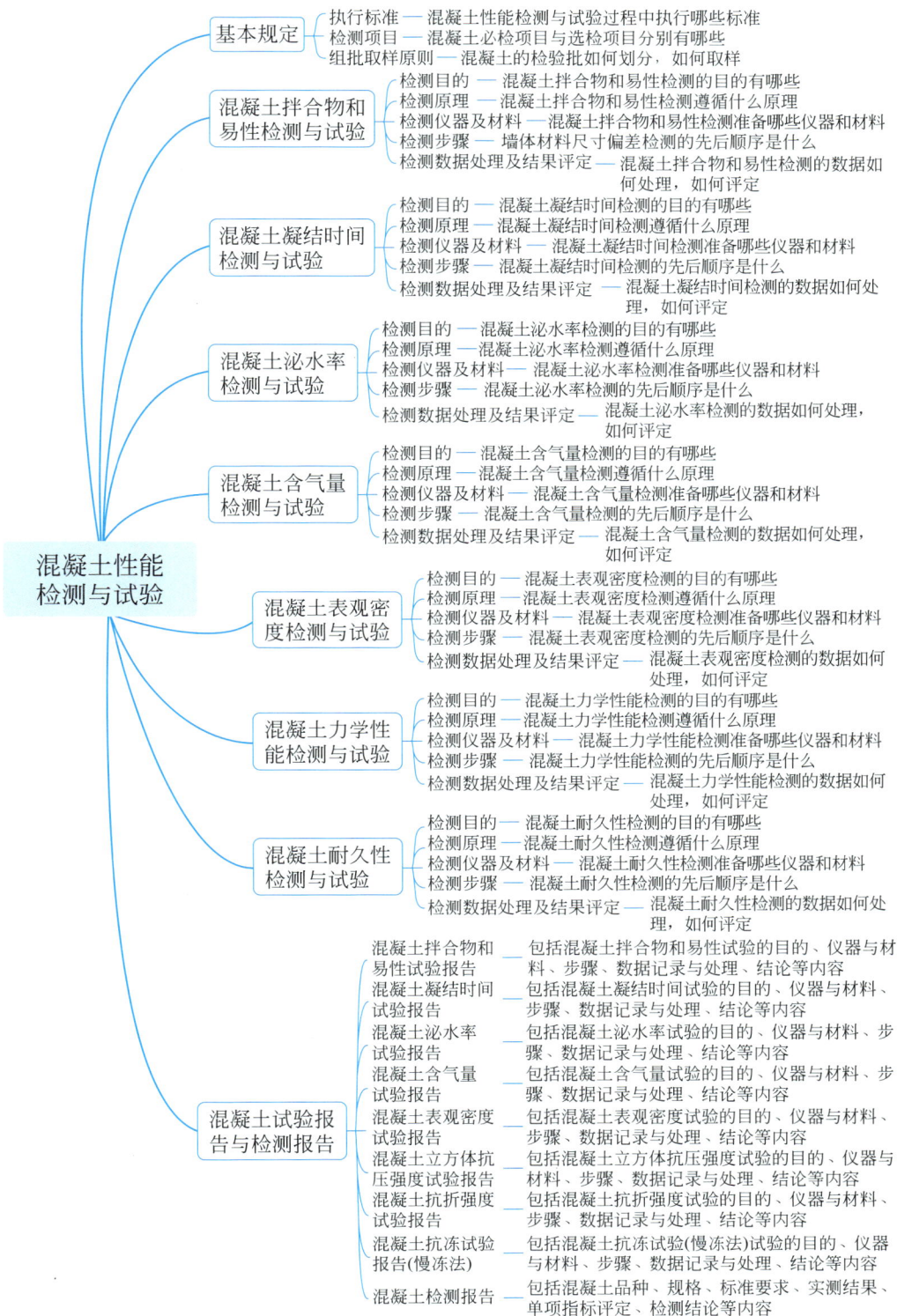

【思维导图】

基本规定
- 执行标准 — 混凝土性能检测与试验过程中执行哪些标准
- 检测项目 — 混凝土必检项目与选检项目分别有哪些
- 组批取样原则 — 混凝土的检验批如何划分，如何取样

混凝土拌合物和易性检测与试验
- 检测目的 — 混凝土拌合物和易性检测的目的有哪些
- 检测原理 — 混凝土拌合物和易性检测遵循什么原理
- 检测仪器及材料 — 混凝土拌合物和易性检测准备哪些仪器和材料
- 检测步骤 — 墙体材料尺寸偏差检测的先后顺序是什么
- 检测数据处理及结果评定 — 混凝土拌合物和易性检测的数据如何处理，如何评定

混凝土凝结时间检测与试验
- 检测目的 — 混凝土凝结时间检测的目的有哪些
- 检测原理 — 混凝土凝结时间检测遵循什么原理
- 检测仪器及材料 — 混凝土凝结时间检测准备哪些仪器和材料
- 检测步骤 — 混凝土凝结时间检测的先后顺序是什么
- 检测数据处理及结果评定 — 混凝土凝结时间检测的数据如何处理，如何评定

混凝土泌水率检测与试验
- 检测目的 — 混凝土泌水率检测的目的有哪些
- 检测原理 — 混凝土泌水率检测遵循什么原理
- 检测仪器及材料 — 混凝土泌水率检测准备哪些仪器和材料
- 检测步骤 — 混凝土泌水率检测的先后顺序是什么
- 检测数据处理及结果评定 — 混凝土泌水率检测的数据如何处理，如何评定

混凝土含气量检测与试验
- 检测目的 — 混凝土含气量检测的目的有哪些
- 检测原理 — 混凝土含气量检测遵循什么原理
- 检测仪器及材料 — 混凝土含气量检测准备哪些仪器和材料
- 检测步骤 — 混凝土含气量检测的先后顺序是什么
- 检测数据处理及结果评定 — 混凝土含气量检测的数据如何处理，如何评定

混凝土性能检测与试验

混凝土表观密度检测与试验
- 检测目的 — 混凝土表观密度检测的目的有哪些
- 检测原理 — 混凝土表观密度检测遵循什么原理
- 检测仪器及材料 — 混凝土表观密度检测准备哪些仪器和材料
- 检测步骤 — 混凝土表观密度检测的先后顺序是什么
- 检测数据处理及结果评定 — 混凝土表观密度检测的数据如何处理，如何评定

混凝土力学性能检测与试验
- 检测目的 — 混凝土力学性能检测的目的有哪些
- 检测原理 — 混凝土力学性能检测遵循什么原理
- 检测仪器及材料 — 混凝土力学性能检测准备哪些仪器和材料
- 检测步骤 — 混凝土力学性能检测的先后顺序是什么
- 检测数据处理及结果评定 — 混凝土力学性能检测的数据如何处理，如何评定

混凝土耐久性检测与试验
- 检测目的 — 混凝土耐久性检测的目的有哪些
- 检测原理 — 混凝土耐久性检测遵循什么原理
- 检测仪器及材料 — 混凝土耐久性检测准备哪些仪器和材料
- 检测步骤 — 混凝土耐久性检测的先后顺序是什么
- 检测数据处理及结果评定 — 混凝土耐久性检测的数据如何处理，如何评定

混凝土试验报告与检测报告
- 混凝土拌合物和易性试验报告 — 包括混凝土拌合物和易性试验的目的、仪器与材料、步骤、数据记录与处理、结论等内容
- 混凝土凝结时间试验报告 — 包括混凝土凝结时间试验的目的、仪器与材料、步骤、数据记录与处理、结论等内容
- 混凝土泌水率试验报告 — 包括混凝土泌水率试验的目的、仪器与材料、步骤、数据记录与处理、结论等内容
- 混凝土含气量试验报告 — 包括混凝土含气量试验的目的、仪器与材料、步骤、数据记录与处理、结论等内容
- 混凝土表观密度试验报告 — 包括混凝土表观密度试验的目的、仪器与材料、步骤、数据记录与处理、结论等内容
- 混凝土立方体抗压强度试验报告 — 包括混凝土立方体抗压强度试验的目的、仪器与材料、步骤、数据记录与处理、结论等内容
- 混凝土抗折强度试验报告 — 包括混凝土抗折强度试验的目的、仪器与材料、步骤、数据记录与处理、结论等内容
- 混凝土抗冻试验报告(慢冻法) — 包括混凝土抗冻试验(慢冻法)试验的目的、仪器与材料、步骤、数据记录与处理、结论等内容
- 混凝土检测报告 — 包括混凝土品种、规格、标准要求、实测结果、单项指标评定、检测结论等内容

【引文】

混凝土是当代最主要的土木工程材料之一。它是由胶凝材料、颗粒状骨料（也称为集料）、水，以及必要时加入的外加剂和掺合料按一定比例配制，经均匀搅拌，密实成型，养护硬化而成的一种人工石材。混凝土具有原料丰富，价格低廉，生产工艺简单的特点，因而使其用量越来越大。同时混凝土还具有抗压强度高，耐久性好，强度等级范围宽等特点。这些特点使其适用范围十分广泛，不仅在各种土木工程中使用，在造船业、机械工业、海洋的开发、地热工程等领域，混凝土也是重要的材料。

5.1 混凝土性能检测的基本规定

5.1.1 执行标准（现行）

《普通混凝土拌合物性能试验方法标准》GB/T 50080

《混凝土物理力学性能试验方法标准》GB/T 50081

《普通混凝土长期性能和耐久性能试验方法标准》GB/T 50082

《混凝土强度检验评定标准》GB/T 50107

《混凝土质量控制标准》GB 50164

《混凝土结构工程施工质量验收规范》GB 50204

《混凝土耐久性检验评定标准》JGJ/T 193

5.1.2 检测项目

常见检测项目：混凝土拌合物和易性、凝结时间、泌水率、含气量、表观密度、力学性能、耐久性。

5.1.3 组批取样原则

采用预拌混凝土时，其原材料质量、混凝土制备与质量检验均应符合现行国家标准《预拌混凝土》GB/T 14902 的规定。预拌混凝土进场时，应检查混凝土质量证明文件，抽检混凝土的稠度。检查数量：质量证明文件按现行国家标准《预拌混凝土》GB/T 14902 的规定检查；每 5 罐检查一次稠度。

当设计有要求时，混凝土中最大氯离子含量和最大碱含量应符合现行国家标准《混凝土结构设计规范》GB 50010 的规定以及设计要求。检查数量：同一配合比、同种原材料检查不应少于一次。检验方法：检查原材料试验报告和氯离子、碱的总含量计算书。

结构混凝土的强度等级必须满足设计要求。用于检查结构构件混凝土强度的标准养护试件，应在混凝土的浇筑地点随机抽取。试件取样和留置应符合下列规定：拌制 100 盘且不超过 100m³ 的同配合比的混凝土，取样不得少于一次；每工作班拌制的同一配合比的混凝土不足 100 盘时，取样不得少于一次；当一次连续浇筑超过 1000m³ 时，同一配合比的混凝土每 200m³ 取样不得少于一次；每一楼层、同一配合比的混凝土，取样不得少于一次；每次取样应至少留置一组试件。检验方法：检查施工记录及混凝土标准养护试件试验报告。

5.2　混凝土拌合物和易性检测与试验

5.2.1　检测目的

测定混凝土拌合物的流动性，同时评定混凝土拌合物的黏聚性和保水性，为混凝土配合比设计提供依据。

5.2.2　检测方法

1. 坍落度试验

本试验方法适用于骨料最大公称粒径不大于 40mm、坍落度不小于 10mm 的混凝土拌合物坍落度的测定。

2. 扩展度试验

本试验方法适用于骨料最大公称粒径不大于 40mm、坍落度不小于 160mm 的混凝土扩展度的测定。

3. 维勃稠度试验

本试验方法适用于骨料最大公称粒径不大于 40mm，维勃稠度在 5～30s 之间的混凝土拌合物稠度测定。

5.2.3　检测仪器

1. 坍落度试验

坍落度仪：坍落度仪应符合现行行业标准《混凝土坍落度仪》JG/T 248 的规

定，见图 5-1；

钢尺：应配备 2 把钢尺，钢尺的量程不应小于 300mm，分度值不应大于 1mm；

拌板：底板应采用平面尺寸不小于 1500mm×1500mm、厚度不小于 3mm 的钢板，其最大挠度不应大于 3mm。

2. 扩展度试验

坍落度仪：坍落度仪应符合现行行业标准《混凝土坍落度仪》JG/T 248 的规定；

钢尺：钢尺的量程不应小于 1000mm，分度值不应大于 1mm；

底板：底板应采用平面尺寸不小于 1500mm×1500mm、厚度不小于 3mm 的钢板，其最大挠度不应大于 3mm。

3. 维勃稠度法

维勃稠度仪：维勃稠度仪应符合现行行业标准《维勃稠度仪》JG/T 250 的规定，见图 5-2；

秒表：秒表的精度不应低于 0.1s。

图 5-1　坍落度仪　　　　　　图 5-2　维勃稠度仪

5.2.4　检测步骤

1. 坍落度法

（1）坍落度筒内壁和底板应润湿无明水；底板应放置在坚实水平面上，并把坍落度筒放在底板中心，然后用脚踩住两边的脚踏板，坍落度筒在装料时应保持在固定的位置；

（2）混凝土拌合物试样应分三层均匀地装入坍落度筒内，每装一层混凝土拌合物，应用捣棒由边缘到中心按螺旋形均匀插捣 25 次，捣实后每层混凝土拌合物试样高度约为筒高的三分之一；

（3）插捣底层时，捣棒应贯穿整个深度，插捣第二层和顶层时，捣棒应插透本层至下一层的表面；

（4）顶层混凝土拌合物装料应高出筒口，插捣过程中，混凝土拌合物低于筒口时，应随时添加；

（5）顶层插捣完后取下装料漏斗，应将多余混凝土拌合物刮去，并沿筒口抹平；

（6）清除筒边底板上的混凝土后，应垂直平稳地提起坍落度筒，并轻放于试样旁边；坍落度筒的提离过程应控制在 3～7s 内完成。从开始装料到提起坍落度筒的整个过程中应连续进行，并应在 150s 内完成。当试样不再继续坍落或坍落时间达 30s 时，用钢尺测量出筒高与坍落后混凝土试体最高点之间的高度差，作为该混凝土拌合物的坍落度值。

2. 扩展度试验

（1）试验设备准备、混凝土拌合物装料和插捣应符合标准规定；

（2）清除筒边底板上的混凝土后，应垂直平稳地提起坍落度筒，坍落度筒的提离过程宜控制在 3～7s 内；当混凝土拌合物不再扩散或扩散持续时间已达 50s 时，应使用钢尺测量混凝土拌合物展开扩展面的最大直径以及最大直径呈垂直方向的直径；

（3）当两直径之差小于 50mm 时，应取其算术平均值作为扩展度试验结果；当两直径之差不小于 50mm 时，应重新取样另行测定。

3. 维勃稠度法

（1）维勃稠度仪应放置在坚实水平面上，用湿布将容器、坍落度筒、喂料斗内壁及其他用具润湿；

（2）将喂料斗提到坍落度筒上方扣紧，校正容器位置，使其中心与喂料中心重合，然后拧紧固定螺丝；

（3）将混凝土拌合物经喂料斗分三层均匀装入坍落度筒，装料及插捣的方法同坍落度试验；

（4）顶层插捣完后将喂料斗转离，沿坍落度筒口刮平顶面，垂直提起坍落度筒，此时应注意不应使混凝土试体产生横向的扭动；

（5）将透明圆盘转到混凝土圆台体顶面，放松测杆螺丝，应使透明圆盘转至混凝土锥体上部，并下降至与混凝土顶面接触；

（6）拧紧定位螺丝，开启振动台，同时用秒表计时，当振动到透明圆盘的整个底面与水泥浆接触时应停止计时，并关闭振动台。

5.2.5　检测数据处理与结论评定

1. 坍落度试验

流动性：用坍落度值表示，单位 mm，测量值精确至 1mm，结果精确至 5mm。

黏聚性：用捣棒在已坍落的拌合物锥体侧面轻轻敲打，如果锥体逐渐下沉，表示黏聚性良好，如果锥体倒塌，部分崩裂或出现离析现象，即为黏聚性不好。

保水性：提起坍落度筒后如有较多的稀浆从底部析出，锥体部分的拌合物也因失浆而骨料外露，则表明此拌合物保水性不好。如无这种现象，则表明保水性良好。

2. 扩展度试验

发现粗骨料在中央堆集或边缘有浆体析出时，应记录说明。混凝土拌合物扩展度值测量应精确至 1mm，结果修约至 5mm。

3. 维勃稠度试验

秒表记录的时间（s）应作为该混凝土拌合物的维勃稠度值，读数精确至 1s。

5.3　混凝土凝结时间检测与试验

5.3.1　检测目的

测定混凝土拌合物的凝结时间，对混凝土工程中混凝土的搅拌、运输以及施工提供重要的参考依据。

5.3.2　检测原理

本试验方法宜用于从混凝土拌合物中筛出砂浆用贯入阻力法测定坍落度值不为零的混凝土拌合物的初凝时间与终凝时间。

5.3.3　检测仪器

贯入阻力仪：贯入阻力仪的最大测量值不应小于 1000N，精度应为 ±10N；测针长 100mm，在距贯入端 25mm 处应有明显标记，测针的承压面积应为 100mm²、50mm² 和 20mm² 三种，见图 5-3；

图 5-3　贯入阻力仪

振动台：振动台应符合现行行业标准《混凝土试验用振动台》JG/T 245 的规定；

试验筛：试验筛应为筛孔公称直径为 5.00mm 的方孔筛，并应符合现行国家标准《试验筛 技术要求和检验 第 2 部分：金属穿孔板试验筛》GB/T 6003.2 的规定；

砂浆试样筒：砂浆试样筒应为上口内径 160mm，下口内径 150mm，净高 150mm 刚性不透水的金属圆筒，并配有盖子；

捣棒：捣棒应符合现行行业标准《混凝土坍落度仪》JG/T 248 的规定。

5.3.4 检测步骤

1. 应用试验筛从混凝土拌合物中筛出砂浆，然后将筛出的砂浆搅拌均匀；将砂浆一次分别装入三个试样筒中。取样混凝土坍落度不大于 90mm 时，宜用振动台振实砂浆；取样混凝土坍落度大于 90mm 时，宜用捣棒人工捣实。用振动台振实砂浆时，振动应持续到表面出浆为止，不得过振；用捣棒人工捣实时，应沿螺旋方向由外向中心均插捣 25 次，然后用橡皮锤敲击筒壁，直至表面插捣孔消失为止。振实或插捣后，砂浆表面宜低于砂浆式样筒口 10mm，并应立即加盖。

2. 砂浆试样制备完毕，应置于温度为 20℃±2℃的环境中待测，并在整个测试过程中，环境温度应始终保持 20℃±2℃在整个测试过程中，除在吸取泌水或进行贯入试验外，试样筒应始终加盖。现场同条件测试时，试验环境应与现场一致。

3. 凝结时间测定从混凝土搅拌加水开始计时。根据混凝土拌合物的性能，确定测针试验时间，以后每隔 0.5h 测试一次，在临近初凝和终凝时，应缩短测试间隔时间。

4. 在每次测试前 2min，将一片 20mm±5mm 厚的垫块垫入筒底一侧使其倾斜，用吸液管吸去表面的泌水，吸水后应复原。

5. 测试时，将砂浆试样筒置于贯入阻力仪上，测针端部与砂浆表面接触，应在 10s±2s 内均匀地使测针贯入砂浆 25mm±2mm 深度，记录最大贯入阻力值，精确至 10N；记录测试时间，精确至 1min。

6. 每个砂浆筒每次测 1～2 个点，各测点的间距不应小于 15mm，测点与试样筒壁的距离不应小于 25mm。

7. 每个试样的贯入阻力测试不应少于 6 次，直至单位面积贯入阻力大于 28MPa 为止。

8. 根据砂浆凝结状况，在测试过程中应以测针承压面积从大到小顺序更换测针，更换测针应按表 5-1 的规定选用。

测针选用规定表			表 5-1
单位面积贯入阻力(MPa)	0.2~3.5	3.5~20	20~28
测针面积(mm²)	100	50	20

5.3.5 检测数据处理与结论评定

1. 贯入阻力按下式计算:

$$f_{PR} = \frac{P}{A} \qquad 式（5-1）$$

式中: f_{PR}——单位面积贯入阻力（MPa），精确至0.1MPa;

P——贯入压力（N）;

A——测针面积（mm²）。

2. 凝结时间宜通过线性回归法确定。将贯入阻力 f_{PR} 和时间 t 分别取自然对数 $\ln f_{PR}$ 和 $\ln t$，然后把 $\ln f_{PR}$ 当作自变量，$\ln t$ 当作因变量作线性回归得到回归方程式:

$$\ln t = a + b \ln f_{PR} \qquad 式（5-2）$$

式中: t——单位面积贯入阻力对应的测试时间（min）;

$\ln f_{PR}$——贯入阻力（MPa）;

a、b——线性回归系数。

3. 凝结时间也可用绘图拟合方法确定，应以单位面积贯入阻力为纵坐标，测试时间为横坐标，绘制出单位面积贯入阻力与测试时间之间的关系曲线;分别以3.5MPa和28MPa绘制两条平行于横坐标的直线，与曲线交点的横坐标应分别为初凝时间和终凝时间;凝结时间结果应用 h（min）表示，精确至5min。

4. 凝结时间结果确定：应以三个试样的初凝时间和终凝时间的算术平均值作为此次试验初凝时间和终凝时间的试验结果。三个测值的最大值或最小值中有一个与中间值之差超过中间值的10%时，应以中间值作为试验结果;最大值和最小值与中间值之差均超过中间值的10%时，应重新试验。

5.4 混凝土泌水率检测与试验

5.4.1 检测目的

测定混凝土拌合物的泌水率及压力泌水率，为混凝土工程中混凝土的运输、振捣以及泵送提供重要的参考依据。

5.4.2　检测方法

1. 泌水试验

本方法适用于骨料最大公称粒径不大于 40mm 的混凝土拌合物泌水测定。

2. 压力泌水试验

本方法适用于骨料最大公称粒径不大于 40mm 的混凝土拌合物压力泌水测定。

5.4.3　检测仪器

1. 泌水试验

容量筒：容积应为 5L，并应配有盖子；

量筒：应为容量 100mL、分度值 1mL，并应带塞；

振动台：应符合现行行业标准《混凝土试验用振动台》JG/T 245 的规定；

捣棒：应符合现行行业标准《混凝土坍落度仪》JG/T 248 的规定；

电子天平：最大量程应为 20kg，感量不应大于 1g。

2. 压力泌水试验

压力泌水仪：压力泌水仪缸体内径应为 125mm±0.02mm，内高应为 200mm±0.2mm，工作活塞公称直径应为 125mm，筛网孔径应为 0.315mm，见图 5-4；

捣棒：应符合现行行业标准《混凝土坍落度仪》JG/T 248 的规定；

烧杯：容量宜为 150mL；

量筒：容量应为 200mL。

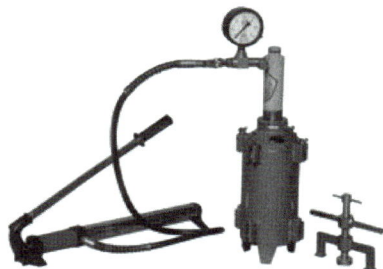

图 5-4　压力泌水仪

5.4.4　检测步骤

1. 泌水试验

（1）用湿布润湿容量筒内壁后应立即称量，并记录容量筒的质量。

（2）混凝土拌合物试样应按下列要求装入容量筒，并进行振实或插捣密实，振实或捣实的混凝土拌合物表面应低于容量筒筒口 30mm±3mm，并用抹刀抹平。

混凝土拌合物坍落度不大于 90mm 时，宜用振动台振实，应将混凝土拌合物一次性装入容量筒内，振动持续到表面出浆为止，并应避免过振。

混凝土拌合物坍落度大于 90mm 时，宜用人工插捣，应将混凝土拌合物分两层装入，每层的插捣次数为 25 次；捣棒由边缘向中心均匀地插捣，插捣底层时捣棒应贯穿整个深度，插捣第二层时，捣棒应插透本层至下一层的表面；每一层捣完后应使用橡皮锤沿容量筒外壁敲击 5～10 次，进行振实，直至混凝土拌合物表面插捣孔消失并不见大气泡为止。

自密实混凝土应一次性填满，且不应进行振动和插捣。

（3）应将筒口及外表面擦净，称量并记录容量筒与试样的总质量，盖好筒盖并开始计时。

（4）在吸取混凝土拌合物表面泌水的整个过程中，应使容量筒保持水平、不受振动；除了吸水操作外，应始终盖好盖子；室温应保持在 20℃±2℃。

（5）计时开始后 60min 内，应每隔 10min 吸取 1 次试样表面泌水；60min 后，每隔 30min 吸取 1 次试样表面泌水，直至不再泌水为止。每次吸水前 2min，应将一片 35mm±5mm 厚的垫块垫入筒底一侧使其倾斜，吸水后应平稳地复原盖好。吸出的水应盛放于量筒中，并盖好塞子；记录每次的吸水量，并应计算累计吸水量，精确至 1mL。

2. 压力泌水试验

（1）混凝土试样应按下列要求装入压力泌水仪缸体，并插捣密实，捣实的混凝土拌合物表面应低于压力泌水仪缸体筒口 30mm±2mm。

混凝土拌合物应分两层装入，每层的插捣次数应为 25 次；用捣棒由边缘向中心均匀地插捣，插捣底层时捣棒应贯穿整个深度，插捣第二层时，捣棒应插透本层至下一层的表面；每一层捣完后应使用橡皮锤沿缸体外壁敲击 5～10 次，进行振实，直至混凝土拌合物表面插捣孔消失并不见大气泡为止。

自密实混凝土应一次性填满，且不应进行振动和插捣。

（2）将缸体外表擦干净，压力泌水仪安装完毕后应在 15s 以内给混凝土拌合物试样加压至 3.2MPa；并应在 2s 内打开泌水阀门，同时开始计时，并保持恒压，泌出的水接入 150mL 烧杯里，并应移至量筒中读取泌水量，精确至 1mL。

（3）加压至 10s 时读取泌水量 V_{10}，加压至 140s 时读取泌水量 V_{140}。

5.4.5　检测数据处理与结论评定

1. 泌水试验

方法 A：混凝土拌合物的泌水量应按下式计算。泌水量应取三个试样测值的平均值。三个测值中的最大值或最小值，有一个与中间值之差超过中间值的 15%时，应以中间值作为试验结果；最大值和最小值与中间值之差均超过中间值的 15%时，应重新试验。

$$B_a = \frac{V}{A} \qquad \text{式（5-3）}$$

式中：B_a——单位面积混凝土拌合物的泌水量（mL/mm²），精确至 0.01mL/mm²；

  V——累计的泌水量（mL）；

  A——混凝土拌合物试样外露的表面面积（mm²）。

方法 B：混凝土拌合物的泌水率应按下列公式计算。泌水率应取三个试样测值的平均值。三个测值中的最大值或最小值，有一个与中间值之差超过中间值的 15%时，应以中间值为试验结果；最大值和最小值与中间值之差均超过中间值的 15%时，应重新试验。

$$B = \frac{V_w}{\dfrac{W}{m_T} \times m} \times 100\% \qquad \text{式（5-4）}$$

$$m = m_2 - m_1 \qquad \text{式（5-5）}$$

式中：B——泌水率，精确至 1%；

  V_w——泌水总量（mL）；

  m——混凝土拌合物试样质量（g）；

  m_T——试验拌制混凝土拌合物的总质量（g）；

  W——试验拌制混凝土拌合物拌合用水量（mL）；

  m_2——容量筒及试样总质量（g）；

  m_1——容量筒质量（g）。

2. 压力泌水试验

压力泌水率应按下式计算：

$$B_V = \frac{V_{10}}{V_{140}} \times 100\% \qquad \text{式（5-6）}$$

式中：B_V——压力泌水率，精确至 1%；

  V_{10}——加压至 10s 时的泌水量（mL）；

  V_{140}——加压至 140s 时的泌水量（mL）。

5.5 混凝土含气量检测与试验

5.5.1 检测目的

本试验方法可用于混凝土拌合物含气量的测定。

5.5.2 检测原理

本试验方法宜用于骨料最大公称粒径不大于40mm的混凝土拌合物含气量的测定。

5.5.3 检测仪器

含气量测定仪：应符合现行行业标准《混凝土含气量测定仪》JG/T 246的规定；

捣棒：应符合现行行业标准《混凝土坍落度仪》JG/T 248的规定；

振动台：应符合现行行业标准《混凝土试验用振动台》JG/T 245的规定；

电子天平：最大量程应为50kg，感量不应大于10g。

5.5.4 检测步骤

1. 混凝土骨料的含气量检测

1）应按下列公式计算试样中粗、细骨料的质量：

$$m_g = \frac{V}{1000} \times m'_g \qquad\qquad 式（5-7）$$

$$m_s = \frac{V}{1000} \times m'_s \qquad\qquad 式（5-8）$$

式中：m_g——拌合物试样中粗骨料质量（kg）；

m_s——拌合物试样中细骨料质量（kg）；

m'_g——混凝土配合比中每立方米混凝土的粗骨料质量（kg）；

m'_s——混凝土配合比中每立方米混凝土的细骨料质量（kg）；

V——含气量测定仪容器容积（L）。

2）应先向含气量测定仪的容器中注入1/3高度的水，然后把质量为m_g、m_s的粗、细骨料称好，搅拌均匀，倒入容器，加料同时应进行搅拌；水面每升高 25mm 左右，应轻捣 10 次，加料过程中应始终保持水面高出骨料的顶面；骨料全部加入后，应浸泡约 5min，再用橡皮锤轻敲容器外壁，排净气泡，除去水面泡沫，加水至满，擦净容器口及边缘，加盖拧紧螺栓，保持密封不透气。

3）关闭操作阀和排气阀，打开排水阀和加水阀，应通过加水阀向容器内注入水；当排水阀流出的水流中不出现气泡时，应在注水的状态下，关闭加水阀和排水阀。

4）关闭排气阀，向气室内打气，应加压至大于 0.1MPa，且压力表显示值稳定；应打开排气阀调压至 0.1MPa，同时关闭排气阀。

5）开启操作阀，使气室里的压缩空气进入容器，待压力表显示值稳定后记录压力值，然后开启排气阀，压力表显示值应回零；应根据含气量与压力值之间的关系曲线确定压力值对应的骨料的含气量，精确至 0.1%。

6）混凝土所用骨料的含气量 A_g 应以两次测量结果的平均值作为试验结果；两次测量结果的含气量相差大于 0.5% 时，应重新试验。

2. 混凝土拌合物含气量检测

1）应用湿布擦净混凝土含气量测定仪容器内壁和盖的内表面，装入混凝土拌合物试样。

2）混凝土拌合物的装料及密实方法根据拌合物的坍落度而定，并应符合下列规定：

① 坍落度不大于 90mm 时，混凝土拌合物宜用振动台振实；振动台振实时，应一次性将混凝土拌合物装填至高出含气量测定仪容器口；振实过程中混凝土拌合物低于容器口时，应随时添加；振动直至表面出浆为止并应避免过振。

② 坍落度大于 90mm 时，混凝土拌合物宜用捣棒插捣密实。插捣时，混凝土拌合物应分 3 层装入，每层捣实后高度约为 1/3 容器高度；每层装料后由边缘向中心均匀地插捣 25 次，捣棒应插透本层至下一层的表面；每一层捣完后用橡皮锤沿容器外壁敲击 5~10 次，进行振实，直至拌合物表面插捣孔消失。

③ 自密实混凝土应一次性填满，且不应进行振动和插捣。

3）刮去表面多余的混凝土拌合物，用抹刀刮平，表面有凹陷应填平抹光。

4）擦净容器口及边缘，加盖并拧紧螺栓，应保持密封不透气。

5）应按标准 GB/T 50081—2019 第 15.0.3 条中第 3~5 款的操作步骤测得混凝土拌合物的未校正含气量 A_0，精确至 0.1%。

6）混凝土拌合物未校正的含气量 A_0 应以两次测量结果的平均值作为试验结

果；两次测量结果的含气量相差大于 0.5％时，应重新试验。

3. 含气量测定仪的标定和率定

混凝土含气量测定仪的标定和率定应保证测试结果准确。

1）擦净容器，并将含气量测定仪全部安装好，测定含气量测定仪的总质量 m_{A1}，精确至 10g。

2）向容器内注水至上沿，然后加盖并拧紧螺栓，保持密封不透气，关闭操作阀和排气阀，打开排水阀和加水阀，应通过加水阀向容器内注入水；当排水阀流出的水流中不出现气泡时，应在注水的状态下，关闭加水阀和排水阀；应将含气量测定仪外表面擦净，再次测定总质量 m_{A2}，精确至 10g。

3）含气量测定仪的容积应按下式计算：

$$V = \frac{m_{A2} - m_{A1}}{\rho_w}$$ 式（5-9）

式中：V——气量仪的容积（L），精确至 0.01L；

m_{A1}——含气量测定仪的总质量（kg）；

m_{A2}——水、含气量测定仪的总质量（kg）；

ρ_w——容器内水的密度（kg/L），可取 1kg/L。

4）关闭排气阀，向气室内打气，应加压至大于 0.1MPa，且压力表显示值稳定；应打开排气阀调压至 0.1MPa，同时关闭排气阀。

5）开启操作阀，使气室里的压缩空气进入容器，压力表显示值稳定后测得压力值应为含气量为 0 时对应的压力值。

6）开启排气阀，压力表显示值应回零；关闭操作阀、排水阀和排气阀，开启加水阀，宜借助标定管在注水阀口用量筒接水；用气泵缓缓地向气室内打气，当排出的水是含气量测定仪容积的 1％时，应按标准 GB/T 50081—2019 第 15.0.6 条中第 4 款和第 5 款的操作步骤测得含气量为 1％时的压力值。

7）应继续测取含气量分别为 2％、3％、4％、5％、6％、7％、8％、9％、10％时的压力值。

8）含气量分别为 0、1％、2％、3％、4％、5％、6％、7％、8％、9％、10％的试验均应进行两次，以两次压力值的平均值作为测量结果。

9）根据含气量 0、1％、2％、3％、4％、5％、6％、7％、8％、9％、10％的测量结果，绘制含气量与压力值之间的关系曲线。

5.5.5　检测数据处理与结论评定

混凝土拌合物含气量应按下式计算

$$A = A_0 - A_g \qquad\qquad 式（5-10）$$

式中：A——混凝土拌合物含气量（%），精确至 0.1%；

$\quad\quad\ A_0$——混凝土拌合物的未校正含气量（%）；

$\quad\quad\ A_g$——骨料的含气量（%）。

5.6 混凝土表观密度检测与试验

5.6.1 检测目的

本试验方法可用于混凝土拌合物捣实后的单位体积重量的测定。

5.6.2 检测原理

依据《普通混凝土拌合物性能试验方法标准》GB/T 50080 进行混凝土表观密度检测。

5.6.3 检测仪器

容量筒：应为金属制成的圆筒，筒外壁应有提手。骨料最大公称粒径不大于40m 的混凝土拌合物宜采用容积不小于 5L 的容量筒，筒壁厚不应小于 3mm；骨料最大公称粒径大于 40mm 的混凝土拌合物应采用内径与内高均大于骨料最大公称粒径 4 倍的容量筒。容量筒上沿及内壁应光滑平整，顶面与底面应平行并应与圆柱体的轴垂直。

电子天平：最大量程应为 50kg，感量不应大于 10g。

振动台：振动台应符合现行行业标准《混凝土试验用振动台》JG/T 245 的规定。

捣棒：应符合现行行业标准《混凝土坍落度仪》JG/T 248 的规定。

5.6.4 检测步骤

1. 标定容量筒的容积

1）应将干净容量筒与玻璃板一起称重；

2）将容量筒装满水，缓慢将玻璃板从筒口一侧推到另一侧，容量筒内应满水并且不应存在气泡，擦干容量筒外壁，再次称重；

3）两次称重结果之差除以该温度下水的密度应为容量筒容积 V；常温下水的密度可取 1kg/L。

2. 混凝土表观密度检测

1）容量筒内外壁应擦干净，称出容量筒质量 m_1，精确至 10g。

2）混凝土拌合物试样应按下列要求进行装料，并插捣密实。

坍落度不大于 90mm 时，混凝土拌合物宜用振动台振实；振动台振实时，应一次性将混凝土拌合物装填至高出容量筒筒口；装料时可用捣棒稍加插捣，振动过程中混凝土低于筒口，应随时添加混凝土，振动直至表面出浆为止。

坍落度大于 90mm 时，混凝土拌合物宜用捣棒插捣密实。插捣时，应根据容量筒的大小决定分层与插捣次数；用 5L 容量筒时，混凝土拌合物应分两层装入，每层的插捣次数应为 25 次；用大于 5L 的容量筒时每层混凝土的高度不应大于 100mm，每层插捣次数应按每 10000mm 截面不小于 12 次计算。各次插捣应由边缘向中心均匀地插捣，插捣底层时捣棒应贯穿整个深度，插捣第二层时，捣棒应插透本层至下一层的表面；每一层捣完后用橡皮锤沿容量筒外壁敲击 5～10 次，进行振实，直至混凝土拌合物表面插捣孔消失并不见大气泡为止。

自密实混凝土应一次性填满，且不应进行振动和插捣。

3）将筒口多余的混凝土拌合物刮去，表面有凹陷应填平应将容量筒外壁擦净，称出混凝土拌合物试样与容量筒总质量 m_2，精确至 10g。

5.6.5 检测数据处理与结论评定

混凝土拌合物的表观密度按下式计算：

$$\rho = \frac{m_2 - m_1}{V} \times 1000 \qquad\qquad 式（5-11）$$

式中：ρ——混凝土的表观密度（kg/m^3），精确到 10kg/m^3；

m_1——容量筒质量（kg）；

m_2——容量筒和试样总质量（kg）；

V——容量筒容积（L）。

5.7 混凝土力学性能检测与试验

5.7.1 检测目的

混凝土立方体抗压强度的检测：检测混凝土立方体抗压强度，用以检验材料的质量，确定、校核混凝土配合比，并为控制施工质量提供依据。

混凝土的劈裂抗拉强度的检测：测定混凝土的劈裂抗拉强度，评定其抗裂性能，为确定混凝土的力学性能提供依据。

混凝土的抗折强度的检测：测定混凝土的抗折强度，检验其是否符合结构设计要求。

5.7.2 检测原理

混凝土立方体抗压强度的检测：本方法适用于测定混凝土立方体试件的抗压强度。在立方体试件的两个相对的表面中心线上作用均匀分布的压力，当压力达到混凝土极限抗压强度时，试件将被压力破坏，从而可以测出混凝土的抗压强度。

混凝土的劈裂抗拉强度的检测：混凝土的劈裂抗拉强度试验是在立方体试件的两个相对的表面中心线上作用均匀分布的压力，使在荷载所作用的竖向平面内产生均匀分布的拉伸应力；当拉伸应力达到混凝土极限抗拉强度时，试件将被劈裂破坏，从而可以测出混凝土的劈裂抗拉强度。

混凝土的抗折强度的检测：在抗折试件上施加应力，当应力达到混凝土极限抗折强度时，试件破坏后，从而可以测出混凝土的抗折强度。

5.7.3 检测仪器

1. 混凝土立方体抗压强度的检测

压力试验机：压力试验机（图 5-5）应符合下列规定：试件破坏荷载宜大于压力机全量程的 20% 且宜小于压力机全量程的 80%；示值相对误差应为 ±1%；应具有加荷速度指示装置或加荷速度控制装置，并应能均匀、连续地加荷；试验机上、下承压板的平面度公差不应大于 0.04mm；平行度公差不应大于 0.05mm；表面硬度不应小于 55HRC；板面应光滑、平整，表面粗糙度 R_a 不应大于 0.80μm；球座应转动灵活；球座宜置于试件顶面，并凸面朝上；其他要求应符合现行国家标准《液压式万能试验机》GB/T 3159 和《试验机 通用技术要求》GB/T 2611 的有关规定。

钢垫板：当压力试验机的上、下承压板的平面度、表面硬度和粗糙度不符合上述要求时，上、下承压板与试件之间应各垫以钢垫板。钢垫板应符合下列规定：钢垫板的平面尺

图 5-5　压力试验机

寸不应小于试件的承压面积，厚度不应小于 25mm；钢垫板应机械加工，承压面的平面度、平行度、表面硬度和粗糙度应符合标准要求。

防护网罩：混凝土强度不小于 60MPa 时，试件周围应设防护网罩。

游标卡尺：量程不应小于 200mm，分度值宜为 0.02mm。

塞尺：最小叶片厚度不应大于 0.02mm，同时应配置直板尺。

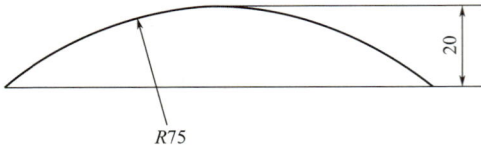

图 5-6　垫块（单位：mm）

游标量角器：分度值应为 0.1°。

2. 混凝土的劈裂抗拉强度的检测

压力试验机：应符合标准规定。

垫块：应采用横截面为半径 75mm 的钢制弧形垫块（图 5-6），垫块的长度应与试件相同。

垫条：垫条应由普通胶合板或硬质纤维板制成，宽度应为 20mm，厚度应为 3～4mm，长度不应小于试件长度，垫条不得重复使用。普通胶合板应满足现行国家标准《普通胶合板》GB/T 9846 中一等品及以上有关要求，硬质纤维板密度不应小于 900kg/m³，表面应砂光，其他性能应满足现行国家标准《湿法硬质纤维板》GB/T 12626 的有关要求。

定位支架：应为钢支架（图 5-7）。

3. 混凝土的抗折强度的检测

压力试验机：应符合标准规定，试验机应能施加均匀、连续、速度可控的荷载。

抗折试验装置：抗折试验装置（图 5-8）应符合下列规定：双点加荷的钢制加荷头应使两个相等的荷载同时垂直作用在试件跨度的两个三分点处；与试件接触的

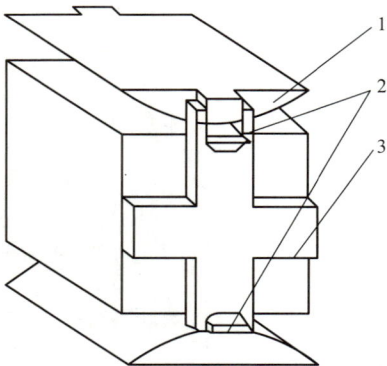

图 5-7　定位支架

1—垫块；2—垫条；3—支架

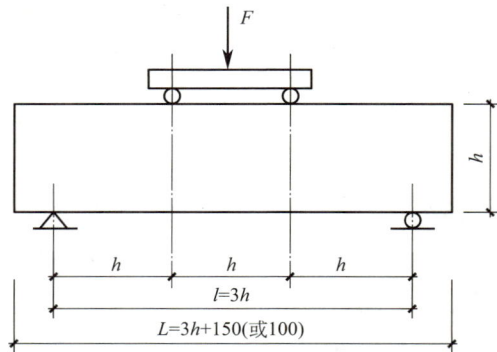

图 5-8　抗折试验装置（单位：mm）

两个支座头和两个加荷头应采用直径为20～40mm、长度不小于$b\pm10$mm的硬钢圆柱，支座立脚点应为固定铰支，其他3个应为滚动支点。

5.7.4 检测步骤

1. 试件制作

（1）试件成型前，应检查试模的尺寸并应符合标准的有关规定；应将试模擦拭干净，在其内壁上均匀地涂刷一薄层矿物油或其他不与混凝土发生反应的隔离剂，试模内壁隔离剂应均匀分布，不应有明显沉积。

（2）混凝土拌合物在入模前应保证其匀质性。

（3）宜根据混凝土拌合物的稠度或试验目的确定适宜的成型方法，混凝土应充分密实，避免分层离析。

1）用振动台振实制作试件应按下述方法进行：

将混凝土拌合物一次性装入试模，装料时应用抹刀沿试模内壁插捣，并使混凝土拌合物高出试模上口；试模应附着或固定在振动台上，振动时应防止试模在振动台上自由跳动，振动应持续到表面出浆且无明显大气泡溢出为止，不得过振。

2）用人工插捣制作试件应按下述方法进行：

混凝土拌合物应分两层装入模内，每层的装料厚度应大致相等。插捣应按螺旋方向从边缘向中心均匀进行。在插捣底层混凝土时，捣棒应达到试模底部；插捣上层时，捣棒应贯穿上层后插入下层20～30mm；插捣时捣棒应保持垂直，不得倾斜，插捣后应用抹刀沿试模内壁插拔数次。每层插捣次数按10000mm²截面积内不得少于12次。插捣后应用橡皮锤或木槌轻轻敲击试模四周，直至插捣棒留下的空洞消失为止。

3）用插入式振捣棒振实制作试件应按下述方法进行：

将混凝土拌合物一次装入试模，装料时应用抹刀沿试模内壁插捣，并使混凝土拌合物高出试模上口；宜用直径为25mm的插入式振捣棒；插入试模振捣时，振捣棒距试模底板宜为10～20mm且不得触及试模底板，振动应持续到表面出浆且无明显大气泡溢出为止，不得过振；振捣时间宜为20s；振捣棒拔出时应缓慢，拔出后不得留有孔洞。

4）自密实混凝土应分两次将混凝土拌合物装入试模，每层的装料厚度宜相等，中间间隔10s，混凝土应高出试模口，不应使用振动台、人工插捣或振捣棒方法成型。

5）对于干硬性混凝土可按下述方法成型试件：

混凝土拌合完成后，应倒在不吸水的底板上，采用四分法取样装入铸铁或铸钢的试模。通过四分法将混合均匀的干硬性混凝土料装入试模约二分之一高度，用捣棒进行均匀插捣；插捣密实后继续装料之前，试模上方应加上套模，第二次装料应略高于试模顶面，然后进行均匀插捣，混凝土顶面应略高出于试模顶面。插捣应按螺旋方向从边缘向中心均匀进行。在插捣底层混凝土时，捣棒应达到试模底部；插捣上层时，捣棒应贯穿上层后插入下层 10～20mm；插捣时捣棒应保持垂直，不得倾斜。每层插捣完毕后，用平刀沿试模内壁插一遍；每层插捣次数按在 10000mm 截面积内不得少于 12 次；装料插捣完毕后，将试模附着或固定在振动台上，并放置压重钢板和压重块或其他加压装置，应根据混凝土拌合物的稠度调整压重块的质量或加压装置的施加压力；开始振动，振动时间不宜少于混凝土的维勃稠度，且应表面泛浆为止。

试件成型后刮除试模上口多余的混凝土，待混凝土临近初凝时，用抹刀沿着试模口抹平。试件表面与试模边缘的高度差不得超过 0.5mm。同时，制作的试件应有明显和持久的标记，且不破坏试件。

2. 试件养护

试件的标准养护应符合下列规定：

（1）试件成型抹面后应立即用塑料薄膜覆盖表面，或采取其他保持试件表面湿度的方法。

（2）试件成型后应在温度为 20℃±5℃，相对湿度大于 50％的室内静置 1～2d，试件静置期间应避免受到振动和冲击，静置后编号标记、拆模，当试件有严重缺陷时，应按废弃处理。

（3）试件拆模后应立即放入温度为 20℃±2℃，相对湿度为 95％以上的标准养护室中养护，或在温度为 20℃±2℃的不流动氢氧化钙饱和溶液中养护。标准养护室内的试件应放在支架上彼此间隔 10～20mm，试件表面应保持潮湿，但不得用水直接冲淋试件。

（4）试件的养护龄期可分为 1d、3d、7d、28d、56d 或 60d、84d 或 90d、180d 等，也可根据设计龄期或需要进行确定，龄期应从搅拌加水开始计时，养护龄期的允许偏差宜符合表 5-2 规定。

养护龄期允许偏差 表 5-2

养护龄期	1d	3d	7d	28d	56d 或 60d	≥84d
允许偏差	±30min	±2h	±6h	±20h	±24h	±48h

建筑材料检测与试验

结构实体混凝土同条件养护试件的拆模时间可与实际构件的拆模时间相同，结构实体混凝土试件同条件养护应符合现行国家标准《混凝土结构工程施工质量验收规范》GB 50204 的有关规定。

3. 混凝土立方体抗压强度检测步骤

（1）试件到达试验龄期时，从养护地点取出后，应检查其尺寸及形状，尺寸公差应满足标准的规定，试件取出后应尽快进行试验。试件放置试验机前，应将试件表面与上、下承压板面擦拭干净。以试件成型时的侧面为承压面，应将试件安放在试验机的下压板或垫板上，试件的中心应与试验机下压板中心对准。

（2）启动试验机，试件表面与上、下承压板或钢垫板应均匀接触。试验过程中应连续均匀加荷，加荷速度应取 0.3～1.0MPa/s。当立方体抗压强度小于 30MPa 时，加荷速度宜取 0.3～0.5MPa/s；立方体抗压强度为 30～60MPa 时，加荷速度宜取 0.5～0.8MPa/s；立方体抗压强度不小于 60MPa 时，加荷速度宜取 0.8～1.0MPa/s。

（3）手动控制压力机加荷速度时，当试件接近破坏开始急剧变形时，应停止调整试验机油门，直至破坏，并记录破坏荷载。

4. 混凝土的劈裂抗拉强度的检测

（1）试件到达试验龄期时、从养护地点取出后，应检查其尺寸及形状，尺寸公差应满足标准的规定试件取出后应尽快进行试验。

（2）试件放置试验机前，应将试件表面与上、下承压板面擦拭干净。在试件成型时的顶面和底面中部画出相互平行的直线确定出劈裂面的位置。

（3）将试件放在试验机下承压板的中心位置，劈裂承压面和劈裂面应与试件成型时的顶面垂直；在上、下压板与试件之间垫以圆弧形垫块及垫条各一条，垫块与垫条应与试件上、下面的中心线对准并与成型时的顶面垂直。宜把垫条及试件安装在定位架上使用。

（4）开启试验机，试件表面与上、下承压板或钢垫板应均匀接触。在试验过程中应连续均匀地加荷，当对应的立方体抗压强度小于 30MPa 时，加载速度宜取 0.02～0.05MPa/s；对应的立方体抗压强度为 3～60MPa 时，加载速度宜取 0.05～0.08MPa/s；对应的立方体抗压强度不小于 60MPa 时，加载速度宜取 0.08～0.10MPa/s。

（5）采用手动控制压力机加荷速度时，当试件接近破坏时应停止调整试验机油门，直至破坏，然后记录破坏荷载。试件断裂面应垂直于承压面，当断裂面不垂直于承压面时，应做好记录。

5. 混凝土的抗折强度的检测

（1）试件到达试验龄期时，从养护地点取出后，应检查其尺寸及形状，尺寸公差应满足标准的规定，试件取出后应尽快进行试验。

（2）试件放置在试验装置前，应将试件表面擦拭干净，并在试件侧面画出加荷线位置。

（3）试件安装时，可调整支座和加荷头位置，安装尺寸偏差不得大于 1mm。试件的承压面应为试件成型时的侧面。支座及承压面与圆柱的接触面应平稳、均匀，否则应垫平。

（4）在试验过程中应连续均匀地加荷，当对应的立方体抗压强度小于 30MPa 时，加载速度宜取 0.02～0.05MPa/s；对应的立方体抗压强度为 30～60MPa 时，加载速度宜取 0.05～0.08MPa/s；对应的立方体抗压强度不小于 60MPa 时，加载速度宜取 0.08～0.10MPa/s。

（5）手动控制压力机加荷速度时，当试件接近破坏时，应停止调整试验机油门，直至破坏，并应记录破坏荷载及试件下边缘断裂位置。

5.7.5　检测数据处理与结论评定

1. 混凝土立方体抗压强度的检测

（1）混凝土立方体试件的抗压强度按下式计算：

$$f_{cc} = \frac{F}{A} \qquad\qquad 式（5-12）$$

式中：f_{cc}——混凝土立方体试件抗压强度（MPa），精确至 0.1MPa；

　　　F——破坏荷载（N）；

　　　A——试件承压面积（mm^2）。

（2）以三个试件测定值的算术平均值作为该组试件的抗压强度值（精确至 0.1MPa）。如果三个测定值中的最小值或最大值中有一个与中间值的差值超过中间值的 15％时，则把最大及最小值一并舍除，取中间值作为该组试件的抗压强度值。如最大值和最小值与中间值相差均超过 15％，则该组试件试验结果无效。

（3）混凝土强度等级＜C60 时，用非标准试件测得的强度值应乘以尺寸换算系数。当混凝土强度等级≥C60 时，宜采用标准试件；使用非标准试件时，尺寸换算系数应由试验确定。

2. 混凝土的劈裂抗拉强度的检测

（1）混凝土劈裂抗拉强度按下式计算（精确至 0.01MPa）：

$$f_{ts} = \frac{2F}{\pi A} = 0.637 \times \frac{F}{A} \qquad\qquad 式（5-13）$$

式中：f_{ts}——混凝土劈裂抗拉强度（MPa）；

F——破坏荷载（N）；

A——试件劈裂面积（mm^2）。

（2）混凝土劈裂抗拉强度值的确定应符合下列规定：

应以 3 个试件测值的算术平均值作为该组试件的劈裂抗拉强度值，应精确至 0.01MPa；3 个测值中的最大值或最小值中当有一个与中间值的差值超过中间值的 15％时，则应把最大及最小值一并舍除，取中间值作为该组试件的劈裂抗拉强度值；当最大值和最小值与中间值的差值均超过中间值的 15％时，该组试件的试验结果无效。

3. 混凝土的抗折强度的检测

（1）当断面发生在两加荷点之间时，抗折强度按下式计算：

$$f_f = \frac{Fl}{bh^2} \qquad\qquad 式（5-14）$$

式中：f_f——混凝土抗折强度（MPa），计算结果精确至 0.1MPa；

F——极限荷载（N）；

l——支座间距（mm）；

b——试件截面宽度（mm）；

h——试件截面高度（mm）。

（2）以三个试件测定值的算术平均值作为该组试件的抗折强度值。如果三个测定值中的最小值或最大值中有一个与中间值的差值超过中间值的 15％，则把最大及最小值一并舍除，取中间值作为该组试件的抗折强度。如最大值和最小值与中间值相差均超过 15％，则该组试件试验结果无效。

（3）三个试件中有一个折断面位于两个集中荷载之外时，则混凝土抗折强度值按另两个试件的试验结果计算。若这两个测值的差值不大于这两个测值中较小值的 15％时，则该组试件的抗折强度值按这两个测值的平均值计算，否则该组试件的试验无效。若有两个试件的下边缘断裂位置位于两个集中荷载作用线之外，则该组试件试验无效。

（4）采用 100mm×100mm×400mm 非标准试件时，三分点加荷的试验方法同前，但所取得的抗折强度应乘以尺寸换算系数 0.85；当混凝土强度等级≥C60 时，宜采用标准试件；使用非标准试件时，尺寸换算系数应由试验确定。

5.8 混凝土耐久性检测与试验

5.8.1 检测目的

混凝土抗冻试验（慢冻法）：测得混凝土耐久性中的抗冻性能，检测混凝土质量。

混凝土抗渗性能试验：通过试验测定硬化后混凝土的抗渗等级，以确定混凝土是否达到抗渗设计要求。

5.8.2 检测原理

混凝土抗冻试验（慢冻法）：本方法适用于测定混凝土试件在气冻水融条件下，以经受的冻融循环次数来表示的混凝土抗冻性能。

混凝土抗渗性能试验：根据现行《普通混凝土长期性能和耐久性能试验方法标准》GB/T 50082 要求，确定混凝土抗渗性能。

5.8.3 检测仪器

1. 混凝土抗冻试验（慢冻法）

冻融试验箱：冻融试验箱应能使试件静止不动，并应通过气冻水融进行冻融循环。在满载运转的条件下，冷冻期间冻融试验箱内空气的温度应能保持在 $-20\sim-18℃$ 范围内；融化期间冻融试验箱内浸泡混凝土试件的水温应能保持在 $18\sim20℃$ 范围内；满载时冻融试验箱内各点温度极差不应超过 $2℃$。

自动冻融设备：采用自动冻融设备时，控制系统还应具有自动控制、数据曲线实时动态显示、断电记忆和试验数据自动存储等功能。

试件架：应采用不锈钢或者其他耐腐蚀的材料制作，其尺寸应与冻融试验箱和所装的试件相适应。

称量设备：最大量程应为 20kg，感量不应超过 5g。

压力试验机：应符合现行国家标准《混凝土物理力学性能试验方法标准》GB/T 50081 的相关要求。

温度传感器：温度检测范围不应小于 $-20\sim20℃$，测量精度应为 $\pm0.5℃$。

2. 混凝土抗渗性能试验

混凝土抗渗仪：混凝土抗渗仪应符合现行行业标准《混凝土抗渗仪》JG/T 249 的规定，并应能使水压按规定的制度稳定地作用在试件上。抗渗仪施加水压力范围应为 0.1～2.0MPa。

试模：试模应采用上口内部直径为 175mm、下口内部直径为 185mm 和高度为 150mm 的圆台体。

密封材料：宜用石蜡加松香或水泥加黄油等材料，也可采用橡胶套等其他有效密封材料。

梯形板：应采用尺寸为 200mm×200mm 透明材料制成，并应画有十条等间距、垂直于梯形底线的直线（图 5-9）。

钢尺：分度值应为 1mm。

钟表：分度值应为 1min。

辅助设备：应包括螺旋加压器、烘箱、电炉、浅盘、铁锅和钢丝刷等。

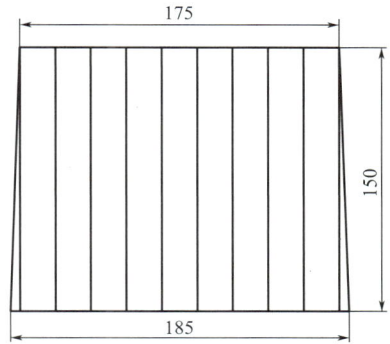

图 5-9　梯形板（单位：mm）

加压设备：安装试件的加压设备可为螺旋加压或其他加压形式，其压力应能保证将试件压入试件套内。

5.8.4　检测步骤

1. 混凝土抗冻试验（慢冻法）

（1）在标准养护室内或同条件养护的冻融试验的试件应在养护龄期为 24d 时，提前将试件从养护地点取出，随后应将试件放在（20±2）℃水中浸泡，浸泡时水面应高出试件顶面 20～30mm，在水中浸泡时间应为 4d，试件应在 28d 龄期时开始进行冻融试验。始终在水养护的冻融试验的试件。当试件养护龄期到达 28d 时，可直接进行后续试验。对此种情况，应在试验报告中予以说明。

（2）当试件养护龄期到达 28d 时应及时取出冻融试验的试件，用湿布擦除表面水分后应对外观尺寸进行测量，试件的外观尺寸应满足要求，并应分别编号、称重。然后按编号置入试件架内，且试件架与试件的接触面积不宜超过试件底面的 1/5。试件与箱体内壁之间应至少留有 20mm 的空隙。试件架中各试件之间应至少保留 30mm 的空隙。

（3）冷冻时间应在冻融箱内温度降至 −18℃ 时开始计算。每次从装完试件到温度降到 −18℃ 所需的时间应在 1.5～2.0h 内，冻融箱内的温度在冷冻时应保持在

$-20\sim-18^{\circ}\mathrm{C}$。

（4）每次循环中试件的冻结时间应按其尺寸而定，对 100mm×100mm× 100mm 及 150mm×150mm×150mm 试件的冻结时间不应小于 4h，对 200mm× 200mm×200mm 试件不应小于 6h。如果在冷冻箱（室）内同时进行不同规格尺寸试件的冻结试验，其冻结时间应按最大尺寸试件计算。

（5）冷冻结束后，应立即加入温度为 18～20℃ 的水，使试件转入融化状态，加水时间不应超过 10min。控制系统应确保在 30min 内，水温不低于 10℃，且在 30min 后水温能保持在 18～20℃。冻融试验箱内的水面应至少高出试件表面 20mm。融化时间不应小于 4h。融化完毕视为该次冻融循环结束，可进入下次冻融循环。

（6）每 25 次循环宜对试件进行一次外观检查，当出现严重破坏时，应立即进行称重。当一组试件的平均质量损失超过 5%，可停止其冻融循环试验。

（7）试件在达到现行国家标准 GB/T 50082 规定的冻融循环次数后，应称重并进行外观检查，详细记录表面破损、裂缝及边角缺损情况。当试件表面破损严重时，应用高强石膏找平，然后进行抗压强度试验。抗压强度应符合现行国家标准 GB/T 50081 的相关规定。

（8）当冻融循环因故中断且试件处于冷冻状态时，试件应继续保持冷冻状态，直至恢复冻融试验为止，并应将故障原因及暂停时间在试验结果中注明。当试件在融化状态下因故中断时，中断时间不应超过两个冻融循环时间。在整个试验过程中，超过两个冻融循环时间的中断故障次数不得超过两次。

（9）当部分试件由于失效破坏或者停止试验被取出时，应用空白试件填补空位。

（10）对比试件应继续保持原有的养护条件，直到完成冻融循环后，与冻融试验的试件同时进行抗压强度试验。当冻融循环出现下列三种情况之一时，可停止试验：

1）已达到规定的循环次数；

2）抗压强度损失率已达到 25%；

3）质量损失率已达到 5%。

2. 混凝土抗渗性能试验

（1）试件养护至试验前 1d 取出，将表面晾干，然后在其侧面涂一层熔化的密封材料，也可用黄油、水泥配出密封材料，随即在螺旋或其他加压装置上，将试件压入经烘箱预热过的试件套中，稍冷却后，解除其压力，并装到抗渗仪上进行试验。

（2）试验从水压为 0.1MPa 开始，以后每隔 8h 增加水压 0.1MPa，并且要随时注意观察试件端面的渗水情况，应进行跟踪观察。

（3）当 6 个试件中有 3 个试件端面呈有渗水现象时，即立即停止试验，记下当

时的水压 H。

（4）在试验过程中，如发现水从试件周边渗出，则应停止试验，重新密封，然后再上机进行试验。

5.8.5　检测数据处理与结论评定

1. 混凝土抗冻试验（慢冻法）

（1）试验结果计算及处理应符合下列规定，强度损失率应按下式计算：

$$\Delta f_c = \frac{f_{c0} - f_{cn}}{f_{c0}} \times 100\% \qquad 式（5-15）$$

式中：Δf_c——N 次冻融循环后混凝土抗压强度损失率，精确至 0.1%；

f_{c0}——对比用的一组混凝土试件的抗压强度测定值（MPa），精确至 0.1MPa；

f_{cn}——经 N 次冻融循环后的一组混凝土试件抗压强度测定值（MPa），精确至 0.1MPa。

（2）f_{c0} 和 f_{cn} 应以三个试件抗压强度试验结果的算术平均值作为测定值；当最大值和最小值均超过中间值的 15%，应剔除此值，再取其余两值的算术平均值作为测定值，当最大值和最小值均超过中间值的 15% 时，应取中间值作为测定值。

（3）单个试件的质量损失率应按下式计算：

质量损失率＝（冻融前试件质量平均值－冻融后试件质量平均值）/冻融前试件质量平均值×100%

（4）每组试件的平均质量损失率应以三个试件的质量损失率试验结果的算术平均值作为测定值。当某个试验结果出现负值，应取 0，再取三个试件的算术平均值。当三个值中最大值或最小值与中间值之差超过 1% 时，应别除此值，再取其余两值的算术平均值作为测定值；当最大值和最小值与中间值之差均超过 1%，应取中间值作为测定值。

（5）抗冻标号应以抗压强度损失率不超过 25%，或者质量损失率不超过 5% 时的最大冻融循环次数按标准确定。

2. 混凝土抗渗性能试验

混凝土抗渗等级以每组 6 个试件中 4 个试件未出现渗水时的最大压力 P 计算，其计算式为：

$$P = 10H - 1 \qquad 式（5-16）$$

式中：P——抗渗等级；

H——6 个试件中 3 个渗水时的水压力（MPa）。

5.9 混凝土试验报告与检测报告

5.9.1 混凝土拌合物坍落度试验报告

1. 试验目的

2. 试验仪器与材料

3. 试验步骤

（1）试样称量

（2）混凝土搅拌机涮膛

（3）搅拌

（4）坍落度测量

（5）目测黏聚性和保水性

（6）清洁整理试验仪器和试验台

4. 试验数据记录

5. 试验数据处理

6. 试验结论

5.9.2　混凝土凝结时间试验报告

1. 试验目的

2. 试验仪器与材料

3. 试验步骤

（1）试样制备

（2）试样养护

（3）测针试验时间

（4）最大贯入阻力值测定

（5）确定初凝时间

（6）确定终凝时间

（7）清洁整理试验仪器和试验台

4. 试验数据记录

凝结时间	时间	最大贯入阻力值（MPa）
初凝时间		
终凝时间		

5. 试验数据处理

6. 试验结论

5.9.3 混凝土泌水率试验报告

1. 试验目的

2. 试验仪器

3. 试验步骤

（1）试验仪器准备

（2）称取容量筒的质量

（3）混凝土拌合物试样处理

（4）称量容量筒与试样的总质量

（5）吸取试样表面泌水，记录吸水量

（6）清洁整理试验仪器和试验台

4. 试验数据记录

试验次数	单次吸水量（mL）									累计的泌水量（mL）
第 1 次										
第 2 次										

5. 试验数据处理

6. 试验结论

5.9.4　混凝土表观密度试验报告

1. 试验目的

2. 试验仪器

3. 试验步骤

（1）试验仪器准备

（2）测定容量筒的容积

（3）称出容量筒质量

（4）混凝土拌合物试样处理

（5）称量混凝土拌合物试样与容量筒总质量

（6）清洁整理试验仪器和试验台

4. 试验数据记录

5. 试验数据处理

6. 试验结论

5.9.5　混凝土立方体抗压强度试验报告

1. 试验目的

2. 试验仪器

3. 试验步骤

（1）试验仪器准备

（2）试件制作

（3）试件养护

（4）检查试件尺寸及形状

（5）试件抗压破坏荷载测定

（6）清洁整理试验仪器和试验台

4. 试验数据记录

试件	试件 1	试件 2	试件 3
破坏荷载(kN)			

5. 试验数据处理

6. 试验结论

5.9.6 混凝土的抗折强度试验报告

1. 试验目的

2. 试验仪器

3. 试验步骤

（1）试验仪器准备

（2）检查试件尺寸及形状

（3）试件安装

（4）试件抗折破坏荷载测定

（5）清洁整理试验仪器和试验台

4. 试验数据记录

试件	试件 1	试件 2	试件 3
破坏荷载（kN）			

5. 试验数据处理

6. 试验结论

5.9.7　混凝土抗冻试验报告（慢冻法）

1. 试验目的

2. 试验仪器

3. 试验步骤

（1）试验仪器准备

（2）试件处理

（3）测量外观尺寸

（4）试件冷冻试验

（5）试件融化处理

（6）反复试验，外观检查

（7）清洁整理试验仪器和试验台

4. 试验数据记录

冻融循环次数 （次）	抗压强度值 （MPa）	抗压强度损失率 （%）	质量 （kg）	质量损失率 （%）
5				
10				
15				

5. 试验数据处理

6. 试验结论

5.9.8 混凝土检测报告

委托单位		委托编号	
工程名称		检测类别	
水泥品种		取样数量	
强度等级		检测日期	
生产厂家		报告日期	
检测依据			

检测结果

1. 和易性	流动性(坍落度)(mm)			
	黏聚性			
	保水性			
2. 立方体抗压强度	设计强度等级			
	试件尺寸(mm)			
	养护方法			
	龄期(d)			
	受压面积(mm²)			
	抗压强度(MPa)			
	强度换算系数			
	抗压强度代表值			
	达到强度等级(%)			
3. 耐久性	抗冻等级			
	抗渗等级			
结论				
备注				

检测：　　　　　审核：　　　　　签发：　　　　　报告日期：

【项目总结】

　　混凝土性能检测中应执行各项技术指标的检测标准，再对照混凝土的质量标准评定其技术指标的合格性。混凝土拌合物和易性、混凝土的力学性能在混凝土性能检测中至关重要。混凝土检测的组批、取样和制样必须执行相关标准。

　　混凝土各项技术指标检测过程中应明确检测目的和原理，准备实验室、试验材料、检测仪器等，按现行标准或规范进行检测操作，记录试验数据，按现行标准或规范要求对试验数据进行处理，并出具试验结论，填写混凝土单项性能指标试验报告，填写混凝土检测报告。

一、填空题

1. 混凝土泌水试验中拌合物试样应按要求装入容量筒，并进行振实或插捣密实，振实或捣实的混凝土拌合物表面应低于容量筒筒口（　　），并用抹刀抹平。

2. 混凝土抗渗试验中，水压为（　　）MPa时开始，以后每隔（　　）增加水压0.1MPa，并且要随时注意观察试件端面的渗水情况，应进行跟踪观察。

3. 混凝土立方体抗压强度检测中，试件放置试验机时，以试件成型时的（　　）为承压面，应将试件安放在试验机的下压板或垫板上，试件的中心应与试验机（　　）中心对准。

4. 负压筛析法检测水泥细度时，调节负压至（　　）Pa范围内，连续筛析（　　）min。

5. 水泥检测实验室温度要求为（　　）℃，相对湿度应不低于（　　）%。

6. 混凝土凝结时间测试中，如测点距离过小，则会使测定的凝结时间（　　）。

7. 混凝土抗压强度试验结果如最大值和最小值与（　　）的差均超过平均值的（　　）%，则此次试验结果无效。

8. 采用捣棒捣实时，混凝土拌合物应分为（　　）装入，每层插捣（　　）下。

9. 采用坍落度法测定混凝土拌合物稠度时，适用于骨料最大粒径不大于（　　），坍落度不小于（　　）的拌合物。

10. 坍落度筒提起后，如混凝土发生（　　）或（　　）现象，则应重新取样另行测定。如第二次试验仍出现上述现象，则表示该混凝土和易性不好，应予以备查。

二、单选题

1. 混凝土采用标准养护时，拆模后应立即放入温度为20℃±2℃、相对湿度（　　）%以上的标准养护室中养护。

A. 90 　　　　　　 B. 92 　　　　　　 C. 93 　　　　　　 D. 95

2. 混凝土的成型方法可根据混凝土拌合物的稠度进行选择，当坍落度小于（　　）mm时，可采用振动台振实。

A. 90 　　　　　　 B. 70 　　　　　　 C. 60 　　　　　　 D. 50

3. 混凝土坍落度试验时，把按要求取得的混凝土试样用小铲分（　　）层均匀地装入筒内，使捣实后每层高度为筒高的三分之一左右。

A. 5　　　　　　　B. 4　　　　　　　C. 3　　　　　　　D. 2

4. 进行混凝土凝结时间测定时，应以（　　）开始计时作为凝结时间的起始时间。

A. 称量水泥时　　　　　　　　　　B. 水泥与水接触瞬间

C. 开始养护　　　　　　　　　　　D. 试件拆模

5. 当混凝土慢冻法冻融循环时，试件的质量损失率达到（　　）%时，即可停止试验。

A. 15　　　　　　　B. 10　　　　　　　C. 5　　　　　　　D. 3

6. 一组混凝土试块，试块为边长 100mm 的立方体试件，28d 抗压强度结果为 368kN、372kN、402kN，确定该组试件的抗压强度（　　）MPa。

A. 36.8　　　　　　B. 37.1　　　　　　C. 35.7　　　　　　D. 36.2

7. 黏聚性的检查方法是用捣棒在已坍落的混凝土锥体侧面轻轻敲打，此时如果锥体下沉，则表示黏聚性良好（　　）。

A. 良好　　　　　　　　　　　　　B. 不合格

C. 无法判断　　　　　　　　　　　D. 进行下一步试验

8. 混凝土立方体抗压强度试验，边长为（　　）mm 的立方体试件是标准试件。

A. 200　　　　　　B. 150　　　　　　C. 100　　　　　　D. 70.7

9. 混凝土凝结时间测定从水泥与水接触瞬间开始计时。开始测针试验后，以后每隔（　　）min 测试一次。

A. 60　　　　　　　B. 45　　　　　　　C. 30　　　　　　　D. 20

10. 混凝土快冻法试验每次冻融循环应在（　　）h 内完成，且用于融化的试件不得少于整个冻融循环试件的（　　）。冷冻和融化之间的转换时间不宜超过 10min。

A. 2～4　1/4　　　　　　　　　　B. 2～3　1/4

C. 2～4　3/4　　　　　　　　　　D. 2～3　1/4

11. 从开始装料到坍落度筒的整个过程应不间断进行，并应在（　　）s 内完成。

A. 100　　　　　　B. 150　　　　　　C. 180　　　　　　D. 200

12. 测定混凝土凝结时间试验方法适用于从混凝土拌合物中筛除的砂浆用贯入阻力来确定坍落度（　　）的混凝土拌合物。

A. 不为零　　　　　　　　　　　　B. 不大于 180mm

C. 不大于 90mm　　　　　　　　　D. 不大于 220mm

三、多选题

1. 每组试件所用的拌合物从（　　　）中取样。

A. 同一盘混凝土   B. 同一工地

C. 同一车混凝土   D. 同一搅拌站

E. 同一项目所用混凝土

2. 冻融试验结果以试样（　　　）表示与评定。

A. 抗压强度   B. 质量外观

C. 抗压强度损失率   D. 质量损失率

E. 冻融次数

3. 混凝土抗压强度试验机要求（　　　）。

A. 其精度为±1%

B. 试件破坏荷载应大于压力机全量程的20%且不小于压力机全量程的80%

C. 应具有有效期内的计量鉴定证书

D. 应具有加荷速度控制装置，并应能均匀、连续加荷

E. 试件破坏荷载应大于压力机全量程的30%且不小于压力机全量程的70%

四、简答题

1. 下面三组混凝土立方体抗压强度试件：试件1尺寸100×100×100（mm），破坏荷载480kN、520kN、500kN；试件2尺寸150×150×150（mm），破坏荷载850kN、800kN、500kN；试件3尺寸100×100×100（mm），破坏荷载400kN、675kN、900kN。试分别计算各组立方体抗压强度代表值，写明计算过程、原因。

2. 混凝土抗渗性能试验中，一共测得6个试件，试验从水压0.1MPa开始，经过24h后其中两个试件出现渗水现象，32h后其中3个试件渗水，48h所有试件渗水，试求该批试件抗渗等级。

项目6
建筑砂浆性能检测与试验

项目6
建筑砂浆性能检测与试验

【教学目标】

1. 知识目标：

了解建筑砂浆的种类、性能、应用等；

理解建筑砂浆性能检测中相关的标准规范以及环境保护、安全消防等知识；

掌握建筑砂浆的取样制样方法，掌握建筑砂浆的性能检测方法；

掌握试验数据分析处理方法；

掌握建筑砂浆的性能评价方法。

2. 能力目标：

具备确定建筑砂浆性能检测依据的能力；

具备建筑砂浆取样制样的能力；

具备建筑砂浆性能检测的能力；

具备建筑砂浆试验数据处理分析的能力；

具备建筑砂浆性能评价的能力。

3. 素质目标：

具有良好的职业道德和诚信品质；

具有工匠精神、劳动精神、劳模精神；

具有良好的质量意识、规范意识、环保意识、安全意识、信息技术素养；

具有较强的集体意识和团队合作精神。

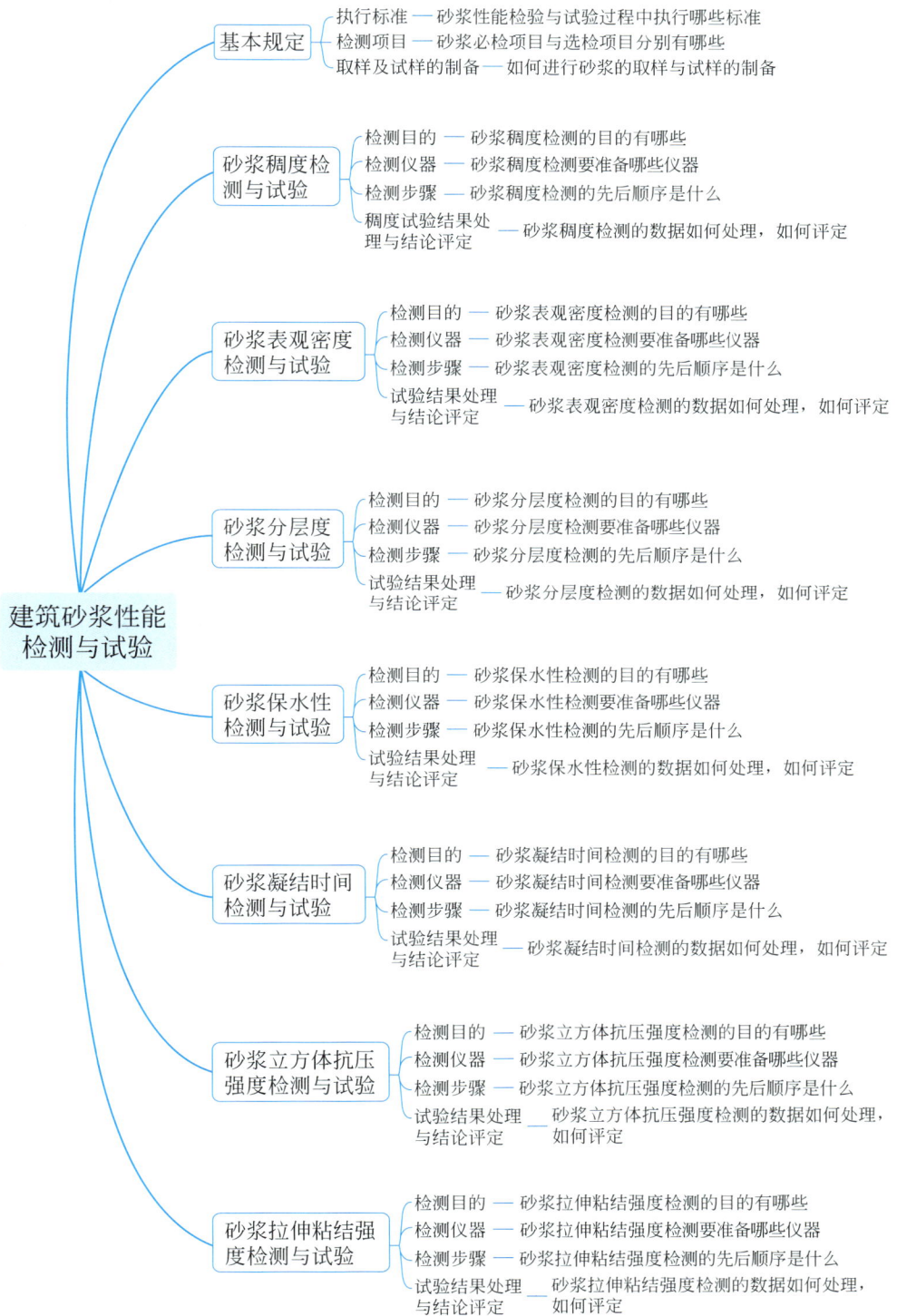

【思维导图】

基本规定
- 执行标准 —— 砂浆性能检验与试验过程中执行哪些标准
- 检测项目 —— 砂浆必检项目与选检项目分别有哪些
- 取样及试样的制备 —— 如何进行砂浆的取样与试样的制备

砂浆稠度检测与试验
- 检测目的 —— 砂浆稠度检测的目的有哪些
- 检测仪器 —— 砂浆稠度检测要准备哪些仪器
- 检测步骤 —— 砂浆稠度检测的先后顺序是什么
- 稠度试验结果处理与结论评定 —— 砂浆稠度检测的数据如何处理，如何评定

砂浆表观密度检测与试验
- 检测目的 —— 砂浆表观密度检测的目的有哪些
- 检测仪器 —— 砂浆表观密度检测要准备哪些仪器
- 检测步骤 —— 砂浆表观密度检测的先后顺序是什么
- 试验结果处理与结论评定 —— 砂浆表观密度检测的数据如何处理，如何评定

建筑砂浆性能检测与试验

砂浆分层度检测与试验
- 检测目的 —— 砂浆分层度检测的目的有哪些
- 检测仪器 —— 砂浆分层度检测要准备哪些仪器
- 检测步骤 —— 砂浆分层度检测的先后顺序是什么
- 试验结果处理与结论评定 —— 砂浆分层度检测的数据如何处理，如何评定

砂浆保水性检测与试验
- 检测目的 —— 砂浆保水性检测的目的有哪些
- 检测仪器 —— 砂浆保水性检测要准备哪些仪器
- 检测步骤 —— 砂浆保水性检测的先后顺序是什么
- 试验结果处理与结论评定 —— 砂浆保水性检测的数据如何处理，如何评定

砂浆凝结时间检测与试验
- 检测目的 —— 砂浆凝结时间检测的目的有哪些
- 检测仪器 —— 砂浆凝结时间检测要准备哪些仪器
- 检测步骤 —— 砂浆凝结时间检测的先后顺序是什么
- 试验结果处理与结论评定 —— 砂浆凝结时间检测的数据如何处理，如何评定

砂浆立方体抗压强度检测与试验
- 检测目的 —— 砂浆立方体抗压强度检测的目的有哪些
- 检测仪器 —— 砂浆立方体抗压强度检测要准备哪些仪器
- 检测步骤 —— 砂浆立方体抗压强度检测的先后顺序是什么
- 试验结果处理与结论评定 —— 砂浆立方体抗压强度检测的数据如何处理，如何评定

砂浆拉伸粘结强度检测与试验
- 检测目的 —— 砂浆拉伸粘结强度检测的目的有哪些
- 检测仪器 —— 砂浆拉伸粘结强度检测要准备哪些仪器
- 检测步骤 —— 砂浆拉伸粘结强度检测的先后顺序是什么
- 试验结果处理与结论评定 —— 砂浆拉伸粘结强度检测的数据如何处理，如何评定

建筑砂浆是由胶凝材料、细骨料和水，有时也加入适量掺合料及外加剂，配制而成的建筑材料。在建筑施工过程中，主要用于砌筑、抹灰、灌缝和粘贴饰面。

建筑砂浆按其用途不同可分为砌筑砂浆、抹面砂浆和特种砂浆，抹面砂浆包括普通抹面砂浆、装饰砂浆，特种砂浆具有特殊功能，如防水、绝热、吸声等；按其所用胶凝材料的不同可分为石灰砂浆、水泥砂浆、水泥混合砂浆等；按其堆积密度不同可分为重质砂浆与轻质砂浆等，随着施工工艺不断的发展，除了现场搅拌外，也出现了工厂预拌的砂浆。

6.1　建筑砂浆性能检测的基本规定

6.1.1　执行标准（现行）

《建筑砂浆基本性能试验方法标准》JGJ/T 70

《砌筑砂浆配合比设计规程》JGJ/T 98

《试验用砂浆搅拌机》JG/T 3033

6.1.2　检测项目

常见检测项目：砂浆稠度检测、砂浆表观密度检测、砂浆分层度检测、砂浆保水性检测、砂浆凝结时间检测、砂浆力学性能、砂浆拉伸粘结强度检测。

6.1.3　取样及试样的制备

（1）建筑砂浆试验用料应从同一盘砂浆或同一车砂浆中取样。取样量应不少于试验所需量的 4 倍。

（2）施工中取样进行砂浆试验时，其取样方法和原则应按相应的施工验收规范执行。一般在使用地点的砂浆槽、砂浆运送车或搅拌机出料口，至少从三个不同部位取样。现场取来的试样，试验前应人工搅拌均匀。

（3）从取样完毕到开始进行各项性能试验不宜超过 15min。

（4）在实验室制备砂浆拌合物时，所用材料应提前 24h 运入室内。拌合时实验室的温度应保持在 20℃±5℃。需要模拟施工条件下所用的砂浆时，所用原材料的温度宜与施工现场保持一致。

（5）试验所用原材料应与现场使用材料一致。砂应通过公称粒径 5mm 筛。

（6）实验室拌制砂浆时，材料用量应以质量计。称量精度：水泥、外加剂、掺合料等为±0.5%；砂为±1%。

（7）在实验室搅拌砂浆时应采用机械搅拌，搅拌机应符合《试验用砂浆搅拌机》JG/T 3033—1996 的规定，搅拌的用量宜为搅拌机容量的 30%～70%，搅拌时间不应少于 120s。掺有掺合料和外加剂的砂浆，其搅拌时间不应少于 180s。

6.2 砂浆稠度检测与试验

6.2.1 检测目的

本方法适用于确定配合比或施工过程中控制砂浆的稠度，以达到控制用水量的目的。

6.2.2 检测仪器

砂浆稠度仪：如图 6-1 所示，主要由试锥、盛装容器和支座三部分组成。试锥由钢材或铜材制成，试锥高度为 145mm，锥底直径为 75mm，试锥连同滑杆的重量应为 300g±2g；盛装容器由钢板制成，筒高为 180mm，锥底内径为 150mm；支座分底座、支架及刻度盘三个部分，由铸铁、钢及其他金属制成；

钢制捣棒：直径 10mm、长 350mm，端部磨圆；

秒表等。

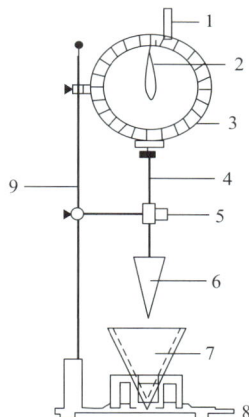

图 6-1 砂浆稠度仪

1—齿条测杆；2—摆针；3—刻度盘；
4—滑杆；5—制动螺丝；6—试锥；
7—盛装容器；8—底座；9—支架

6.2.3 检测步骤

1. 用少量润滑油轻擦滑杆，再将滑杆上多余的油用吸油纸擦净，使滑杆能自由滑动。

2. 用湿布擦净盛浆容器和试锥表面，将砂浆拌合物一次装入容器，使砂浆表面低于容器口约 10mm。用捣棒自容器中心向边缘均匀地插捣 25 次，然后轻轻地将容器摇动或敲击 5～6 下，使砂浆表面平整，然后将容器置于稠度测定仪的底座上。

3. 拧松制动螺丝，向下移动滑杆，当试锥尖端与砂浆表面刚接触时，拧紧制动螺丝，使齿条侧杆下端刚接触滑杆上端，读出刻度盘上的读数（精确至1mm）。

4. 拧松制动螺丝，同时计时间，10s时立即拧紧螺丝，将齿条测杆下端接触滑杆上端，从刻度盘上读出下沉深度（精确至1mm），二次读数的差值即为砂浆的稠度值。

5. 盛装容器内的砂浆，只允许测定一次稠度，重复测定时，应重新取样测定。

6.2.4 稠度试验结果处理与结论评定

1. 取两次试验结果的算术平均值，精确至1mm。

2. 如两次试验值之差大于10mm，应重新取样测定。

6.3 砂浆表观密度检测与试验

6.3.1 检测目的

本方法适用于测定砂浆拌合物捣实后的单位体积质量（即质量密度），以确定每立方米砂浆拌合物中各组成材料的实际用量。

6.3.2 试验仪器

质量密度试验所用仪器应符合下列规定：

容量筒：金属制成，内径108mm，净高109mm，筒壁厚2mm，容积为1L，如图6-2所示；

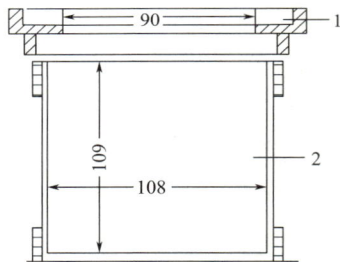

图6-2 砂浆密度测定仪

（单位：mm）

1—漏斗；2—容量筒

天平：称量5kg，感量5g；

钢制捣棒：直径10mm，长350mm，端部磨圆；

砂浆密度测定仪；

振动台：振幅0.5mm±0.05mm，频率50Hz±3Hz；

秒表。

6.3.3 检测步骤

1. 按本章6.2的规定测定砂浆拌合物的稠度。

2. 用湿布擦净容量筒的内表面，称量容量筒质量 m_1，精确至 5g。

3. 捣实可采用手工或机械方法。当砂浆稠度大于 50mm 时，宜采用人工插捣法，当砂浆稠度不大于 50mm 时，宜采用机械振动法。

采用人工插捣时，将砂浆拌合物一次装满容量筒，使稍有富余，用捣棒由边缘向中心均匀地插捣 25 次，插捣过程中如砂浆沉落到低于筒口，则应随时添加砂浆，再用木槌沿容器外壁敲击 5～6 下。

采用振动法时，将砂浆拌合物一次装满容量筒连同漏斗在振动台上振 10s，振动过程中如砂浆沉到低于筒口，应随时添加砂浆。

4. 捣实或振动后将筒口多余的砂浆拌合物刮去，使砂浆表面平整，然后将容量筒外壁擦净，称出砂浆与容量筒总质量 m_2，精确至 5g。

6.3.4 检测数据处理与结论评定

$$\rho = \frac{m_2 - m_1}{V} \times 1000 \qquad \text{式（6-1）}$$

式中：ρ——砂浆拌合物的质量密度（kg/m^3）；

$\quad m_1$——容量筒质量（kg）；

$\quad m_2$——容量筒及试样质量（kg）；

$\quad V$——容量筒容积（L）。

取两次试验结果的算术平均值，精确至 $10kg/m^3$。

注：容量筒容积的校正，可采用一块能覆盖住容量筒顶面的玻璃板，先称出玻璃板和容量筒质量，然后向容量筒中灌入温度为 20℃±5℃ 的饮用水，灌到接近上口时，一边不断加水，一边把玻璃板沿筒口徐徐推入盖严。应注意使玻璃板下不带入任何气泡。然后擦净玻璃板面及筒壁外的水分，称量容量筒、水和玻璃板质量（精确至 5g）。后者与前者质量之差（以 kg 计）即为容量筒的容积（L）。

6.4 砂浆分层度检测与试验

6.4.1 检测目的

本方法适用于测定砂浆拌合物在运输及停放时内部组分的稳定性。

6.4.2 检测仪器

砂浆分层度测定仪（图6-3）内径为150mm，上节高度为200mm，下节带底净高为100mm，用金属板制成，上、下层连接处需加宽到3～5mm，并设有橡胶热圈；

振动台：振幅0.5mm±0.05mm，频率50Hz±3Hz；

稠度仪、木槌等。

6.4.3 检测步骤

1. 将砂浆拌合物按6.2节的稠度试验方法测定稠度。

2. 将砂浆拌合物一次装入分层度筒内，待装满后，用木槌在容器周围距离大致相等的四个不同部位轻轻敲击1～2下，如砂浆沉落到低于筒口，则应随时添加，然后刮去多余的砂浆并用抹刀抹平。

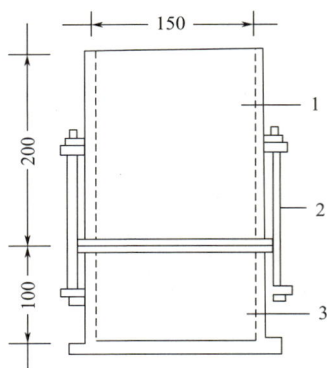

图6-3　砂浆分层度测定仪（单位：mm）
1—无底圆筒；2—连接螺栓；
3—有底圆筒

3. 静置30min后，去掉上节200mm砂浆，剩余的100mm砂浆倒出放在拌合锅内拌2min，再按6.2节的稠度试验方法测其稠度，前后测得的稠度之差即为该砂浆的分层度值（mm）。

注：也可采用快速法测定分层度，其步骤是：（1）按6.2节的稠度试验方法测定稠度；（2）将分层度筒预先固定在振动台上，砂浆一次装入分层度筒内，振动20s；（3）去掉上节200mm砂浆，剩余100mm砂浆倒出放在拌合锅内拌2min，再按6.2节的稠度试验方法测其稠度，前后测得的稠度之差即为该砂浆的分层度值。但如有争议时，以标准法为准。

6.4.4 检测数据处理与结论评定

1. 取两次试验结果的算术平均值作为该砂浆的分层度值。

2. 两次分层度试验值之差如大于10mm，应重新取样测定。

6.5 砂浆保水性检测与试验

6.5.1 检测目的

本方法适用于测定砂浆保水性，以判定砂浆拌合物在运输及停放时内部组分的稳定性。

6.5.2 检测仪器

金属或硬塑料圆环试模内径 100mm、内部高度 25mm；

可密封的取样容器，应清洁、干燥；

2kg 的重物；

医用棉纱，尺寸为 110mm×110mm，宜选用纱线稀疏，厚度较薄的棉纱；

超白滤纸，符合现行《化学分析滤纸》GB/T 1914 中速定性滤纸要求，直径 110mm，200g/m；

2 片金属或玻璃的方形或圆形不透水片，边长或直径大于 110mm；

天平：量程 200g，感量 0.1g；量程 2000g，感量 1g；

烘箱。

6.5.3 检测步骤

1. 称量下不透水片与干燥试模质量 m_1 和 8 片中速定性滤纸质量 m_2。

2. 将砂浆拌合物一次性填入试模，并用抹刀插捣数次，当填充砂浆略高于试模边缘时，用抹刀以 45°角一次性将试模表面多余的砂浆刮去，然后再用抹刀以较平的角度在试模表面反方向将砂浆刮平。

3. 抹掉试模边的砂浆，称量试模、下不透水片与砂浆总质量 m_3。

4. 用 2 片医用棉纱覆盖在砂浆表面，再在棉纱表面放上 8 片滤纸，用不透水片盖在滤纸表面，以 2kg 的重物把不透水片压着。

5. 静止 2min 后移走重物及不透水片，取出滤纸（不包括棉纱），迅速称量滤纸质量 m_4。

6. 从砂浆的配比及加水量计算砂浆的含水率，若无法计算，可按 6.5.5 的规定测定砂浆的含水率。

6.5.4　检测数据处理与结论评定

砂浆保水性应按下式计算：

$$W = \left[1 - \frac{m_4 - m_2}{a \times (m_3 - m_1)} \right] \times 100\% \qquad \text{式（6-2）}$$

式中：W——保水性；

　　　m_1——下不透水片与干燥试模质量（g）；

　　　m_2——8 片滤纸吸水前的质量（g）；

　　　m_3——试模、下不透水片与砂浆总质量（g）；

　　　m_4——8 片滤纸吸水后的质量（g）；

　　　a——砂浆含水率。

取两次试验结果的平均值作为结果，如两个测定值中有 1 个超出平均值的 5%，则此组试验结果无效。

6.5.5　砂浆含水率测试方法

称取 100g 砂浆拌合物试样，置于一干燥并已称重的盘中，在（105±5）℃的烘箱中烘干至恒重，砂浆含水率应按下式计算：

$$a = \frac{m_5}{m_6} \times 100\% \qquad \text{式（6-3）}$$

式中：a——砂浆含水率；

　　　m_5——烘干后砂浆样本损失的质量（g）；

　　　m_6——砂浆样本的总质量（g）。

砂浆含水率值应精确至 0.1%。

6.6　砂浆凝结时间检测与试验

6.6.1　检测目的

本方法适用于用贯入阻力法确定砂浆拌合物的凝结时间。

6.6.2　检测仪器

砂浆凝结时间测定仪：如图 6-4 所示，由试针、容器、台秤和支座四部分组成，并应符合下列规定：

试针：不锈钢制成，截面积为 $30mm^2$；

盛砂浆容器：由钢制成，内径 140mm，高 75mm；

压力表：称量精度为 0.5N；

支座：分底座、立柱及操作杆三部分，由铸铁或钢制成。

6.6.3 检测步骤

1. 将制备好的砂浆拌合物装入砂浆容器内，并低于容器上口 10mm，轻轻敲击容器，并予以抹平，盖上盖子，放在 20℃±2℃的试验条件下保存。

2. 砂浆表面的泌水不清除，将容器放到压力表圆盘上，然后通过以下步骤来调节测定仪：

1）调节螺母 3，使贯入试针与砂浆表面接触；

2）松开调节螺母 2，再调节螺母 1，以确定压入砂浆内部的深度为 25mm 后再拧紧螺母 2；

3）旋动调节螺母 8，使压力表指针调到零位。

3. 测定贯入阻力值，用截面为 $30mm^2$ 的贯入试针与砂浆表面接触，在 10s 内缓慢而均匀地垂直压入砂浆内部 25mm 深，每次贯入时记录仪表读数 N_p，贯入杆离开容器边缘或已贯入部位至少 12mm。

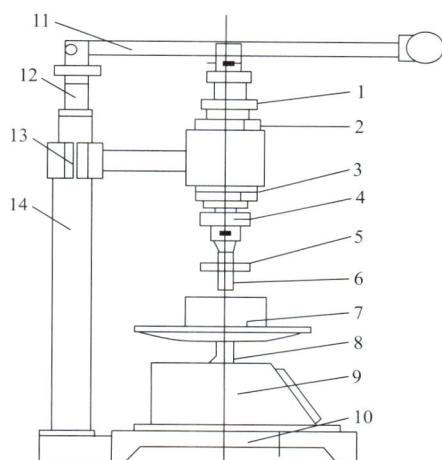

图 6-4 砂浆凝结时间测定仪示意图

1—调节套；2—调节螺母；3—调节螺母；4—夹头；
5—垫片；6—试针；7—试模；8—调整螺母；
9—压力表座；10—底座；11—操作杆；
12—调节杆；13—立架；14—立柱

4. 在 20℃±2℃的试验条件下，实际贯入阻力值，在成型后 2h 开始测定，以后每隔半小时测定一次，至贯入阻力值达到 0.3MPa 后，改为每 15min 测定一次，直至贯入阻力值达到 0.7MPa 为止。

施工现场凝结时间的测定，其砂浆稠度、养护和测定的温度与现场相同。

在测定湿拌砂浆的凝结时间时，时间间隔可根据实际情况来定。如可定为受检砂浆预测凝结时间的 1/4、1/2、3/4 等来测定，当接近凝结时间时改为每 15min 测定一次。

6.6.4　检测数据处理与结论评定

1. 砂浆贯入阻力值按下式计算

$$f_p = \frac{N_p}{A_p}$$
　　　　　　　　　　　　　　　　　　　式（6-4）

式中：f_p——贯入阻力值（MPa），精确至 0.01MPa；

　　　N_p——贯入深度至 25mm 时的静压力（N）；

　　　A_p——贯入试针的截面积，即 30mm^2。

2. 由测得的贯入阻力值，可按下列方法确定砂浆的凝结时间

（1）分别记录时间和相应的贯入阻力值，根据试验所得各阶段的贯入阻力与时间的关系绘图，由图求出贯入阻力值达到 0.7MPa 的所需时间 t_s（min），此时的 t_s 值即为砂浆的凝结时间测定值，或采用内插法确定；

（2）砂浆凝结时间测定，应在一盘内取两个试样，以两个试验结果的平均值作为该砂浆的凝结时间值，两次试验结果的误差不应大于 30min，否则应重新测定。

6.7　砂浆立方体抗压强度检测与试验

6.7.1　检测目的

检测砂浆立方体抗压强度。

6.7.2　检测仪器

试模：尺寸为 70.7mm×70.7mm×70.7mm 的带底试模，材质规定参照现行《混凝土试模》JG/T 237，应具有足够的刚度并拆装方便。试模的内表面应机械加工，其不平度应为每 100mm 不超过 0.05mm，组装后各相邻面的不垂直度不应超过±0.5°；

钢制捣棒：直径为 10mm，长为 350mm，端部应磨圆；

压力试验机：精度为 1%，试件破坏荷载应不小于压力机量程的 20%，且不大于全量程的 80%；

垫板：试验机上、下压板及试件之间可垫以钢垫板，垫板的尺寸应大于试件的

承压面，其不平度应为每 100mm 不超过 0.02mm；

振动台：空载中台面的垂直振幅应为 0.5mm±0.05mm，空载频率应为 50Hz±3Hz，空载台面振幅均匀度不大于 10%，一次试验至少能固定（或用磁力吸盘）三个试模。

6.7.3 立方体抗压强度试件的制作及养护

1. 采用立方体试件，每组试件 3 个。

2. 应用黄油等密封材料涂抹试模的外接缝，试模内涂刷薄层机油或脱模剂，将拌制好的砂浆一次性装满砂浆试模，成型方法根据稠度而定。当稠度≥50mm 时采用人工振捣成型，当稠度<50mm 时采用振动台振实成型。

1）人工振捣：用捣棒均匀地由边缘向中心按螺旋方式插捣 25 次，插捣过程中如砂浆沉落低于试模口，应随时添加砂浆，可用油灰刀插捣数次，并用手将试模一边抬高 5～10mm 各振动 5 次，使砂浆高出试模顶面 6～8mm。

2）机械振动：将砂浆一次装满试模，放置到振动台上，振动时试模不得跳动，振动 5～10s 或持续到表面出浆为止；不得过振。

3. 待表面水分稍干后，将高出试模部分的砂浆沿试模顶面刮去并抹平。

4. 试件制作后应在室温为 20℃±5℃ 的环境下静置 24h±2h，当气温较低时，可适当延长时间，但不应超过两昼夜，然后对试件进行编号、拆模。试件拆模后应立即放入温度为 20℃±2℃，相对湿度为 90% 以上的标准养护室中养护。养护期间，试件彼此间隔不小于 10mm，混合砂浆试件上面应覆盖以防有水滴在试件上。

6.7.4 检测步骤

1. 试件从养护地点取出后应及时进行试验。试验前将试件表面擦拭干净，测量尺寸，并检查其外观。并据此计算试件的承压面积，如实测尺寸与公称尺寸之差不超过 1mm，可按公称尺寸进行计算。

2. 将试件安放在试验机的下压板（或下垫板）上，试件的承压面应与成型时的顶面垂直，试件中心应与试验机下压板（或下垫板）中心对准。开动试验机，当上压板与试件（或上垫板）接近时，调整球座，使接触面均衡受压。承压试验应连续而均匀地加荷，加荷速度应为每秒钟 0.25～1.5kN（砂浆强度不大于 5MPa 时，宜取下限，砂浆强度大于 5MPa 时，宜取上限），当试件接近破坏而开始迅速变形时，停止调整试验机油门，直至试件破坏，然后记录破坏荷载。

6.7.5 检测数据处理与结论评定

砂浆立方体抗压强度应按下式计算：

$$f_{m,cu} = K \frac{N_u}{A} \qquad\qquad 式（6-5）$$

式中：$f_{m,cu}$——砂浆立方体试件抗压强度（MPa）；

$\quad\quad N_u$——试件破坏荷载（N）；

$\quad\quad A$——试件承压面积（mm²）；

$\quad\quad K$——换算系数，取 1.35。

砂浆立方体试件抗压强度应精确至 0.1MPa。

以三个试件测值的算术平均值作为该组试件的砂浆立方体试件抗压强度平均值（精确至 0.1MPa）。

当三个测值的最大值或最小值中有一个与中间值的差值超过中间值的 15% 时，则把最大值及最小值一并舍除，取中间值作为该组试件的抗压强度值；如有两个测值与中间值的差值均超过中间值的 15% 时，则该组试件的试验结果无效。

6.8 砂浆拉伸粘结强度检测与试验

6.8.1 检测目的

测定砂浆拉伸粘结强度。

6.8.2 试验条件

标准试验条件为温度 20℃±2℃，相对湿度 45%～75%。

6.8.3 检测仪器

拉力试验机：破坏荷载应在其量程的 20%～80% 范围内，精度 1%，最小示值 1N；

拉伸专用夹具：符合现行《建筑室内用腻子》JG/T 298 的要求；

成型框：外框尺寸 70mm×70mm，内框尺寸 40mm×40mm，厚度 6mm，材料为硬聚氯乙烯或金属；

钢制垫板：外框尺寸 70mm×70mm，内框尺寸 43mm×43mm，厚度 3mm。

6.8.4 试件制备

1. 基底水泥砂浆试件的制备

（1）原材料：水泥应符合现行《通用硅酸盐水泥》GB 175 中 42.5 级水泥的要求，砂应符合现行《普通混凝土用砂、石质量及检验方法标准》JGJ 52 中中砂的要求，水应符合现行《混凝土用水标准》JGJ 63 的用水标准。

（2）配合比：水泥∶砂∶水＝1∶3∶0.5（质量比）。

（3）成型：按上述配合比制成的水泥砂浆倒入 70mm×70mm×20mm 的硬聚氯乙烯或金属模具中，振动成型或人工成型，试模内壁事先宜涂刷水性脱模剂，待干、备用。

（4）成型 24h 后脱模，放入 20℃±2℃ 水中养护 6d，再在试验条件下放置 21d 以上。试验前用 200 号砂纸或磨石将水泥砂浆试件的成型面磨平备用。

2. 砂浆料浆的制备

（1）干混砂浆料浆的制备

1）待检样品应在试验条件下放置 24h 以上。

2）称取不少于 10kg 的待检样品，按产品制造商提供比例进行水的称量，若给出一个值域范围，则采用平均值。

3）将待检样品放入砂浆搅拌机中，启动机器，徐徐加入规定量的水，搅拌 3～5min。搅拌好的料应在 2h 内用完。

（2）湿拌砂浆料浆的制备

1）待检样品应在试验条件下放置 24h 以上。

2）按产品制造商提供比例进行物料的称量，干物料总量不少于 10kg。

3）将称好的物料放入砂浆搅拌机中，启动机器，徐徐加入规定量的水，搅拌 3～5min，搅拌好的料应在规定时间内用完。

（3）现拌砂浆料浆的制备

1）待检样品应在试验条件下放置 24h 以上。

2）按设计要求的配合比进行物料的称量，干物料总量不少于 10kg。

3）将称好的物料放入砂浆搅拌机中，启动机器，徐徐加入规定量的水，搅拌 3～5min。搅拌好的料应在 2h 内用完。

3. 拉伸粘结强度试件的制备

将成型框放在制备好的水泥砂浆试块的成型面上，将干混砂浆料浆或直接从现场取来的湿拌砂浆试样倒入成型框中，用捣棒均匀插捣 15 次，人工颠实 5 次，转

90°，再颠实 5 次，然后用刮刀以 45°方向抹平砂浆表面，轻轻脱模，在温度 20℃±2℃、相对湿度 60%～80%的环境中养护至规定龄期。

每一砂浆试样至少制备 10 个试件。

6.8.5　拉伸粘结强度试验

1. 将试件在标准试验条件下养护 13d，在试件表面涂上环氧树脂等高强度粘合剂，然后将上夹具对正位置放在粘合剂上，并确保上夹具不歪斜，继续养护 24h。

2. 测定拉伸粘结强度。其示意图如图 6-5、图 6-6 所示。

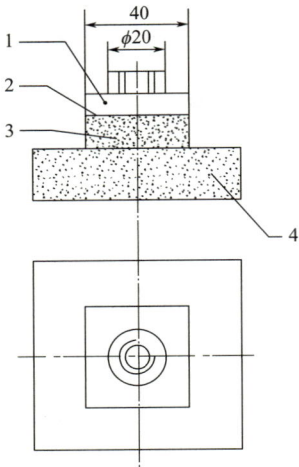

图 6-5　拉伸粘结强度用钢制上夹具

（单位：mm）

1—拉伸用钢制上夹具；2—粘合剂；

3—检验砂浆；4—水泥砂浆块

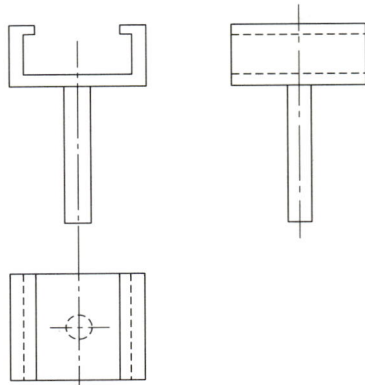

图 6-6　拉伸粘结强度用钢制下夹具

3. 将钢制垫板套入基底砂浆块上，将拉伸粘结强度夹具安装到试验机上，试件置于拉伸夹具中，夹具与试验机的连接宜采用球铰活动连接，以 5mm/min±1mm/min 速度加荷至试件破坏。试验时破坏面应在检验砂浆内部，则认为该值有效并记录试件破坏时的荷载值。若破坏形式为拉伸夹具与粘合剂破坏，则试验结果无效。

6.8.6　试验结果

拉伸粘结强度应按下式计算：

$$f_{at} = \frac{F}{A_z} \qquad\qquad 式（6-6）$$

式中：f_{at}——砂浆的拉伸粘结强度（MPa）；

$\quad\quad$ F——试件破坏时的荷载（N）；

$\quad\quad$ A_z——粘结面积（mm²）。

单个试件的拉伸粘结强度值应精确至 0.001MPa，计算 10 个试件的平均值，如单个试件的强度值与平均值之差大于 20%，则逐次舍弃偏差最大的试验值，直至各试验值与平均值之差不超过 20%，当 10 个试件中有效数据不少于 6 个时，取剩余数据的平均值为试验结果，结果精确至 0.01MPa。当 10 个试件中有效数据不足 6 个时，则此组试验结果无效，应重新制备试件进行试验。

有特殊条件要求的拉伸粘结强度，按要求条件处理后，重复上述试验。

6.9 砂浆试验报告与检测报告

6.9.1 砂浆稠度试验报告

1. 试验目的

2. 试验仪器与材料

3. 试验步骤

（1）称取砂浆试样

（2）装入砂浆稠度仪并记录数据

（3）清洁整理试验仪器和试验台

4. 试验数据记录

试验次数	第 1 次试验	第 2 次试验	平均值
稠度（mm）			

5. 试验数据处理

6. 试验结论

6.9.2　砂浆表观密度试验报告

1. 试验目的

2. 试验仪器与材料

3. 试验步骤

（1）测定砂浆拌合物的稠度

（2）称量容量筒质量 m_1，精确至 5g

（3）捣实砂浆

（4）称量砂浆与容量筒总质量 m_2，精确至 5g

（5）清洁整理试验仪器和试验台

4. 试验数据记录

试验次数	第 1 次试验	第 2 次试验
$m_1(g)$		
$m_2(g)$		

5. 试验数据处理

6. 试验结论

6.9.3 砂浆分层度试验报告

1. 试验目的

2. 试验仪器与材料

3. 试验步骤

（1）测定砂浆拌合物的稠度

（2）将砂浆装入分层度筒，静置

（3）去掉上层 200mm 砂浆，取下层 100mm，测定稠度

（4）清洁整理试验仪器和试验台

4. 试验数据记录

试验次数	第1次试验	第2次试验
初始稠度（mm）		
静置后稠度（mm）		

5. 试验数据处理

6. 试验结论

6.9.4 砂浆凝结时间试验报告

1. 试验目的

2. 试验仪器与材料

3. 试验步骤

（1）将砂浆装入测定仪

（2）调节测定仪

（3）测定贯入阻力值

（4）清洁整理试验仪器和试验台

4. 试验数据记录

试验次数	贯入静压力值（N）	贯入阻力值（MPa）	时间（min）
第1次			
第2次			

5. 试验数据处理

6. 试验结论

6.9.5　砂浆立方体抗压强度试验报告

1. 试验目的

2. 试验仪器

3. 试验步骤

（1）试验仪器准备

（2）拌制砂浆

（3）制作砂浆立方体试件

（4）试件养护

1）带模养护

2）脱模

3）标准养护室养护

（5）抗压强度测定

（6）清洁整理试验仪器和试验台

4. 试验数据记录

试件编号	28d 破坏荷载(N)	受压面积(mm^2)
1		
2		
3		

5. 试验数据处理

28d 抗压强度计算：

6. 试验结论

6.9.6 砂浆拉伸粘结强度试验报告

1. 试验目的

2. 试验仪器

3. 试验步骤

（1）试验仪器准备

（2）拌制砂浆

（3）制作砂浆拉伸粘结强度试件

（4）试件养护

（5）拉伸粘结强度的测定

（7）清洁整理试验仪器和试验台

4. 试验数据记录

试件编号	破坏荷载（N）	粘结面积（mm^2）
1		
2		
3		
4		
5		
6		
7		
8		
9		
10		

5. 试验数据处理

拉伸粘结强度计算：

6. 试验结论

6.9.7 砂浆检测报告

委托单位		委托编号	
工程名称		检测类别	
砂浆品种		取样数量	
强度等级		检测日期	
生产厂家		报告日期	
检测依据			

检测结果

检测项目	标准要求	实测结果		单项评定
稠度				
密度				
分层度				
凝结时间				
抗压强度		单块	平均	
拉伸粘结强度		单块	平均	
结论				
备注				

检测：　　　　　　审核：　　　　　　签发：　　　　　　报告日期：

【项目总结】

砂浆性能检测中应执行各项技术指标的检测标准，再对照砂浆的质量标准评定其技术指标的合格性。砂浆的检测项目主要有砂浆稠度、砂浆密度、砂浆立方体抗压强度、砂浆凝结时间和砂浆粘结拉伸强度等，砂浆检测的组批、取样和制样必须执行相关标准。

砂浆各项技术指标检测过程中应明确检测目的，准备实验室、试验材料、检测仪器等，按现行标准或规范进行检测操作，记录试验数据，按现行标准或规范要求对试验数据进行处理，并出具试验结论，填写砂浆单项性能指标试验报告，填写砂浆检测报告。

【思考及练习】

一、填空题

1. 进行砂浆立方体抗压强度试验时，承压试验应连续而均匀地加荷。加荷速度为（　　　），砂浆强度不大于 5MPa 时，宜取（　　　）。

2. 进行砂浆立方体抗压强度试验时，将试件安放在试验机的下压板或下垫板上，试件的（　　　）与成型时的顶面垂直。

3. 贯入阻力值达到（　　　）的所需时间 t_s（min），即为砂浆的凝结时间测定值。

4. 砌筑砂浆的分层度试验中，两个测定值之差超过（　　　）时，此组试验结果为无效。

5. 砂浆成型方法应根据稠度而确定。当稠度（　　　）时，宜采用人工插捣成型。

6. 砂浆抗压试件尺寸为（　　　）mm 的立方体。

7. 水泥砂浆试件标准养护条件为：温度（　　　），相对湿度（　　　）以上。

8. 从取样完毕到开始进行各项性能试验，不宜超过（　　　）min。

9. 砂浆立方体抗压强度试验换算系数为（　　　）。

10. 砂浆立方体抗压强度试验破坏荷载的单位为（　　　）。

11. 砂浆分层度筒内径为（　　　）mm，上节高度为（　　　）mm，下节带底净高为（　　　）mm。

12. 进行砂浆拉伸粘结强度试验时，配制基底水泥砂浆的配合比：水泥：砂：

水为（   ）。

二、单选题

1. 砂浆试件的取样，下列规定错误的是（   ）。

A. 建筑砂浆试验用料应从同一盘砂浆或同一砂浆中取样，取样数量不应少于试验所需量的 2 倍

B. 施工过程中进行砂浆试验时，在现场搅拌点或预拌砂浆卸料点的至少 3 个不同部位及时取样

C. 对于现场取得试样，试验前应人工搅拌均匀

D. 从取样完毕到开始进行各项性能试验，不宜超过 15min

2. 砂浆凝结时间试验是指砂浆拌合物自加水拌合起，在规定的试验条件下，在砂浆凝结时间测定仪上测定其贯入阻力达到（   ）MPa 时所需要的时间。

A. 0.1　　　　　　B. 0.3　　　　　　C. 0.5　　　　　　D. 0.7

3. 拉伸粘结强度试件的养护条件为（   ）。

A. 温度 20℃±5℃，相对湿度 45%～75%

B. 温度 20℃±2℃，相对湿度 60%～80%

C. 温度 20℃±2℃，相对湿度 60%±5%

D. 温度 20℃±2℃，相对湿度为 90% 以上

4. 立方体抗压强度试验中，砂浆试块的养护条件为（   ）。

A. 温度 20℃±5℃，相对湿度 45%～75%

B. 温度 20℃±2℃，相对湿度 60%～80%

C. 温度 20℃±2℃，相对湿度 60%±5%

D. 温度 20℃±2℃，相对湿度 90% 以上

5. 砂浆立方体抗压强度试件每组数量为（   ）个。

A. 3　　　　　　　B. 4　　　　　　　C. 5　　　　　　　D. 6

6. 砂浆强度值三个测值中的最大值和最小值与中间值的差均超过中间值的（   ）%，则该组试件的试验结果无效。

A. 15　　　　　　　B. 20　　　　　　　C. 25　　　　　　　D. 30

7. 砂浆凝结时间试验测定贯入阻力值时，贯入试针每次贯入深度为（   ）mm。

A. 15　　　　　　　B. 20　　　　　　　C. 25　　　　　　　D. 30

8. 砂浆凝结时间试验，当贯入阻力值达到 0.3MPa 时，每隔（   ）min 测定一次，直至贯入阻力值达到 0.7MPa 为止。

A. 15　　　　　　　B. 20　　　　　　　C. 25　　　　　　　D. 30

9. 砂浆拉伸粘结强度试件测值中有效数据不足（　　）个时，此组试验结果应为无效，重新制备试件进行试验。

A. 5 　　　　　B. 6 　　　　　C. 7 　　　　　D. 8

10. 砂浆拉伸粘结强度试验结果，当单个试件的强度值与平均值之差大于（　　）%时，应逐次舍弃偏差最大的试验值。

A. 10 　　　　　B. 15 　　　　　C. 20 　　　　　D. 25

11. 砂浆凝结时间测定仪试针截面积为（　　）mm^2。

A. 30 　　　　　B. 50 　　　　　C. 80 　　　　　D. 100

12. 砂浆立方体抗压强度试件的制作，当砂浆稠度不大于（　　）mm 时，宜采用振动台振实成型。

A. 30 　　　　　B. 50 　　　　　C. 60 　　　　　D. 70

三、多选题

1. 建筑砂浆按生产方式可分为（　　）。

A. 现场拌制砂浆 　　　　　　　　B. 预拌砂浆

C. 湿拌砂浆 　　　　　　　　　　D. 干混砂浆

2. 砂浆试验时，下列材料称量精度描述正确的有（　　）。

A. 水泥的称量精度应为±0.5%

B. 外加剂的称量精度应为±0.5%

C. 掺合料等的称量精度应为±0.5%

D. 细骨料的称量精度应为±1%

3. 立方体抗压强度试验的试验结果应按下列哪些要求确定？（　　）

A. 以三个试件测值的算术平均值作为该组试件的砂浆立方体抗压强度平均值，精确至 0.1MPa

B. 当三个测值的最大值或最小值中有一个与中间值的差值超过中间值的 15%时，取剩余数据的平均值为作为该组试件的抗压强度值

C. 当三个测值的最大值或最小值中有一个与中间值的差值超过中间值的 15%时，应把最大值及最小值一并舍去，取中间值作为该组试件的抗压强度值

D. 当两个测值与中间值的差值均超过中间值的 15%时，该组试验结果应为无效

4. 砂浆稠度检测所用的主要仪器有（　　）。

A. 砂浆稠度测定仪 　　　　　　　B. 振动台

C. 钢制捣棒 　　　　　　　　　　D. 秒表

5. 关于预拌砂浆稠度试验，下列表述正确的是（　　）。

A. 取两次试验结果的算术平均值，精确至 10mm

B. 取两次试验结果的算术平均值，精确至 1mm

C. 如两次试验值之差大于 10mm，应重新取样测定

D. 如两次试验值之差大于 5mm，应重新取样测定

四、简答题

1. 砂浆现场搅拌时，搅拌时间应符合哪些规定？

2. 简述快速法测定分层度的步骤。

3. 拉伸粘结强度试件如何制备？

4. 某施工工地采用 M20 的水泥砂浆，在施工现场留置了一组砂浆立方体试块，与施工现场同条件养护 28d 后，测得该砂浆立方体试块的抗压破坏载荷分别为 76kN、78kN、85kN。请确认该砂浆的抗压强度是否达标。

项目7

墙体材料性能检测与试验

墙体材料性能检测与试验

【教学目标】

1. 知识目标：

熟悉墙体材料检测国家标准；

掌握墙体材料主要质量指标的检测方法与步骤。

2. 能力目标：

具备确定墙体材料性能检测依据的能力；

具备墙体材料取样制样的能力；

具备墙体材料性能检测的能力；

具备墙体材料试验数据处理分析的能力；

具备墙体材料性能评价的能力。

3. 素质目标：

具有良好的职业道德和诚信品质；

具有工匠精神、劳动精神、劳模精神；

具有良好的质量意识、规范意识、环保意识、安全意识、信息技术素养；

具有较强的集体意识和团队合作精神。

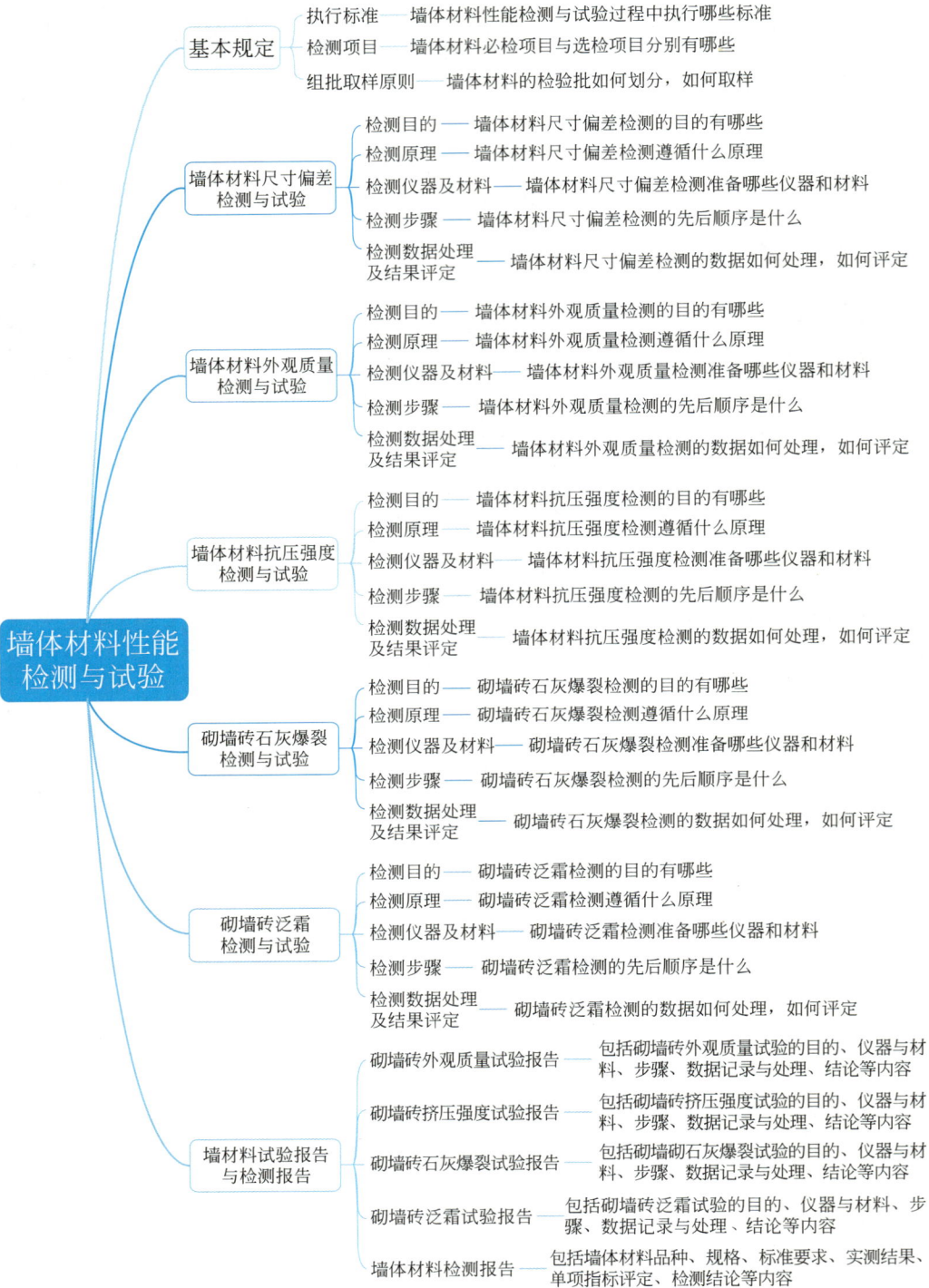

【思维导图】

墙体材料性能检测与试验

- 基本规定
  - 执行标准 —— 墙体材料性能检测与试验过程中执行哪些标准
  - 检测项目 —— 墙体材料必检项目与选检项目分别有哪些
  - 组批取样原则 —— 墙体材料的检验批如何划分，如何取样

- 墙体材料尺寸偏差检测与试验
  - 检测目的 —— 墙体材料尺寸偏差检测的目的有哪些
  - 检测原理 —— 墙体材料尺寸偏差检测遵循什么原理
  - 检测仪器及材料 —— 墙体材料尺寸偏差检测准备哪些仪器和材料
  - 检测步骤 —— 墙体材料尺寸偏差检测的先后顺序是什么
  - 检测数据处理及结果评定 —— 墙体材料尺寸偏差检测的数据如何处理，如何评定

- 墙体材料外观质量检测与试验
  - 检测目的 —— 墙体材料外观质量检测的目的有哪些
  - 检测原理 —— 墙体材料外观质量检测遵循什么原理
  - 检测仪器及材料 —— 墙体材料外观质量检测准备哪些仪器和材料
  - 检测步骤 —— 墙体材料外观质量检测的先后顺序是什么
  - 检测数据处理及结果评定 —— 墙体材料外观质量检测的数据如何处理，如何评定

- 墙体材料抗压强度检测与试验
  - 检测目的 —— 墙体材料抗压强度检测的目的有哪些
  - 检测原理 —— 墙体材料抗压强度检测遵循什么原理
  - 检测仪器及材料 —— 墙体材料抗压强度检测准备哪些仪器和材料
  - 检测步骤 —— 墙体材料抗压强度检测的先后顺序是什么
  - 检测数据处理及结果评定 —— 墙体材料抗压强度检测的数据如何处理，如何评定

- 砌墙砖石灰爆裂检测与试验
  - 检测目的 —— 砌墙砖石灰爆裂检测的目的有哪些
  - 检测原理 —— 砌墙砖石灰爆裂检测遵循什么原理
  - 检测仪器及材料 —— 砌墙砖石灰爆裂检测准备哪些仪器和材料
  - 检测步骤 —— 砌墙砖石灰爆裂检测的先后顺序是什么
  - 检测数据处理及结果评定 —— 砌墙砖石灰爆裂检测的数据如何处理，如何评定

- 砌墙砖泛霜检测与试验
  - 检测目的 —— 砌墙砖泛霜检测的目的有哪些
  - 检测原理 —— 砌墙砖泛霜检测遵循什么原理
  - 检测仪器及材料 —— 砌墙砖泛霜检测准备哪些仪器和材料
  - 检测步骤 —— 砌墙砖泛霜检测的先后顺序是什么
  - 检测数据处理及结果评定 —— 砌墙砖泛霜检测的数据如何处理，如何评定

- 墙材料试验报告与检测报告
  - 砌墙砖外观质量试验报告 —— 包括砌墙砖外观质量试验的目的、仪器与材料、步骤、数据记录与处理、结论等内容
  - 砌墙砖挤压强度试验报告 —— 包括砌墙砖挤压强度试验的目的、仪器与材料、步骤、数据记录与处理、结论等内容
  - 砌墙砖石灰爆裂试验报告 —— 包括砌墙砖砌石灰爆裂试验的目的、仪器与材料、步骤、数据记录与处理、结论等内容
  - 砌墙砖泛霜试验报告 —— 包括砌墙砖泛霜试验的目的、仪器与材料、步骤、数据记录与处理、结论等内容
  - 墙体材料检测报告 —— 包括墙体材料品种、规格、标准要求、实测结果、单项指标评定、检测结论等内容

【引文】

墙体材料在建筑中主要起承重、围护和隔断等作用，墙体材料的品种很多，总体可归为以下三大类：砖、砌块和板材，我国传统的墙体材料（如烧结普通砖）存在很多问题，例如尺寸小、能耗高、自重大、施工效率低、抗震性能差、大量毁坏良田等。基于传统的墙体材料在使用中的劣势越来越明显，同时为了保护耕地降低能耗，更好地提高建筑物的抗震性能，国家已经明令禁止在大中型城市使用普通烧结砖。

改革开放以来，特别是我国基础建设迅速发展的今天，为保护耕地、节约能源、改善环境、摆脱人海式施工，同时为了提高工程质量和改善建筑结构的性能，墙体材料正朝着大型化、集约化、利废化、轻质化等方向发展。

7.1 墙体材料性能检测的基本规定

7.1.1 执行标准（现行）

《烧结普通砖》GB/T 5101

《烧结多孔砖和多孔砌块》GB/T 13544

《烧结空心砖和空心砌块》GB/T 13545

《砌墙砖试验方法》GB/T 2542

《混凝土砌块和砖试验方法》GB/T 4111

《蒸压加气混凝土砌块》GB/T 11968

《普通混凝土小型砌块》GB/T 8239

《蒸压加气混凝土板》GB/T 15762

《建筑墙板试验方法》GB/T 30100

7.1.2 检测项目

烧结普通砖：尺寸偏差、外观质量、强度等级、欠火砖、酥砖和螺旋纹砖。

烧结多孔砖和多孔砌块：尺寸允许偏差、外观质量、孔型、孔结构及孔洞率、密度等级和强度等级。

烧结空心砖和空心砌块：尺寸允许偏差、外观质量、强度等级和密度等级。

蒸压加气混凝土砌块：尺寸允许偏差、外观质量、密度、立方体抗压强度。

普通混凝土小型砌块：外观质量、尺寸偏差、最小壁肋厚度、强度等级。

蒸压加气混凝土板：尺寸偏差、外观质量、基本性能、钢筋防锈和保护层要求、结构性能。

7.1.3　组批取样原则

1. 烧结普通砖

批量：检验批的构成原则和批量大小按现行《砌墙砖检验规则》JC/T 466 规定。3.5 万～15 万块为一批，不足 3.5 万块按一批计。

抽样：①外观质量检验的试样采用随机抽样法，在每一检验批的产品堆垛中抽取；②尺寸偏差检验和其他检验项目的样品用随机抽样法从外观质量检验后的样品中抽取；③抽样数量按表 7-1 进行。

抽样数量　　　　　　　　　　　　　　　　　　　　表 7-1

序号	检验项目	抽样数量（块）
1	外观质量	$50(n_1=n_2=50)$
2	欠火砖、酥砖、螺旋纹砖	50
3	尺寸偏差	20
4	强度等级	10
5	泛霜	5
6	石灰爆裂	5
7	吸水率和饱和系数	5
8	冻融	5
9	放射性	5

2. 烧结多孔砖和多孔砌块

批量：检验批的构成原则和批量大小按现行《砌墙砖检验规则》JC/T 466 规定。3.5 万～15 万块为一批，不足 3.5 万块按一批计。

抽样：外观质量检验的试样采用随机抽样法，在每一检验的产品堆中抽取其他检验项目的样品用随机抽样法从外观质量检验合格的样品中抽取。抽样数量按表 7-2 进行。

抽样数量　　　　　　　　　　　　　　　　　　　　表 7-2

序号	检验项目	抽样数量（块）
1	外观质量	$50(n_1=n_2=50)$
2	尺寸允许偏差	20
3	密度等级	3

序号	检验项目	抽样数量（块）
4	强度等级	10
5	孔型孔结构及孔洞率	3
6	泛霜	5
7	石灰爆裂	5
8	吸水率和饱和系数	5
9	冻融	5
10	放射性核素限量	3

3. 烧结空心砖和空心砌块

批量：检验批的构成原则和批量大小按现行《砌墙砖检验规则》JC/T 466 规定。3.5 万～15 万块为一批，不足 3.5 万块按一批计。

抽样：外观质量和欠火砖（砌块）、酥砖（砌块）检验的样品采用随机抽样法，在每一检验批的产品堆垛中抽取。其他检验项目的样品用随机抽样法从外观质量检验合格的样品中抽取。抽样数量按表 7-3 进行。

抽样数量　　　　　　　　　　　　表 7-3

序号	检验项目	抽样数量（块）
1	外观质量［欠火砖（砌块）、酥砖（砌块）］	50（$n_1=n_2=50$）
2	尺寸允许偏差	20
3	强度	10
4	密度	5
5	孔洞排列及其结构	5
6	泛霜	5
7	石灰爆裂	5
8	吸水率和饱和系数	5
9	冻融	5
10	放射性核素限量	3

4. 蒸压加气混凝土砌块

同品种、同规格、同级别的砌块以 3 万块为一批，不足 3 万块亦为一批，随机抽取 50 块进行尺寸允许偏差、外观质量检验。从尺寸允许偏差与外观质量检验合格的砌块中，随机抽取 6 块，每块制作 1 组试件，进行如下项目检测：

（1）干密度：3 组；

（2）抗压强度：3 组。

5. 普通混凝土小型砌块

砌块按规格、种类、龄期和强度等级分批验收。以同一种原材料配制成的相同规格、龄期、强度等级和相同生产工艺生产的 500m³ 且不超过 3 万块砌块为一批，每周生产不足 500m³ 且不超过 3 万块砌块按一批计。

每批随机抽取 32 块做尺寸偏差和外观质量检验。从尺寸偏差和外观质量合格的检验批中，随机抽取如下数量进行以下项目的检验（表 7-4）。

样品数量 表 7-4

序号	检验项目	样品数量（块）	
		$(H/B)\geqslant0.6$	$(H/B)<0.6$
1	空心率	3	3
2	外壁和肋厚	3	3
3	强度等级	5	10
4	吸水率	3	3
5	线性干燥收缩值	3	3
6	抗冻性	10	20
7	碳化系数	12	22
8	软化系数	10	20
9	放射性核素限量	3	3

注：H/B（高宽比）是指试样在实际使用状态下的承压高度（H）与最小水平尺寸（B）之比。

6. 蒸压加气混凝土板

产品出厂应按同品种、同级别、同配筋进行检验。出厂检验项目和样本数量见表 7-5。

检验项目和样本数量 表 7-5

序号	检验项目		出厂检验样本数量
1	尺寸偏差		10 块
2	外观质量		10 块
3	基本性能	干密度	3 组
4		抗压强度	3 组
5		干燥收缩值	—
6		抗冻性	—
7		导热系数	—
8	钢筋防锈和保护层要求	防锈能力	—
9		钢筋黏着力	—
10		纵向钢筋保护层厚度	2 块
11	结构性能		1 块

采用相同原材料、相同生产工艺连续生产产品时，由同级别、同配筋的板材，组成一个受检批。不同品种板的批量见表 7-6；在 3 个月内生产总数不足表 7-6 的规定时，也应作为一个检验批。

出厂检验批量 表 7-6

品种	批量（块）
屋面板、楼板	3000
外墙板	5000
隔墙板	10000

从受检批中用随机抽样的方法抽取 10 块板，进行外观质量和尺寸偏差的检验。从尺寸偏差和外观质量检验合格的板中，随机抽取 2 块板进行纵向钢筋保护层厚度检验。从纵向钢筋保护层厚度检验合格的板中，随机抽取 1 块进行结构性能检验。基本性能中干密度和抗压强度试件，可在与该批板相同条件下制得的砌块上取样。否则应从尺寸偏差和外观质量检验合格的板中，随机抽取 3 块板，分别制作 3 组干密度试件和 3 组抗压强度试件。

7.2　墙体材料尺寸偏差检测与试验

7.2.1　检测目的

通过检测墙体材料的尺寸偏差，来评定墙体材料的质量等级。

7.2.2　检测原理

使用量具对墙体材料的尺寸进行测量，并参照标准规范要求中的尺寸允许偏差判定墙体材料的质量等级。

7.2.3　检测仪器

1. 砌墙砖

砖用卡尺：如图 7-1 所示，分度值为 0.5mm。

2. 砌块

钢直尺或钢卷尺，分度值为 1mm。

3. 墙板

钢直尺：精度 0.5mm。

钢卷尺：精度 1mm。

游标卡尺：精度 0.02mm。

塞尺：精度 0.01mm。

靠尺：量程 2m。

读数显微镜：精度 0.01mm。

内外卡钳。

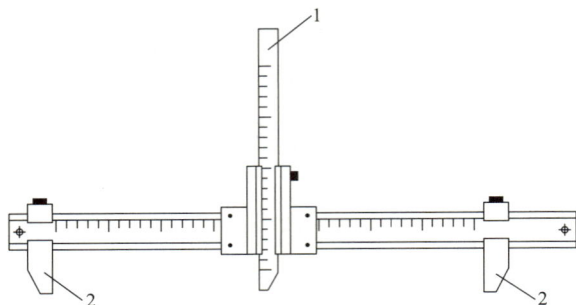

图 7-1 砖用卡尺

1—垂直尺；2—支脚

7.2.4 检测步骤

1. 砌墙砖

长度应在砖的两个大面的中间处分别测量两个尺寸，宽度应在砖的两个大面的中间处分别测量两个尺寸，高度应在两个条面的中间处分别测量两个尺寸。当被测处有缺损或凸出时，可在其旁边测量，但应选择不利的一侧，精确至 0.5mm，尺寸量法见图 7-2。

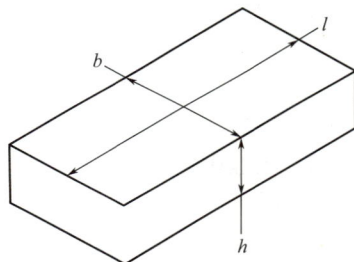

图 7-2 尺寸量法

l—长度；b—宽度；h—高度

2. 砌块

外形为完整直角六面体的块材，长度在条面的中间、宽度在顶面的中间、高度在顶面的中间测量。每项在对应两面各测一次，取平均值，精确至 1mm。

辅助砌块和异形砌块，长度、宽度和高度应测量块材相对位置的最大尺寸，精确至 1mm。特殊标注部位的尺寸测量，精确至 1mm；块材外形非完全对称时，至少应在块材对立面的两个位置上进行全面的尺寸测量，并草绘或拍下测量位置的图片。

建筑材料检测与试验

带孔块材的壁、肋厚应在最小部位测量，选两处各测一次，取平均值，精确至1mm。在调量时不考虑凹槽、刻痕及其地类似结构。

3. 墙板

（1）长度

用钢卷尺检测，读数精确至1mm，测量3处。取3处测量数据的最大值和最小值为检测结果。

——板边两处，靠近两板边100mm处，平行于该板边；

——板中一处，过两板端中点。

（2）宽度

用钢卷尺检测，读数精确至1mm，测量3处。取3处测量数据的最大值和最小值为检测结果。

——板端两处，靠近两板端100mm处，平行于该板端；

——板中一处，过两板端中点。

（3）厚度

厚度大于25mm的厚板，在各距板两端100mm处，两边100mm及横向中线处布置测点；厚度小于或等于25mm的薄板，在各距板两端20mm处，两边20mm及横向中线处布置测点，共测量6处。厚板用钢直尺、外卡钳和游标卡尺配合测量，薄板直接用游标卡尺测量，读数精确至0.02mm，记录数据，取6处测量数据的最大值和最小值为检验结果，修约至0.1mm。

（4）壁厚

在受检空心板端部用钢直尺测3处，分别测量板的上下壁厚及孔间壁厚的最薄处，读数精确至0.5mm，如目测空心板中间的上下壁厚有明显差别，可沿板宽截开测其壁厚，取其最小值为检验结果，修约至1mm。

（5）板面平整度

受检板两面各测量3处，共6处。第一处：使靠尺中点靠近板面中心，靠尺尺身重合于板面的一条对角线；第二处和第三处：靠尺位置关于板面中心对称，靠尺一端位于板面另一条对角线端点，靠尺另一端交于对板边中心，条板另一面测量位置与图示位置关于条板中心对称。用2m靠尺和楔形塞尺测量，记录每处靠尺与板面最大间隙的读数，读数精确至0.1mm。取6处测量数据的最大值为检验结果，修约至0.5mm。

（6）对角线差

用钢卷尺测量墙板上的两条对角线的长度，取两个测量数据的差值为检测结果，结果修约至 1mm。

（7）侧向弯曲

通过板边端点沿板面拉直测线，用钢直尺测量板两侧的侧向弯曲处，取最大值为检测结果，修约至 0.5mm。

7.2.5　检测数据处理与结论评定

1. 砌墙砖

每一方向尺寸以两个测量值的算术平均值表示。

2. 砌块

根据尺寸测量各参数确定砌块质量等级。

3. 墙板

根据尺寸测量各参数确定墙板质量等级。

7.3　墙体材料外观质量检测与试验

7.3.1　检测目的

通过检测墙体材料的外观质量，来评定墙体材料的质量等级。

7.3.2　检测原理

弯曲、缺棱掉角和裂纹长度的测量结果以最大测量值表示。

7.3.3　检测仪器

砖用卡尺：分度值为 0.5mm。

钢直尺等：分度值不应大于 1mm。

7.3.4　检测步骤

1. 砌墙砖

（1）缺损

缺棱掉角在砖上造成的破损程度，以破损部分对长、宽、高三个棱边的投影尺寸来度量，称为破坏尺寸，如图7-3所示。缺损造成的破坏面，系指缺损部分对条、顶面（空心砖为条、大面）的投影面积，空心砖内壁残缺及肋残缺尺寸，以长度方向的投影尺寸来度量，如图7-4所示。

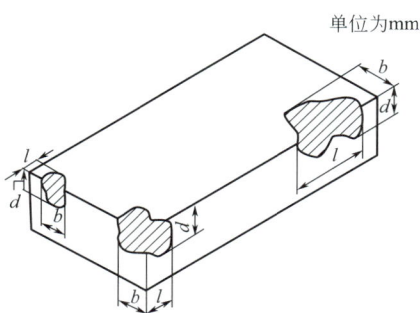

图 7-3　缺棱掉角破坏尺寸量法

l—长度方向的投影尺寸；b—宽度方向的
投影尺寸；d—高度方向的投影尺寸

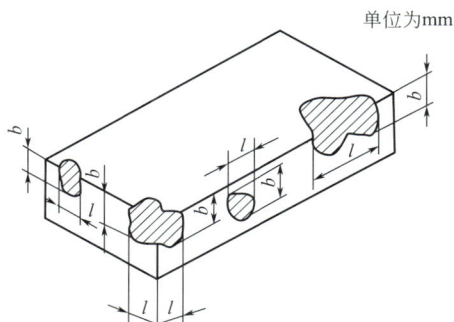

图 7-4　缺损在条、顶面上造成破坏面量法

l—长度方向的投影尺寸；
b—宽度方向的投影尺寸

（2）裂纹

裂纹分为长度方向、宽度方向和水平方向三种，以被测方向的投影长度表示。如果裂纹从一个面延伸至其他面上时，则累计其延伸的投影长度，如图7-5所示。多孔砖的孔洞与裂纹相通时，则将孔洞包括在裂纹内一并测量。裂纹长度以在三个方向上分别测得的最长裂纹作为测量结果，如图7-6所示。

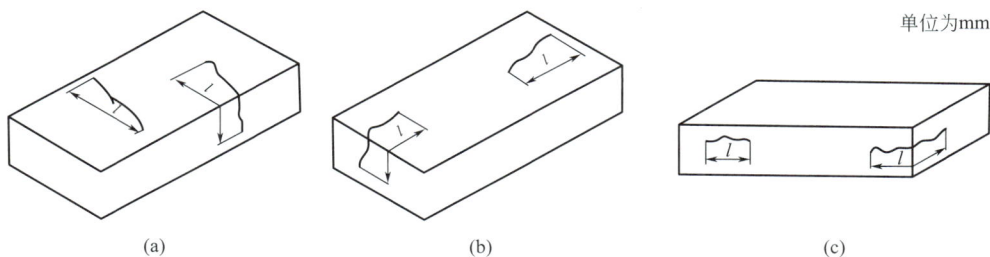

(a)　　　　　　　　　(b)　　　　　　　　　(c)

图 7-5　裂纹长度量法

（a）宽度方向裂纹长度量法；（b）长度方向裂纹长度量法；（c）水平方向裂纹长度量法

（3）弯曲

弯曲分别在大面和条面上测量，测量时将砖用卡尺的两支脚沿棱边两端放置，择其弯曲最大处将垂直尺推至砖面，如图7-7所示，但不应将因杂质或碰伤造成的凹处计算在内。以弯曲中测得的较大者作为测量结果。

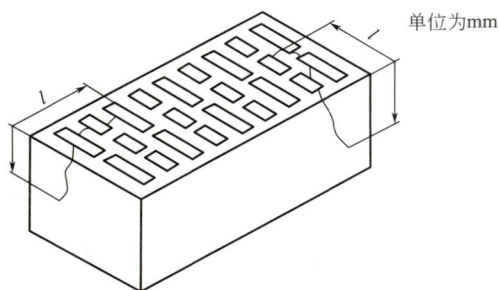

图 7-6 多孔砖裂纹通过孔洞时长度量法

l—裂纹总长度

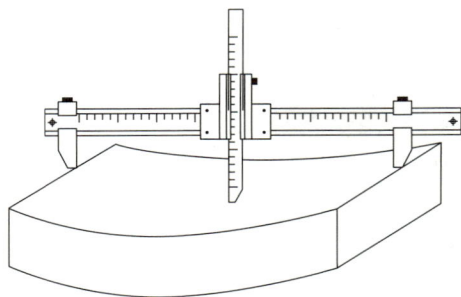

图 7-7 弯曲量法

（4）杂质凸出高度

杂质在砖面上造成的凸出高度，以杂质距砖面的最大距离表示。测量将砖用卡尺的两支脚置于凸出两边的砖平面上，以垂直尺测量，如图 7-8 所示。

（5）色差

装饰面朝上随机分两排并列，在自然光下距离砖样 2m 处目测。

2. 砌块

（1）弯曲测量

将直尺贴靠坐浆面、铺浆面和条面，测量直尺与试件之间的最大间距，精确至 1mm。

（2）缺棱掉角检查

将直尺贴靠棱边，测量缺棱掉角在长、宽、高度三个方向的投影尺寸，精确至 1mm。

（3）裂纹检查

用钢直尺测量裂纹在所在面上的最大投影尺寸，如裂纹由一个面延伸到另一个面时，则累计其延伸的投影尺寸，精确至 1mm，见图 7-9。

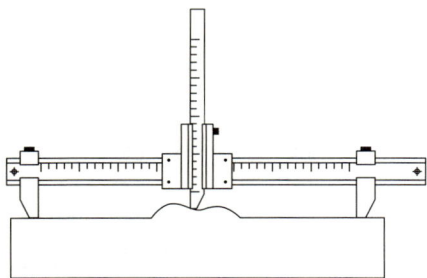

图 7-8 杂质凸出量法

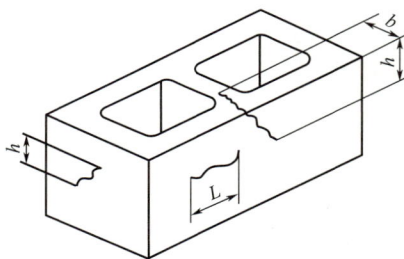

图 7-9 裂纹长度测量法

L—裂纹在长度方向的投影尺寸；b—裂纹在宽度方向的投影尺寸；h—裂纹在高度方向的投影尺寸

建筑材料检测与试验

3. 墙板

对受测板，视距 0.5m 左右，且测有无外露增强纤维、贯通裂纹、泛霜；用钢直尺测量板面裂缝长度、蜂窝气孔、缺棱掉角数据，读数精确至 1mm；用读数显微镜测量裂缝宽度，读数精确至 0.1mm，并记录数量。

7.3.5　检测数据处理与结论评定

外观测量以 mm 为单位，不足 1mm 者，按 1mm 计。

7.4　墙体材料抗压强度检测与试验

7.4.1　检测目的

测定墙体材料的抗压强度，用来评定墙体材料的强度等级合格性。

7.4.2　检测原理

在墙体材料试件上施加荷载，当应力达到极限抗压强度时试件破坏，测此时的应力，即为墙体材料的抗压强度。

7.4.3　检测仪器

1. 砌墙砖

材料试验机：试验机的示值相对误差不超过±1%，其上、下加压板至少应有一个球铰支座，预期最大破坏荷载应在量程的 20%～80% 之间。

钢直尺：分度值不应大于 1mm。

振动台：应符合现行《砌墙砖抗压强度试样制备设备通用要求》GB/T 25044 的要求。

制样模具：应符合现行《砌墙砖抗压强度试样制备设备通用要求》GB/T 25044 的要求。

搅拌机等：应符合现行《砌墙砖抗压强度试样制备设备通用要求》GB/T 25044 的要求。

切制设备。

抗压强度试验用净浆材料：应符合现行《砌墙砖抗压强度试验用净浆材料》

GB/T 25183 的要求。

2. 砌块

材料试验机：示值误差应不大于±2%，其量程选择应能使试件的预期破坏荷载落在满量程的 20%～80%。

钢板：厚度不小于 10mm，平面尺寸应大于 440mm×240mm。钢板的一面需平整，精度要求在长度方向范围内的平面度不大于 0.1mm。

玻璃平板：厚度不小于 6mm，平面尺寸与钢板的要求相同。

水平尺。

3. 墙板

万能试验机：精度Ⅰ级。

钢直尺：精度 0.5mm。

7.4.4 检测步骤

1. 砌墙砖

（1）试样制备

1）一次成型制样。一次成型制样适用于采用样品中间部位切割，交错叠加灌浆制成强度试验试样的方式。将试样锯成两个半截砖，两个半截砖用于叠合部分的长度不得小于 100mm。如果不足 100mm，应另取备用试样补足。将已切割开的两个半截砖放入室温的净水中浸 20～30min 后取出，在铁丝网架上滴水 20～30min，以断口相反方向装入制样模具中。用插板控制两个半砖间距为 5mm，砖大面与模具间距 3mm，砖断面、顶面与模具间垫以橡胶垫或其他密封材料，模具内表面涂油或脱模剂。将净浆材料按照配制要求，置于搅拌机中搅拌均匀。将装好试样的模具置于振动台上，加入适量搅拌均匀的净浆材料，振动时间为 0.5～1min，停止振动，静置至净浆材料达到初凝时间（约 15～19min）后拆模。

2）二次成型制样。二次成型制样适用于采用整块样品上下表面灌浆制成强度试验试样的方式。将整块试样放入室温的净水中浸 20～30min 后取出，在铁丝网架上滴水 20～30min。按照净浆材料配制要求，置于搅拌机中搅匀。模具内表面涂油或脱模剂，加入适量搅拌均匀的净浆材料，将整块试样一个承压面与净浆接触，装入制样模具中，承压面找平层厚度不应大于 3mm。接通振动台电源，振动 0.5～1min，停止振动，静置至净浆材料初凝（约 15～19m）后拆模。按同样方法完成整块试样另一承压面的找平。

3）非成型制样：非成型制样适用于试样无需进行表面找平处理制样的方式。将试样锯成两个半截砖，两个半截砖用于叠合部分的长度不得小于100mm。如果不足100mm应另取备用试样补足。两半截砖切断口相反叠放，叠合部分不得小于100mm，即为抗压强度试样。

（2）试样养护

一次成型制样、二次成型制样在不低于10℃的不通风室内养护4h。非成型制样不需要养护，试样气干状态直接进行试验。

（3）测量每个试样连接面或受压面的长、宽尺寸各两个，分别取其平均值，精确至1mm。将试样平放在加压板的中央，垂直于受压面加荷，应均匀平稳，不得发生冲击或振动。加荷速度以2～6kN/s为宜，直至试样破坏为止，记录最大破坏荷载P。

2．砌块

（1）试件准备

处理试件的坐浆面和铺浆面，使之成为互相平行的平面。将钢板置于稳固的底座上，平整面向上，用水平尺调至水平。在钢板上先薄薄地涂一层机油，或铺一层湿纸，然后铺一层以1份质量的32.5级以上普通硅酸盐水泥和2份细砂，加入适量的水调成的砂浆，将试件的坐浆面湿润后平稳地压入砂浆层内，使砂浆层尽可能均匀，厚度为3～5m。将多余的砂浆沿试件棱边刮掉，静置24h以后，再按上述方法处理试件的铺浆面。为使两面能彼此平行，在处理铺浆面时，应将水平尺置于现已向上的坐浆面上调至水平。

在温度10℃以上不通风的室内养护3d后做抗压强度试验。为缩短时间，也可在坐浆面砂浆层处理后，不经静置立即在向上的铺浆面上铺一层砂浆，压上事先涂油的玻璃平板，边压边观察砂浆层。将气泡全部排除，并用水平尺调至水平，直至砂浆层平而均匀，厚度3～5mm。

（2）试验步骤

1）测量每个试件的长度和宽度分别求出各个方向的平均值精确至1mm。

将试件置于试验机承压板上，使试件的轴线与试验机压板的压力中心重合，以10～30kN/s的速度加荷，直至试件破坏。记录最大破坏荷载P。

若试验机压板不足以覆盖试件受压面时，可在试件的上、下承压面加辅助钢压板。辅助钢压板的表面光洁度应与试验机原压板相同，其厚度至少为原压板边至辅助钢压板最远角距离的1/3。

2）混凝土拌合物应分两层装入，每层的插捣次数应为25次；用捣棒由边缘向中心均匀地插捣，插捣底层时捣棒应贯穿整个深度，插捣第二层时，捣棒应插透本层至下一层的表面；每一层捣完后应使用橡皮锤沿缸体外壁敲击 5～10 次，进行振实，直至混凝土拌合物表面插捣孔消失并不见大气泡为止。

自密实混凝土应一次性填满，且不应进行振动和插捣。

3）将缸体外表擦干净，压力泌水仪安装完毕后应在 15s 以内给混凝土拌合物试样加压至 3.2MPa；并应在 2s 内打开泌水阀门，同时开始计时，并保持恒压，泌出的水接入 150mL 烧杯里，并应移至量筒中读取泌水量，精确至 1mL。

4）加压至 10s 时读取泌水量 V_{10}，加压至 140s 时读取泌水量 V_{140}。

3. 墙板

取 3 块试件进行抗压强度试验，采用现行《砌墙砖抗压强度试验用净浆材料》GB/T 25183 规定的净浆材料处理试件的上表面和下表面，使之成为相互平行且试件孔洞圆柱轴线垂直的平面，并用水平尺调至水平。

制成的抹面试样应置于不低于 10℃ 的不通风室内养护不少于 4h 再进行试验。

用钢直尺分别测量每个试件受压面的长、宽方向中间位置尺寸各两个，分别取其平均值，修约至 1mm。

将试件置于试验机承压板上，使试件的轴线与试验机压板的压力中心重合，以 0.05～0.10MPa/s 的速度加荷，直至试件破坏。记录最大破坏荷载 P。

7.4.5 检测数据处理与结论评定

1. 砌墙砖

每块试样的抗压强度（R_p）按下式计算。

$$R_p = \frac{P}{L \times B} \qquad 式（7-1）$$

式中：R_p——抗压强度（MPa）；

$\quad\quad P$——最大破坏荷载（N）；

$\quad\quad L$——受压面（连接面）的长度（mm）；

$\quad\quad B$——受压面（连接面）的宽度（mm）。

试样结果以试样抗压强度的算术平均值和标准值或单块最小值表示。

2. 砌块

每个试件的抗压强度按下式计算，精确至 0.1MPa。

$$R = \frac{P}{L \times B} \qquad 式（7-2）$$

式中：R——试件的抗压强度（MPa）；

P——破坏荷载（N）；

L——受压面的长度（mm）；

B——受压面的宽度（mm）。

试验结果以五个试件抗压强度的算术平均值和单块最小值表示，精确至0.1MPa。

3. 墙板

每个试件的抗压强度按下式计算，修约至0.1MPa。

$$R = \frac{P}{L \times B} \qquad 式（7-3）$$

式中：R——试件的抗压强度（MPa）；

P——破坏荷载（N）；

L——受压面的长度（mm）；

B——受压面的宽度（mm）。

墙板抗压强度的试验结果为其自然状态下的抗压强度，以3块试件抗压强度的算术平均值计算和评定，结果修约至0.1MPa。如果其中一个试件的抗压强度与3个试件抗压强度平均值之差超过平均值的20%，则抗压强度值按另两个试件的抗压强度的算术平均值计算；如果有两个试件与抗压强度平均值之差超过规定，则试验结果无效，应重新取样进行试验。

7.5 砌墙砖石灰爆裂检测与试验

7.5.1 检测目的

通过检测砌墙砖的石灰爆裂，用来评定墙体材料的质量等级。

7.5.2 检测原理

未熟化完全的石灰造成体积膨胀，致使墙体材料开裂。

7.5.3 检测仪器

蒸煮箱；

钢直尺：分度值不应大于1mm。

7.5.4 检测步骤

1. 试样数量为5块，所取试样为未经雨淋或浸水，且近期生产的外观完整的试样。试验前检查每块试样将不属于石灰爆裂的外观缺陷作标记。

2. 将试样平行侧立于蒸煮箱内的箅子板上，试样间隔不得小于50mm，箱内水面应低于上板40mm。

3. 加盖蒸6h后取出。

4. 检查每块试样上因石灰爆裂（含试验前已出现的爆裂）而造成的外观缺陷，记录其尺寸。

7.5.5 检测数据处理与结论评定

以试样石灰爆裂区域的尺寸最大者表示。

7.6 砌墙砖泛霜检测与试验

7.6.1 检测目的

通过检测砌墙砖的泛霜，用来评定砌墙砖的质量等级。

7.6.2 检测原理

可溶性盐随水分蒸发在砖表面产生的盐析现象，通过观察试体表面盐析程度判定泛霜性能。

7.6.3 检测仪器

鼓风干燥箱：最高温度200℃。

耐磨耐腐蚀的浅盘：容水深度25～35mm。

透明材料：能完全覆盖浅盘，其中间部位开有大于试样宽度、高度或长度尺寸5～10mm的矩形孔。

温、湿度计。

7.6.4 检测步骤

1.清理试样（试样数量为 5 块）表面，然后置于 105℃±5℃风箱中干燥 24h，取出冷却至常温。

2.将试样顶面或有孔洞的面朝上分别置于浅盘中，往浅盘中注入蒸馏水，水面高度不应低于 20mm。用透明材料覆盖在浅盘上，并将试样暴露在外面，记录时间。

3.试样浸在盘中的时间为 7d，试验开始 2d 内经常加水以保持盘内水面高度，以后则保持浸在水中即可。试验过程中要求环境温度为 16～32℃，相对湿度 35％～60％。

4.试验 7d 后取出试样，在同样的环境条件下放置 4d。然后在 105℃±5℃鼓风干燥箱中干燥至恒量。取出冷却至常温。记录干燥后的泛霜程度。

7.6.5 检测数据处理与结论评定

泛霜程度根据记录以最严重者表示，泛霜程度划分如下：

无泛霜：试样表面的盐析几乎看不到。

轻微泛霜：试样表面出现一层细小明显的霜膜，但试样表面仍清晰。

中等泛霜：试样部分表面或棱角出现明显霜层。

严重泛霜：试样表面出现起砖粉、掉屑及脱皮现象。

7.7　墙体材料试验报告与检测报告

7.7.1　砌墙砖尺寸偏差试验报告

1.试验目的

2.试验仪器与材料

3. 试验步骤

（1）试样准备

（2）长度测量

（3）宽度测量

（4）高度测量

（5）清洁整理试验仪器和试验台

4. 试验数据记录

5. 试验数据处理

6. 试验结论

7.7.2 砌墙砖外观质量试验报告

1. 试验目的

2. 试验仪器与材料

3. 试验步骤

（1）试样准备

（2）缺损检查

（3）裂纹检查

（4）弯曲检查

（5）杂质凸出高度检查

（6）色差检查

（7）清洁整理试验仪器和试验台

4. 试验数据记录

5. 试验数据处理

6. 试验结论

7.7.3 砌墙砖抗压强度试验报告

1. 试验目的

2. 试验仪器与材料

3. 试验步骤

（1）试样制备

（2）试样养护

（3）尺寸测量

（4）检测抗压破坏荷载

（5）清洁整理试验仪器和试验台

4. 试验数据记录

试样受压面长度、宽度测量数据：

试样	长度（mm）			宽度（mm）		
	第一次	第二次	平均值	第一次	第二次	平均值
1						
2						
3						
4						
5						
6						

试样	长度（mm）			宽度（mm）		
	第一次	第二次	平均值	第一次	第二次	平均值
7						
8						
9						
10						

试样受压数据：

试样	破坏荷载 P（N）	受力面积 $L \times B$（mm^2）	抗压强度 R_p（MPa）
1			
2			
3			
4			
5			
6			
7			
8			
9			
10			

5. 试验数据处理

6. 试验结论

7.7.4 砌墙砖石灰爆裂试验报告

1. 试验目的

2. 试验仪器与材料

3. 试验步骤
（1）试样准备

（2）蒸煮试件

（3）外观检查

（4）尺寸测量

（5）清洁整理试验仪器和试验台
4. 试验数据记录

5. 试验数据处理

6. 试验结论

7.7.5 砌墙砖泛霜试验报告

1. 试验目的

2. 试验仪器与材料

3. 试验步骤

（1）试样准备

（2）试件浇水处理，记录时间

（3）浸水观察

（4）烘干试件，记录泛霜程度

（5）清洁整理试验仪器和试验台

4. 试验数据记录

5. 试验数据处理

6. 试验结论

7.7.6 墙体材料检测报告

委托单位		委托编号	
工程名称		检测类别	
水泥品种		取样数量	
强度等级		检测日期	
生产厂家		报告日期	
检测依据			

检测结果

检验项目		标准要求	实测值
抗压强度	平均值（MPa）		
	标准值（MPa）		
	最小值（MPa）		
	标准偏差计算（MPa）		
	变异系数计算		
尺寸偏差			
外观质量			
泛霜			
石灰爆裂			
结论			
备注			

检测：　　　　　　审核：　　　　　　签发：　　　　　　报告日期：

【项目总结】

　　墙体材料性能检测中应执行各项技术指标的检测标准，再对照墙体材料的质量标准评定其技术指标的合格性。墙体材料外观质量、尺寸偏差、抗压强度等性能的检测在墙体材料性能检测中至关重要。墙体材料检测的组批、取样和制样必须执行相关标准。

　　墙体材料各项技术指标检测过程中应明确检测目的和原理，准备实验室、试验材料、检测仪器等，按现行标准或规范进行检测操作，记录试验数据，按现行标准或规范要求对试验数据进行处理，并出具试验结论，填写墙体材料单项性能指标试验报告，填写墙体材料检测报告。

【思考及练习】

一、填空题

1. 砌墙砖尺寸偏差检测中长度应在砖的（　　　　）的中间处分别测量两个尺

寸，宽度应在砖的（　　　）的中间处分别测量两个尺寸，高度应在（　　　）的中间处分别测量两个尺寸。

2. 外观质量检测中缺棱掉角在砖上造成的破损程度，以破损部分对长、宽、高三个棱边的（　　　）来度量，称为（　　　）。

3. 多孔砖的孔洞与裂纹相通时，则将（　　　）一并测量。裂纹长度以在三个方向上分别测得的（　　　）作为测量结果。

4. 砌墙砖抗压强度检测前，应处理试件的（　　　），使之成为互相平行的平面。

5. 砌墙砖石灰爆裂检测中结果评定应以试样石灰爆裂区域的（　　　）表示。

二、单选题

1. 现行《砌墙砖试验方法》GB/T 2542中规定尺寸测量的量具应为（　　）。

A. 游标卡尺 　　　　　　　　　　B. 直尺

C. 卷尺 　　　　　　　　　　　　D. 砖用卡尺

2. 现行《砌墙砖试验方法》GB/T 2542中规定长度应在砖的两个（　　）的中间处分别测量两个尺寸。当被测处有缺损或凸出时，可在其旁边测量，但应选择不利的一侧。精确至（　　）mm。

A. 大面　1 　　　　　　　　　　B. 条面　1

C. 大面　0.5 　　　　　　　　　D. 条面　0.5

3. 现行《砌墙砖试验方法》GB/T 2542中规定裂纹长度以在三个方向上分别测得的（　　）作为测量结果。

A. 最长裂纹 　　　　　　　　　　B. 最短裂纹

C. 裂纹长度平均值 　　　　　　　D. 裂纹长度总和

4. 现行《砌墙砖试验方法》GB/T 2542中规定抗压强度试验的材料试验机预期最大破坏荷载应在量程的（　　）之间。

A. 10%～80% 　　　　　　　　　B. 20%～80%

C. 10%～90% 　　　　　　　　　D. 20%～90%

5. 现行《砌墙砖试验方法》GB/T 2542中规定抗压强度试验的材料试验机示值相对误差不大于（　　）%。

A. ±1 　　　　B. ±0.5 　　　　C. ±1.5 　　　　D. ±2

6. 现行《砌墙砖试验方法》GB/T 2542中规定在烧结普通砖制样时，应将砖样切断或锯成两个半截砖，每个半截砖长不得小于（　　）mm，如果不足，应另取备用砖补足。

A. 100
B. 90
C. 110
D. 120

7. 现行《混凝土砌块和砖试验方法》GB/T 4111 规定尺寸测量的精度要求为（　　）mm。

A. 0.5
B. 0.1
C. 1
D. 5

8. 现行《混凝土砌块和砖试验方法》GB/T 4111 规定抗压强度试件制备一般用坐浆法，其浆面厚度一般为（　　）mm。

A. 1～3
B. 1～5
C. 3～5
D. 5～8

9. 现行《烧结空心砖和空心砌块》GB/T 13545 中规定，砖和砌块的（　　）不允许出现中等泛霜。

A. 优等品
B. 一等品
C. 合格品
D. 以上都错

10. 现行《烧结空心砖和空心砌块》GB/T 13545 中规定，空心砖和空心砌块强度以（　　）抗压强度结果表示。

A. 条面
B. 大面
C. 顶面
D. 前面三项均可以

11. 现行《烧结普通砖》GB/T 5101 中，砖的抗压强度试验，试件数量为（　　）块，加荷速度为（　　）。

A. 10　5kN/s±0.5kN/s
B. 5　5kN/s±0.5kN/s
C. 10　1kN/s±0.5kN/s
D. 5　1kN/s±0.5kN/s

12. 现行《烧结普通砖》GB/T 5101 中，砖的尺寸偏差检验，样本极差是 20 块试样同方向 40 个测量值的（　　）减去其（　　）的差值。

A. 最大测量值　算术平均值
B. 算术平均值　公称尺寸
C. 最大测量值　最小测量值
D. 算术平均值　最小测量值

三、多选题

1. 现行《砌墙砖试验方法》GB/T 2542 规定了砌墙砖尺寸、外观质量、（　　）、冻融、体积密度、石灰爆裂、泛霜、吸水率和饱和系数、孔洞及其结构、干燥收缩、碳化、传热系数、放射性等的试验方法。

A. 抗压强度
B. 抗折强度
C. 抗拉强度
D. 冲击强度

E. 疲劳强度

2. 现行《砌墙砖试验方法》GB/T 2542 中外观质量检查测量方法主要有（　　）和色差。

　　A. 缺损　　　　　　　　　　　　B. 裂纹

　　C. 弯曲　　　　　　　　　　　　D. 杂质凸出高度

　　E. 鼓包

3. 现行《蒸压加气混凝土性能试验方法》GB/T 11969 中进行蒸压加气混凝土力学性能试验时以下试件数量错误的有（　　）。

　　A. 抗压强度 100mm×100mm×100mm 立方体试件一组 3 块

　　B. 劈裂抗拉强度 100mm×100mm×300mm 立方体试件一组 3 块

　　C. 抗折强度 100mm×100mm×100mm 立方体试件一组 3 块

　　D. 轴心抗压强度 100mm×100mm×100mm 立方体试件一组 3 块

　　E. 轴心抗压强度 100mm×100mm×300mm 立方体试件一组 3 块

4. 现行《烧结空心砖和空心砌块》GB/T 13545 中规定，空心砖和空心砌块的出厂检验项目包括（　　）。

　　A. 尺寸偏差　　　　　　　　　　B. 外观质量

　　C. 强度等级　　　　　　　　　　D. 密度等级

　　E. 抗老化性

四、简答题

1. 简述砌墙砖外观质量检测中缺损和裂纹的检测方法。

2. 简述砌墙砖泛霜检测中如何评定泛霜程度。

项目8

建筑钢材性能检测与试验

建筑钢材性能检测与试验

【教学目标】

1. 知识目标：

了解建筑钢材的种类、性能、应用等；

理解建筑钢材性能检测中相关的标准规范；

掌握建筑钢材的取样制样方法；

掌握建筑钢材的性能检测方法；

掌握试验数据分析处理方法；

掌握建筑砂浆的性能评价方法。

2. 能力目标：

具备确定建筑钢材性能检测依据的能力；

具备建筑钢材取样制样的能力；

具备建筑钢材性能检测的能力；

具备建筑钢材试验数据处理分析的能力；

具备建筑钢材性能评价的能力。

3. 素质目标：

具有良好的职业道德和诚信品质；

具有工匠精神、劳动精神、劳模精神；

具有良好的质量意识、规范意识、环保意识、安全意识、信息技术素养；

具有较强的集体意识和团队合作精神。

【思维导图】

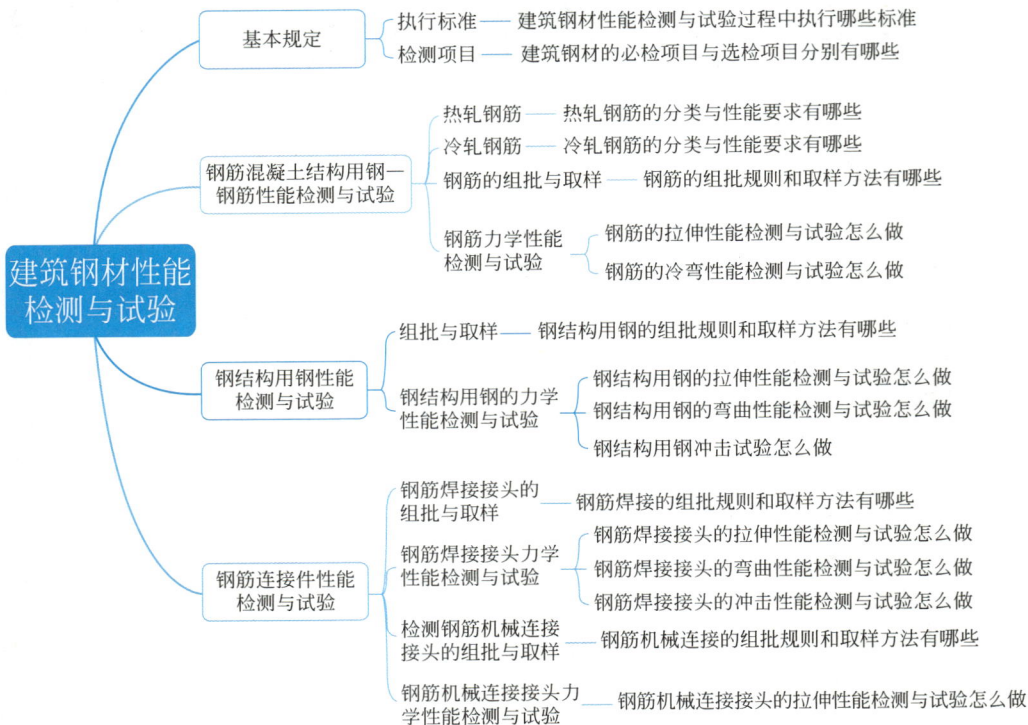

【引文】

建筑钢材通常可分为钢结构用钢和钢筋混凝土结构用钢筋。钢结构用钢主要有普通碳索结构钢和低合金结构钢，品种有型钢、钢管和钢筋，型钢中有角钢、工字钢和槽钢。钢筋混凝土结构用钢，按加工方法可分为热轧钢筋、热处理钢筋、冷拉钢筋、冷拔低碳钢丝和钢绞线管，按表面形状可分为光面钢筋和螺纹钢筋，按钢材品种可分为低碳钢、中碳钢、高碳钢和合金钢等。

8.1 建筑钢材性能检测的基本规定

8.1.1 执行标准（现行）

《钢筋混凝土用钢 第 1 部分：热轧光圆钢筋》GB/T 1499.1

《冷轧带肋钢筋》GB/T 13788

《钢筋混凝土用钢材试验方法》GB/T 28900

《金属材料 拉伸试验 第 1 部分：室温试验方法》GB/T 228.1

《金属材料 弯曲试验方法》GB/T 232

《钢及钢产品 力学性能试验取样位置及试样制备》GB/T 2975

《热轧型钢》GB/T 706

《优质碳素结构钢》GB/T 699

《建筑结构用钢板》GB/T 19879

《结构用无缝钢管》GB/T 8162

《金属材料 管 弯曲试验方法》GB/T 244

《冷拔异型钢管》GB/T 3094

《金属材料 夏比摆锤冲击试验方法》GB/T 229

《钢筋焊接接头试验方法标准》JGJ/T 27

《钢筋机械连接技术规程》JGJ 107

8.1.2 检测项目

必检项目：外观质量、拉伸性能、冷弯性能、冲击韧性。

选检项目：疲劳性能、化学成分、反复弯曲、应力松弛等。

8.2 钢筋混凝土结构用钢—钢筋性能检测与试验

8.2.1 钢筋的组批与取样

1. 组批规则

（1）热轧光圆钢筋、余热处理钢筋每批由重量不大于 60t 的同一牌号、同一炉罐号、同一规格、同一交货状态的钢筋组成。超过 60t，每增加 40t，增加一个拉伸和一个弯曲试样。

（2）热轧带肋钢筋、低碳钢热轧圆盘条每批由重量不大于 60t 的同一牌号、同一炉罐号、同一规格的钢筋组成。

（3）冷轧带肋钢筋每批由同一牌号、同一外形、同一规格、同一生产工艺和同一交货状态的钢筋组成，每批不大于 60t。

2. 取样方法和试验方法

取样方法和试验方法应符合表 8-1、表 8-2 的要求。

热轧钢筋的试验项目、取样方法及试验方法 表 8-1

序号	试验项目	取样数量	取样方法	试验方法
1	拉伸	2	不同根(盘)钢筋切取	GB/T 28900
2	弯曲	2	不同根(盘)钢筋切取	GB/T 28900

冷轧钢筋的试验项目、取样方法及试验方法 表 8-2

序号	试验项目	取样数量	取样方法	试验方法
1	拉伸试验	每盘 1 个	在每(任)盘中随机切取	GB/T 21839 GB/T 28900
2	弯曲试验	每批 2 个		GB/T 28900
3	反复弯曲试验	每批 2 个		GB/T 21839
4	应力松弛试验	定期 1 个		GB/T 21839

8.2.2 钢筋力学性能检测与试验

1. 钢筋拉伸试验

（1）试验目的

测定钢筋的屈服强度、抗拉强度与伸长率。检验钢材的抗拉性能，为确定钢筋的牌号提供依据。了解拉力与变形之间的关系。

（2）主要仪器设备

万能液压试验机、游标卡尺。

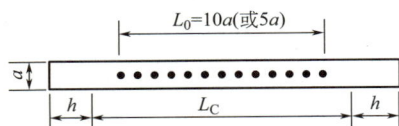

图 8-1 钢筋拉伸试件

a—试样原始直径；L_0—原始标距长度；

h—夹头长度；

L_C—试样平行长度（不小于 $L_0 + 2\sqrt{S_0}$）

（3）试样的制作和准备

抗拉试验用钢筋试样不得进行车削加工，应用小标记、细画线或细墨线标记原始标距，但不得用引起过早断裂的缺口作标记。用游标卡尺测量原始标距长度 L_0，精确至 0.1mm。如图 8-1 所示，图中 L_0 称为试样的原始标距。原始标距与横截面积有 $L_0 = k\sqrt{S_0}$ 关系的试样

称为比例试样。国际上使用的比例系数 k 的值为 5.65，原始标距应不小于 15mm。当试样横截面积太小，以至于采用 $k = 5.65$ 的值不能符合这一最小标距要求时，可以采用较高的值（优先采用 11.3 的值）或采用非比例试样。非比例试样其原始标距 L_0 与原始横截面积 S_0 无关。

（4）试验步骤

1）调整试验机测力度盘的指针，使之对准零点，并拨动副指针使之与主指针重合。

2）将试样固定在试验机夹头内。夹持方法应使用例如楔形夹头、螺纹夹头、套环夹头等合适的夹具夹持试样，应尽最大努力确保夹持的试样受轴向拉力的作用。在试验加载链装配完成后，试样两端被夹持之前，应设定力测量系统的零点。一旦设定了力值零点，在试验期间力测量系统不能再发生变化。

3）开动试验机进行拉伸，拉伸时的控制试验速率的方法有两种：方法 A，应变速率控制；方法 B，应力速率控制。应力速率控制按如下规定：如果没有其他规定，在应力达到规定屈服强度的一半之前，可以采用任意的试验速率，超过这点以后的试验速率应满足以下规定。在弹性范围直至上屈服强度前，试验机夹头的分离速率应尽可能保持恒定并在表 8-3 规定的应力速率的范围内。

屈服前的应力速率   表 8-3

金属材料的弹性模量（MPa）	应力速率[N/(mm² · s)]	
	最小	最大
＜150000	2	20
≥150000	6	60

注：弹性模量小于 150000MPa 的典型材料包括锰、铝合金、铜和钛；弹性模量大于 150000MPa 的典型材料包括铁、钢、钨和镍基合金。

4）测定下屈服强度，在试样平行长度的屈服期间应变速率应在 0.00025～0.0025/s 之间。平行长度内的应变速率应尽可能保持恒定。如不能直接调节这一应变速率，应通过调节屈服即将开始前的应力速率来调整，在屈服完成之前不再调节试验机的控制。

5）测定抗拉强度的试验速率。塑性范围时，平行长度的应变速率不应超过 0.008/s（或等效的横梁分离速率）；在弹性范围内，如试验不包括屈服强度或规定强度的测定，试验机的速率可以达到塑性范围内允许的最大速率。

6）在拉伸过程中，测力度盘的指针停止转动，或第一次回转时的最小荷载，即为所求的屈服点荷载 F_{eL}（N）。按下式计算屈服强度：

$$R_{eL} = \frac{F_{eL}}{S} \qquad\qquad 式（8-1）$$

式中：R_{eL}——屈服强度（MPa），计算至 1MPa；

      F_{eL}——屈服点荷载（N）；

      S——试样的公称横截面积（mm²）。

上、下屈服强度位置判定的基本原则如下。

① 屈服前的第 1 个峰值应力判为上屈服强度，不管其后的峰值比它大或比它小。

② 屈服阶段中如呈现两个或以上的谷值应力，舍去第 1 个谷值应力不计，取其余谷值应力中最小者判为下屈服强度。如呈现 1 个下降谷，此谷值应力判为下屈服强度。

③ 屈服阶段呈现屈服平台，平台应力判为下屈服强度；如呈现多个而且后者高于前者的屈服平台，判第 1 个平台应力为下屈服强度。

④ 正确的判定结果应是下屈服强度一定低于上屈服强度。

7）继续拉伸，直至将试样拉断。由测力度盘读出最大荷载 F_m，按下式计算试样的抗拉强度：

$$R_m = \frac{F_m}{S} \qquad\qquad 式（8-2）$$

式中：R_m——抗拉强度（MPa）；

  F_m——最大荷载（N）；

  S——试样的公称横截面积（mm^2）。

抗拉强度的计算精度同屈服强度。

8）断后伸长率 A 的测定

试样断裂后，将送油阀关闭，然后慢慢打开回油阀卸除荷载，并使试验机夹头回到原来位置。松开夹头取下试样，将已拉断的两段在断裂处对齐，仔细地配接在一起使其轴线处于同一直线上，用卡尺直接测量试样断后标距（L_u）。

应使用分辨力不低于 0.1mm 的量具或测量装置测定断后标距，准确到 ±0.25mm。如规定的最小断后伸长率小于 5％，应采用特殊方法进行测定。

断后伸长率按下式计算，精确至 0.5％：

$$A = \frac{L_u - L_0}{L_0} \times 100\% \qquad\qquad 式（8-3）$$

式中：A——断后伸长率；

  L_0——原始标距长度（mm）；

  L_u——断后标距长度（mm）。

原则上只有断裂处与最接近的标距标记的距离不小于原始标距（L_0）的三分之一情况方为有效。但断后伸长率大于或等于规定值，不管断裂位置处于何处测量均为有效。

（5）试验结果处理

1）试验出现下列情况之一其试验结果无效，应重做同样数量试样的试验。

① 试样断在标距外或断在机械刻画的标距标记上，而且断后伸长率小于规定的

最小值。

② 试验期间设备发生故障，影响了试验结果。

2）试验后试样出现两个或两个以上的缩颈以及显示出肉眼可见的冶金缺陷（例如分层、气泡、夹渣、缩孔等），应在试验记录和报告中注明。

3）对于比例试样，若原始标距不为 $5.65\sqrt{S_0}$（S_0 为平行长度的原始横截面积），应附以下脚注说明所使用的比例系数。例如，$A_{11.3}$ 表示原始标距（L_0）为 $11.3\sqrt{S_0}$ 的断后伸长率。对于非比例试样，符号 A 应附以下脚注说明所使用的原始标距，以毫米（mm）表示。例如，A_{80mm} 表示原始标距（L_0）为 80mm 的断后伸长率。

2. 钢筋冷弯试验

（1）试验目的

检验钢筋承受规定弯曲程度的变形性能，从而确定其可加工性能，并显示其缺陷，弯曲压头直径要求见表 8-4。

弯曲压头直径（GB/T 1499.2—2018）　　　　　　表 8-4

牌号	公称直径 d	弯曲压头直径
HRB400 HRBF400 HRB400E HRBF400E	$6\sim25$	$4d$
	$28\sim40$	$5d$
	$>40\sim50$	$6d$
HRB500 HRBF500 HRB500E HRBF500E	$6\sim25$	$6d$
	$28\sim40$	$7d$
	$>40\sim50$	$8d$
HRB600	$6\sim25$	$6d$
	$28\sim40$	$7d$
	$>40\sim50$	$8d$
CRB550 CRB600H CRB680H		$3d$

（2）试验原理

弯曲试验是以圆形、方形、矩形或多边形横截面试样在弯曲装置上经受弯曲塑性变形，不改变加力方向，直至达到规定的弯曲角度。

弯曲试验时，试样两臂的轴线保持在垂直于弯曲轴的平面内。如为弯曲 180°角的弯曲试验，按照相关产品标准的要求，可以将试样弯曲至两臂直接接触或两臂相互平行且相距规定距离，可使用垫块控制规定距离。

（3）主要仪器设备

万能试验机、不同直径的弯曲压头（弯心）。

（4）试样的制作和准备

冷弯钢筋试样不得进行车削加工，试样长度应根据试样直径和所使用的设备确定。通常按下式确定：

$$L = 0.5\pi(d + a) + 140 \qquad\qquad 式（8-4）$$

式中：d——弯心直径（mm）；

　　　a——试样直径（mm）；

　　　π——圆周率，其值取 3.1。

（5）试验步骤

1）虎钳式弯曲

试样一端固定，绕规定的弯曲压头进行弯曲，如图 8-2（a）所示。试样弯曲到规定的角度。

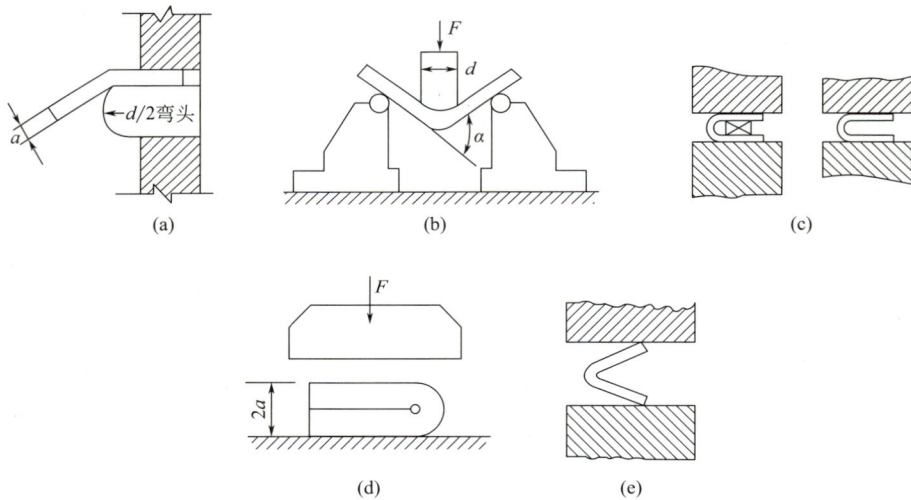

图 8-2　弯曲试验示意图

2）支辊式弯曲

① 调整好支辊之间的距离为（$d + 3a$）±0.5a，此距离在试验期间应保持不变。把试样放置在两支辊上，试样轴线应与弯曲压头轴线垂直，用规定弯心直径的压头，在两支座之间的中点处对试样连续施加压力使其弯曲，直至达到规定的弯曲

角度，如图 8-2（b）所示。

② 如不能达到规定的弯曲角度，应将试样置于两平行压板之间，见图 8-2（e）。连续施加压力使其两端进一步弯曲，直至达到规定的弯曲角度。

3）试样弯曲至 180°或两臂接触

① 试样弯曲至 180°。首先对试样进行初步弯曲（弯曲角度尽可能大），然后将试样置于两平行压板之间，见图 8-5（e）。连续施加压力使其两端进一步弯曲，直至两臂平行。试验时可以加或不加厚度与弯心直径相同的垫块［图 8-2（c）］。

② 试样弯曲两臂接触。首先对试样进行初步弯曲（弯曲角度尽可能大），然后将试样置于两平行压板之间［图 8-2（e）］，连续施加压力使其两端进一步弯曲，直至两臂接触［图 8-2（d）］。

（6）试验结果评定

应按照有关产品标准的要求评定冷弯试验的结果。如未规定具体要求，冷弯试验后试样弯曲外表面无肉眼可见的裂纹应评定为合格。

8.3 钢结构用钢性能检测与试验

钢结构用钢主要是热轧成型的钢板和型钢等。薄壁轻型钢结构中主要采用薄壁型钢、圆钢和小角钢。钢材所用的母材主要是普通碳素结构钢及低合金高强度结构钢。

钢结构常用的热轧型钢有：工字钢、H 型钢、T 型钢、槽钢、等边角钢、不等边角钢等。型钢是钢结构中采用的主要钢材。

钢板材包括钢板、花纹钢板、建筑用压型钢板和彩色涂层钢板等。钢板分厚板（厚度大于 4mm）和薄板（厚度不大于 4mm）两种。厚板主要用于结构，薄板主要用于屋面板、楼板和墙板等。

8.3.1 钢结构用钢的组批与取样

1. 型钢

（1）组批与取样规则

型钢应按批进行检查与验收，每批重量不得大于 60t。每批应由同一牌号、同一炉罐号、同一等级、同一品种、同一尺寸、同一交货状态的型钢组成。

（2）取样数量

每批型钢应做1个拉伸试验，1个弯曲试验，3个冲击试验。见表8-5。

钢材检验项目和取样数量表　　　　　　表 8-5

序号	检验项目	取样数量(个)	取样方法	试验方法
1	分析	1(每炉)	GB/T 20066	GB/T 223 系列标准、GB/T 4336
2	拉伸	1	GB/T 2975	GB/T 228 系列标准
3	弯曲			GB/T 232
4	冲击	3		GB/T 229

（3）取样位置

1）型钢宽度方向取样位置

① 型钢宽度方向的取样位置见图8-3。

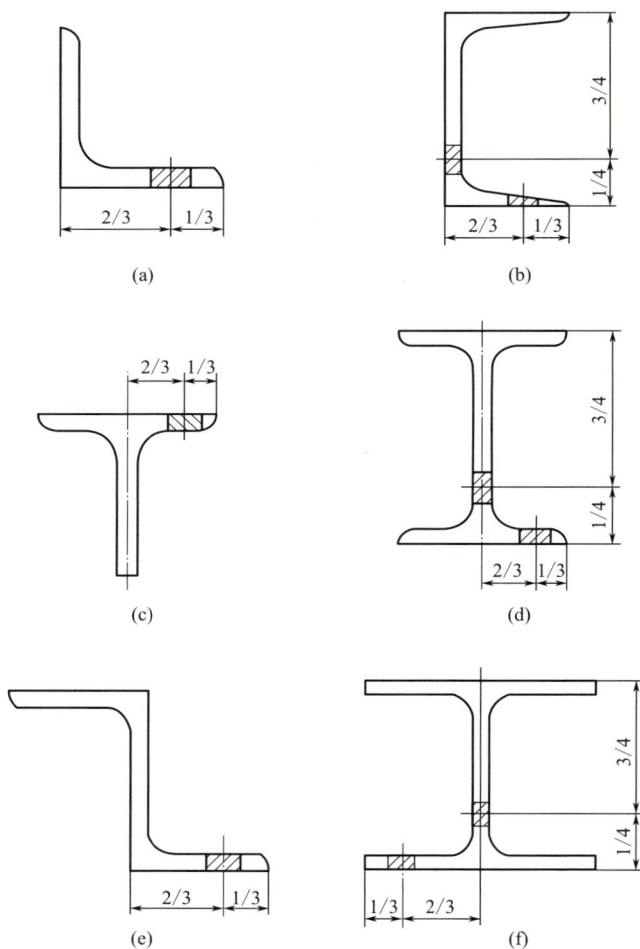

图 8-3　型钢拉伸和冲击试样在型钢腹板及翼缘宽度方向的取样位置

② 对于翼缘有斜度的型钢，可从腹板取样［见图 8-3（b）和（d）］，经协商也可从翼缘取样进行机加工。

③ 对于翼缘无斜度且大于 150mm 的产品，应从翼缘取拉伸试样［见图 8-3（f）］。对于其他产品，如果产品标准有规定，可从腹板取样。

④ 对于翼缘长度不相等的角钢，可从任一翼缘取样。

2）型钢厚度方向取样位置

① 拉伸试样

拉伸试样的取样位置见图 8-4。除非产品标准另有规定，应位于翼缘的外表面取样，在机加工和试验机能力允许时应取全厚度试样［见图 8-4（a）］。

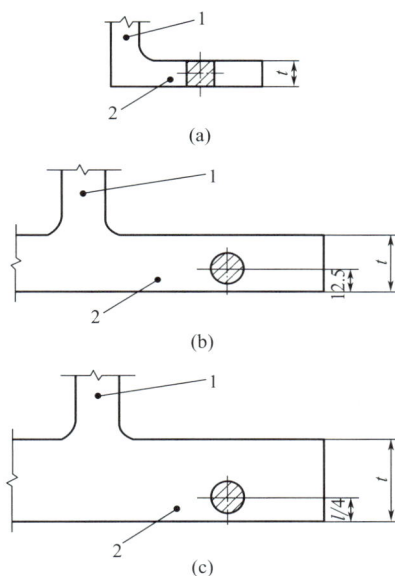

图 8-4　型钢拉伸试样在型钢翼缘厚度方向的取样位置（单位：mm）

（a）$t \leqslant 50$mm 时的全厚度试样；（b）$t \leqslant 50$mm 时的圆形试样；（c）$t > 50$mm 时的圆形试样

1—腹板；2—翼缘；t—翼缘厚度

② 冲击试样

冲击试样的取样位置见图 8-5。除非产品标准中另有规定，试样的位置应位于翼缘的外表面。

③ 弯曲试验

对于弯曲试验，在宽度方向的取样位置与拉伸试样相同，试样应至少保留一个原表面。

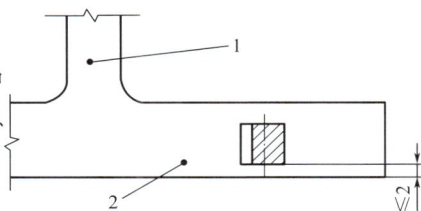

图 8-5　型钢冲击试样在型钢翼缘厚度方向的取样位置（单位：mm）

1—腹板；2—翼缘

2. 热轧钢棒

热轧钢棒包括了圆钢、方钢、扁钢、六角钢、八角钢。

（1）组批与取样规则

钢棒应按批检查和验收。每批由同一牌号、同一炉号、同一加工方法、同一尺寸、同一交货状态、同一热处理制度（或炉次）的钢棒组成。

（2）取样数量

取样数量及试验方法见表 8-6。

钢材检验项目和取样数量表

表 8-6

序号	检验项目	取样数量	取样方法	试验方法
1	拉伸	2 个/批	GB/T 2975	GB/T 228.1
2	冷弯			GB/T 232
3	冲击	一组/批		GB/T 229

（3）取样位置

1）圆钢拉伸试样

拉伸试样的取样位置见图 8-6。当机加工和试验机能力允许时应取全截面试样［见图 8-6（a）］。

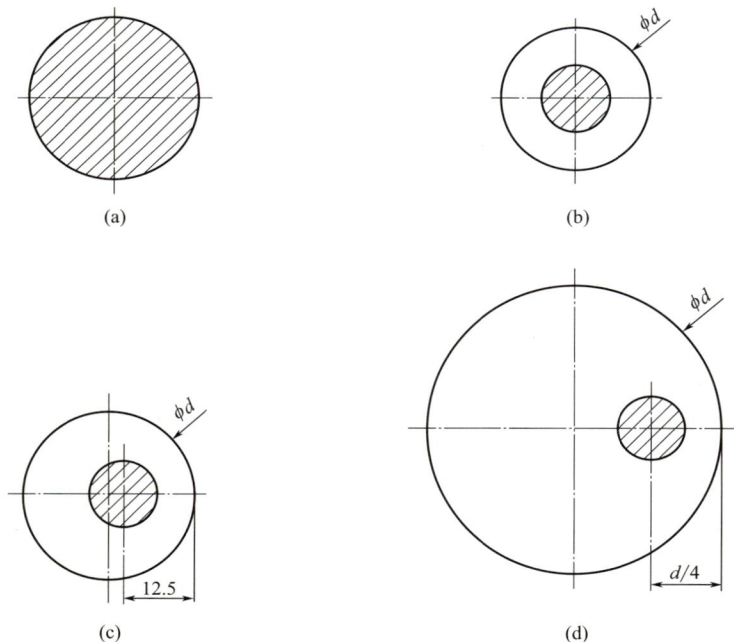

图 8-6 圆钢拉伸试样的取样位置（单位：mm）

（a）全截面试样；（b）$d \leqslant 25$mm 时圆形试样；（c）$d > 25$mm 时的圆形试样；（d）$d > 50$mm 时的圆形试样

2）圆钢冲击试样

棒材和盘条冲击试样的取样位置见图 8-7。

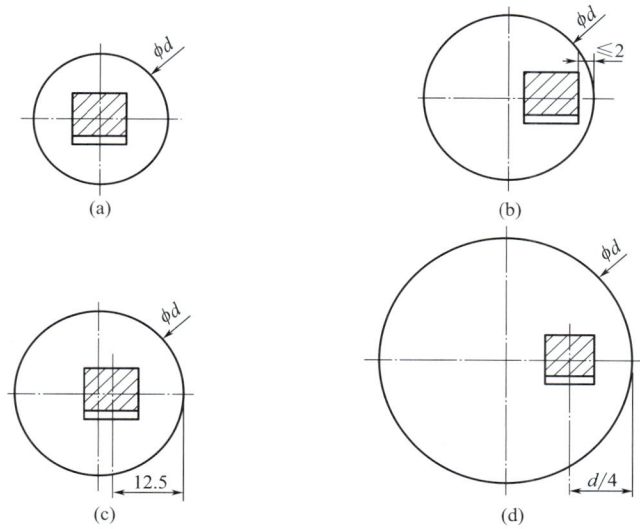

图 8-7　圆钢冲击试样的取样位置（单位：mm）

（a）$d\leqslant25$mm；（b）25mm$<d\leqslant50$mm；（c）$d>25$mm；（d）$d>50$mm

3）六角钢拉伸试样

拉伸试样的取样位置见图 8-8。机加工和试验机允许时应使用全截面试样［见图 8-8（a）］。

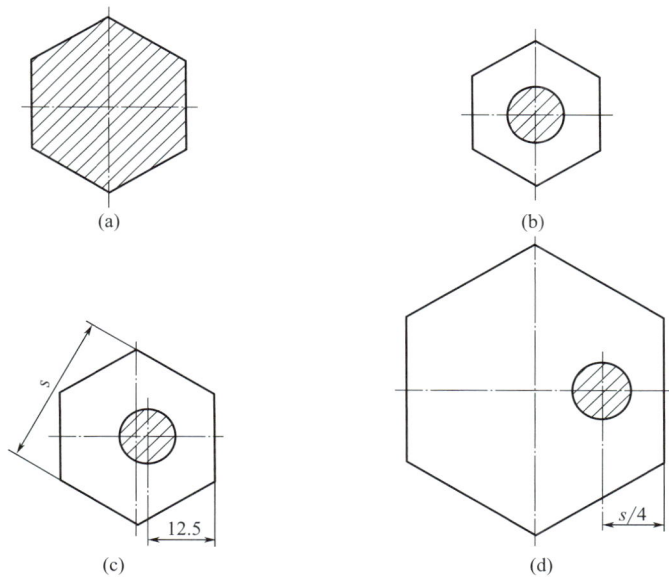

图 8-8　六角钢拉伸试样的取样位置（单位：mm）

（a）全截面试样；（b）$s\leqslant25$mm 圆形试样；（c）$s>25$mm 圆形试样；（d）$s>50$mm 圆形试样

4) 六角钢冲击试样

冲击试样的取样位置见图 8-9。

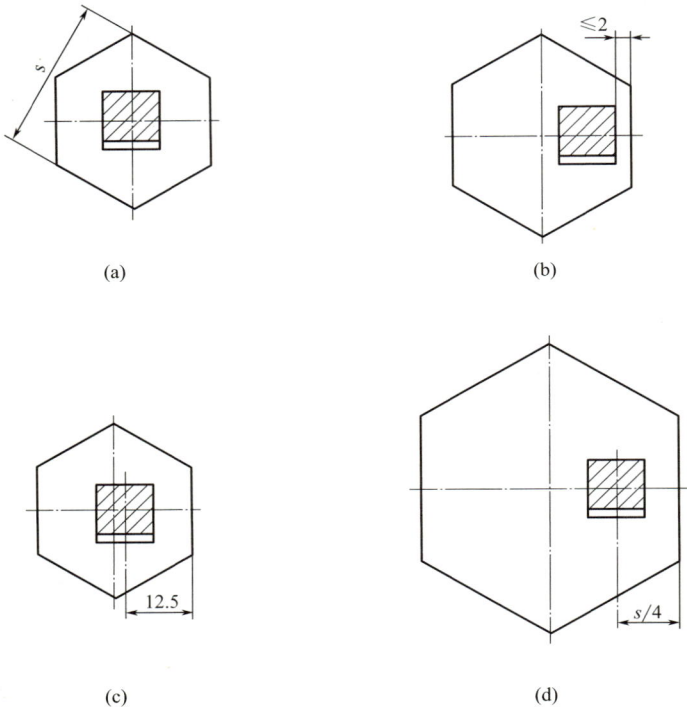

图 8-9　六角钢冲击试样的取样位置（单位：mm）

(a) $s \leqslant 25$mm；(b) 25mm$< s \leqslant 50$mm；(c) $s > 25$mm；(d) $s > 50$mm

5) 方钢拉伸试样

拉伸试样的取样位置见图 8-10。机加工和试验机的能力允许时应使用全截面试样或矩形试样［见图 8-10（a）、（b）或（c）］。

6) 方钢冲击试样

冲击试样的取样位置见图 8-11。

3. 钢板

（1）组批与取样规则

钢板应成批验收，每批钢板应由同一牌号、同一炉号、同一厚度、同一交货状态、同一热处理炉次的钢板组成，每批重量不大于 60t。经供需双方协商并在合同中注明，钢板可以逐张轧制组批。

（2）取样数量

各检验项目的取样数量及试验方法见表 8-7。

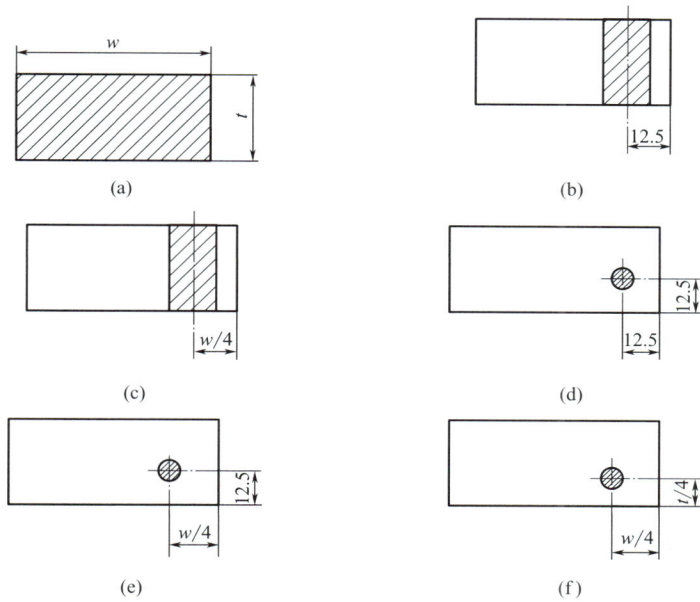

图 8-10 方钢拉伸试样的取样位置（单位：mm）

（a）全截面试样；（b）$w \leqslant 50$mm 矩形试样；（c）$w > 50$mm 矩形试样；

（d）$w \leqslant 50$mm 和 $t \leqslant 50$mm 圆形试样；（e）$w > 50$mm 和 $t \leqslant 50$mm 圆形试样；

（f）$w > 50$mm 和 $t > 50$mm 圆形试样

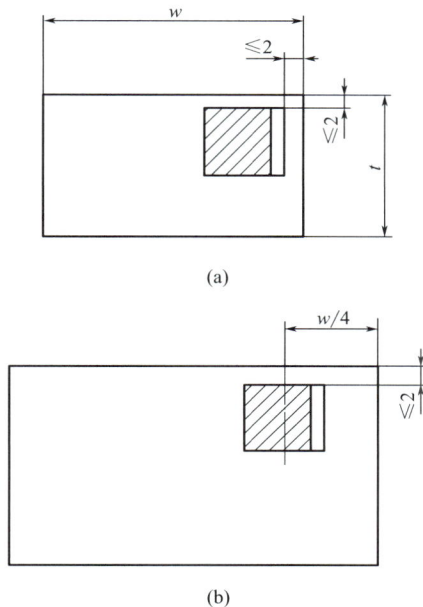

图 8-11 方钢冲击试样的取样位置（一）（单位：mm）

（a）12mm$\leqslant w \leqslant 50$mm 和 $t \leqslant 50$mm；（b）$w > 50$mm 和 $t \leqslant 50$mm；

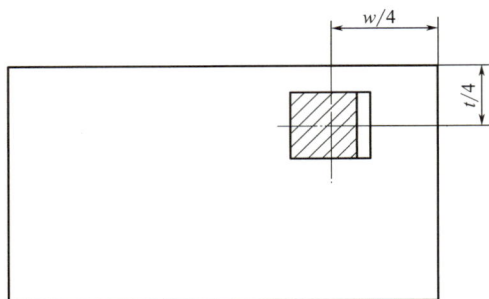

图 8-11　方钢冲击试样的取样位置（二）（单位：mm）

（c）$w > 50\text{mm}$ 和 $t > 50\text{mm}$

钢板检验项目和取样数量表　　　　表 8-7

序号	检验项目	取样数量（个）	取样方法	试验方法
1	拉伸	1/批		GB/T 228.1
2	弯曲	1/批	GB/T 2975	GB/T 232
3	冲击	3/批		GB/T 229

（3）取样位置

1）一般要求

钢板的取样方向和取样位置应在产品标准或合同中规定。未规定时，应在钢板宽度 1/4 处切取横向样坯。当规定取横向拉伸试样时，钢板宽度不足以在 $w/4$ 处取样，试样中心可以内移但应尽可能接近 $w/4$ 处。

2）拉伸试样

拉伸试样的取样位置见图 8-12。机加工和试验机能力允许时应使用全截面试样［见图 8-12（a）］。对于调质或热机械轧制（TMCP）钢板，试样厚度应为产品的全厚度或厚度之半，弯曲试样取样位置同拉伸试样。

对于调质或热机械轧制（TMCP）钢板，当试样厚度为产品厚度之半时，试样厚度 $t \geqslant 30\text{mm}$ 不适用。经协商，厚度 $20\text{mm} \leqslant t < 25\text{mm}$ 的钢板，也可用圆形试样［图 8-12（c）］，此时试样的中心宜位于产品厚度的中心。

3）冲击试样

冲击试样的取样位置见图 8-13，对于厚度 $28\text{mm} \leqslant t < 40\text{mm}$ 的钢板，可选择图 8-13（d）中位置，对于产品厚度 $t \geqslant 40\text{mm}$ 的，取样位置［图 8-13（a）、（b）或（c）］应在产品标准或合同中规定，未规定时，取样位置采用图 8-13（b）。

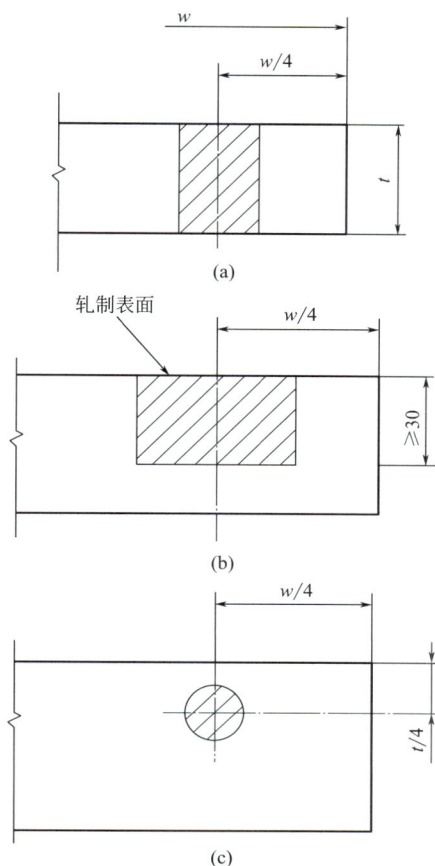

图 8-12　钢板拉伸（弯曲）试验取样位置（单位：mm）

（a）全截面试样；（b）$t \geqslant 30$mm 矩形试样；（c）$t \geqslant 25$mm 圆形截面试样

4. 结构用无缝钢管

（1）组批原则

每批应由同一牌号、同一炉号、同一规格和同一热处理制度（炉次）的钢管组成。每批钢管的数量应不超过如下规定：

1）外径不大于 76mm，并且壁厚不大于 3mm：400 根。

2）外径大于 351mm：50 根。

3）其他尺寸：200 根。

4）剩余钢管的根数，如不少于上述规定的 50% 时则单独列为一批，少于上述规定的 50% 时可并入同一牌号、同一炉号和同一规格的相邻一批中。

（2）取样数量

取样数量见表 8-8。

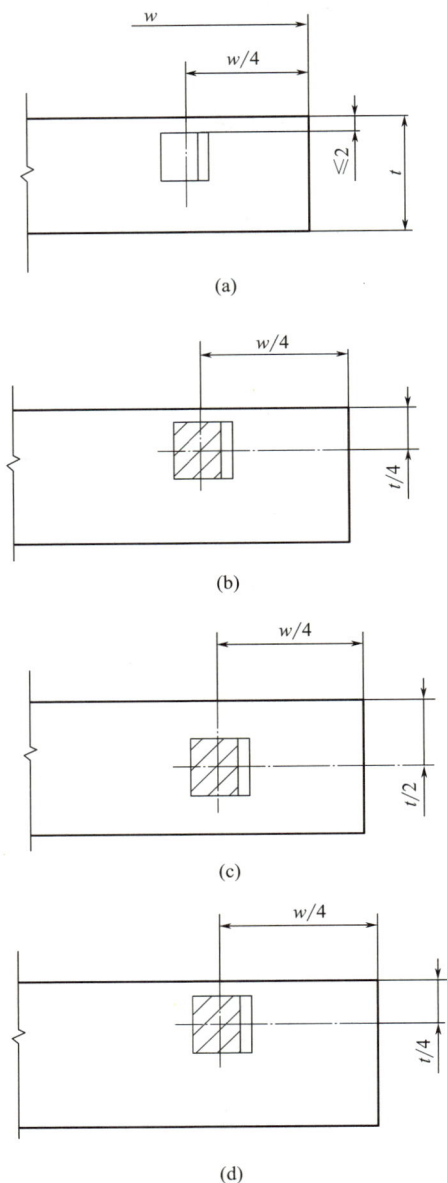

图 8-13　钢板冲击试验取样位置（单位：mm）

（a）对于 t 的所有值；（b）$t \geqslant 40$mm；（c）$t \geqslant 40$mm；（d）28mm$\leqslant t <$40mm（可选）

结构用无缝钢管检验项目和取样数量表　　　　　　　　　表 8-8

序号	检验项目	取样数量	取样方法	试验方法
1	拉伸	每批在两根钢管上各取 1 个试样	GB/T 2975	GB/T 228.1
2	弯曲	每批在两根钢管上各取 1 个试样	GB/T 244	GB/T 244
3	冲击	每批在两根钢管上各取一组 3 个试样	GB/T 2975	GB/T 229

（3）取样位置

1）拉伸试样

拉伸试样的取样位置见图 8-14。机加工和试验机允许时应使用全截面试样〔图 8-14（a）〕。

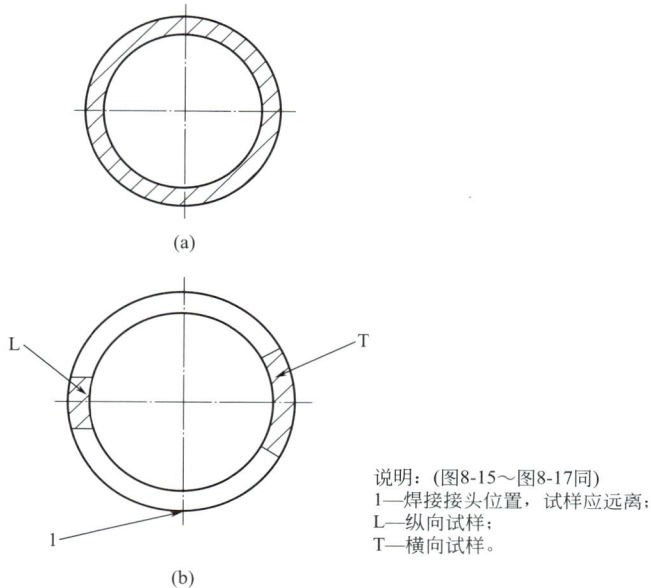

说明：(图8-15～图8-17同)
1—焊接接头位置，试样应远离；
L—纵向试样；
T—横向试样。

图 8-14　在管材和空心截面型材上切取拉伸试样的位置

（a）全截面试样；（b）条形试样

2）弯曲试样

试样应是金属直管的一部分管段，并能在弯管试验机上进行试验。根据需方要求，经供需双方协商，并在合同中注明，外径不大于 22mm 的钢管可做弯曲试验，弯曲角度为 90°，弯芯半径为钢管外径的 6 倍，弯曲后试样弯曲处不应出现裂缝或裂口。

3）冲击试样

无缝管和焊管的冲击试样的取样位置见图 8-15。

5. 矩形空心钢管

（1）组批原则

每批应由同一牌号、同一炉号、同一规格和同一热处理制度或炉次（若适用）的钢管组成。每批钢管的数量应不超过如

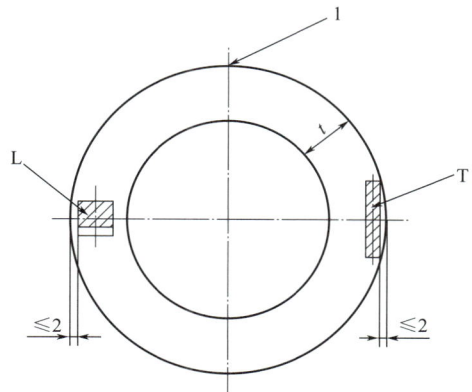

图 8-15　在管材和空心截面型材上切取冲击试样的位置（单位：mm）

下规定：

1）周长≤240mm：400 根；

2）周长＞240mm：200 根。

（2）取样数量

取样数量及试验方法见表 8-9。

矩形空心钢管检验项目和取样数量表　　　　　　　　　　　　表 8-9

序号	检验项目	取样数量	取样方法	试验方法
1	拉伸	每批在两根钢管上各取 1 个试样	GB/T 2975	GB/T 228.1
2	冲击	每批在两根钢管上各取一组 3 个试样	GB/T 2975	GB/T 229

（3）取样位置

1）拉伸试样

拉伸试样的取样位置见图 8-16。机加工和试验机允许时应使用全截面试样
［图 8-16（a）］。

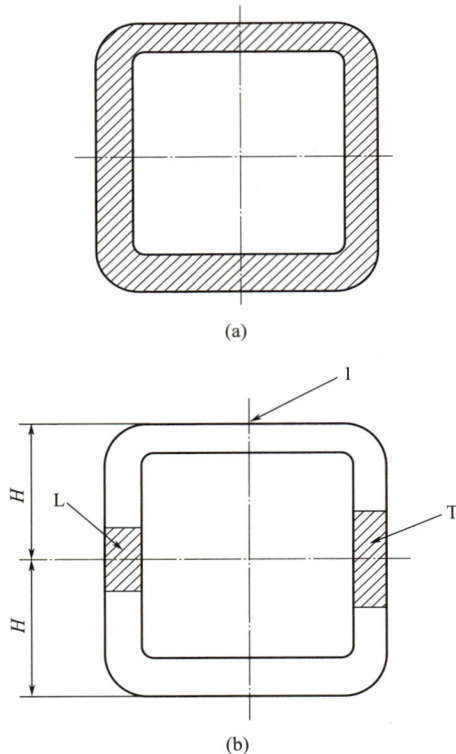

(a)

(b)

图 8-16　在方形管空心截面型材上切取拉伸试样的位置

（a）全截面试样；（b）矩形试样

2）冲击试样

冲击试样的取样位置见图 8-17。

8.3.2　钢结构用钢力学性能检测与试验

1. 钢结构用钢拉伸性能检测与试验

（1）试验目的和适用范围

检测钢结构用钢中型钢、圆钢、无缝钢管、矩形空心钢管的拉伸性能。

（2）试验原理

试验是用拉力拉伸试样，一般拉至断

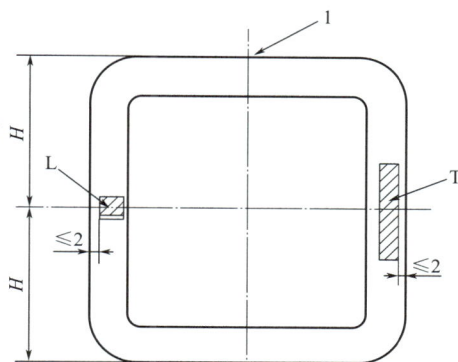

图 8-17　在方形管空心截面型材上切取冲击试样的位置（单位：mm）

裂，测定其力学性能。除非另有规定，试验一般在室温 10～35℃ 范围内进行。对温度要求严格的试验，试验温度应为 23℃±5℃。

（3）仪器设备

万能材料试验机；

游标卡尺；

墨笔等。

（4）试验操作

1）试验制备：应按照相关产品标准或 8.3.1 中的要求切取样坯和制备试样。型钢、钢板、空心钢管多采用机加工试样，如图 8-18 所示。

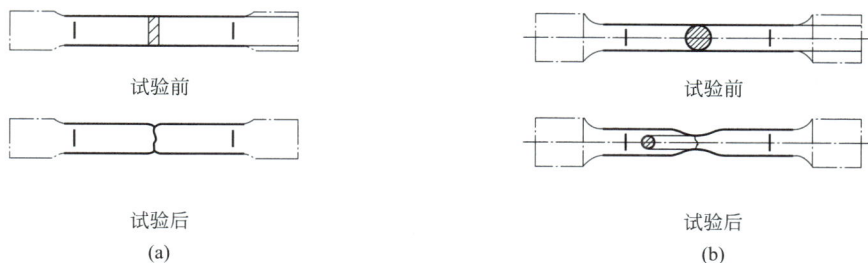

试验前　　　　　　　　　　　　　　　试验前

试验后　　　　　　　　　　　　　　　试验后

(a)　　　　　　　　　　　　　　　　(b)

图 8-18　机加工试样

（a）机加工矩形横截面试样；（b）机加工圆形横截面试样

2）测定原始截面面积：宜在试样平行长度中心区域以足够的点数测量试样的相关尺寸。原始横截面积 S_0 是平均横截面积，应根据测量的尺寸计算。

3）标记原始标距：

应用小标记、细画线或细墨线标记原始标记，但不得用引起过早断裂的缺口作标记。对于比例试样，如果原始标距的计算值与其标记值之差小于 $10\%L_0$，可将原始标距的计算值按 GB/T 8170 修约至最接近 5mm 的倍数。原始标距的标记应准确到 ±1%。

如平行长度 L_0 比原始标距长许多，例如不经机加工的试样，可以标记一系列套叠的原始标距。有时，可以在试样表面画一条平行于试样纵轴的线，并在此线上标记原始标距。

4）按试样尺寸及截面积、强度等级选择万能材料试验机度盘量程。

5）将试样安装上夹头，上下夹头必须持紧在试验机夹具上方可开始试验。试验速度应根据材料性质和试验目的确定。

6）测定钢筋的屈服强度时，屈服前的应力速率按表 8-10 保持试验机控制器固定于速率位置，直至该性能测出。

应力速率取值范围表　　　　　　　　　　　表 8-10

材料弹性模量 E（GPa）	应力速率 R（MPa/s）	
	最小	最大
<150	2	20
>150	6	60

7）测定下屈服点时，平行长度内的应变速率应在一定范围之内，并应尽可能保持恒定。

8）屈服过后测定抗拉强度，试验机两夹头在力作用下的分离速率应不超过 $0.5L_c$（min）（L_c 为夹头间的距离），试样拉至断裂，从拉伸确定试验过程中的最大力，或从测力度盘上读取最大力。

9）试样拉断后，将其断裂部分在断裂处紧密对接在一起，尽量使其轴线位于一直线上，如拉断处形成缝隙，则此缝隙应计入试样拉断后的标距内。

10）测量延伸率用钢直尺按两点标距离进行测量。

（5）结果分析

1）屈服强度。在拉伸过程中，测力度盘的指针停止转动，或第一次回转时的最小荷载，即为所求的屈服点荷载 F_{eL}。按式（8-1）计算屈服强度。

2）抗拉强度。继续拉伸，直至将试样拉断，由测力度盘读出最大荷载 F_m。按式（8-2）计算试样的抗拉强度。

3）断后伸长率 A 的测定。

应使用分辨率不低于 0.1mm 的量具或测量装置测定断后标距，准确到 ±0.25mm。如规定的最小断后伸长率小于 5%，应采用特殊方法进行测定。

断后伸长率按式（8-3）计算，精确至 0.5%。

原则上只有断裂处与最接近的标距标记的距离不小于原始标距（L_0）的三分之一情况方为有效。但断后伸长率大于或等于规定值，不管断裂位置处于何处测量均为有效。

（6）数据处理

1）屈服强度、抗拉强度值修约到 $5N/mm^2$，伸长率如 $\leqslant 10\%$ 修约到 0.5%，$>10\%$ 修约到 1%。

2）试验出现下列情况之一其试验结果无效，应重做同样数量试样的试验。

① 试样断在标距外或断在机械刻画的标距标记上，而且断后伸长率小于规定的最小值。

② 试验期间设备发生故障，影响了试验结果。

3）试验后试样出现两个或两个以上的缩颈以及显示出肉眼可见的冶金缺陷（例如分层、气泡、夹渣、缩孔等），应在试验记录和报告中注明。

4）对于比例试样，若原始标距不为 $5.65\sqrt{S_0}$（S_0 为平行长度的原始横截面积），符号 A 应附以下脚注说明所使用的比例系数。例如，$A_{11.3}$ 表示原始标距（L_0）为 $11.3\sqrt{S_0}$ 的断后伸长率。对于非比例试样，符号 A 应附以下脚注说明所使用的原始标距，以毫米（mm）表示。例如，A_{80mm} 表示原始标距（L_0）为 80mm 的断后伸长率。

2. 钢结构用钢弯曲性能检测与试验

（1）试验目的和适用范围

测定金属材料承受弯曲塑性变形能力的试验方法。

本试验适用于金属材料相关产品标准规定试样的弯曲试验，但不适用于金属管材和金属焊接接头的弯曲试验，金属管材和金属焊接接头的弯曲试验应符合现行《金属材料 管 弯曲试验方法》GB/T 244 的规定。

（2）试验原理

弯曲试验是以圆形、方形、矩形或多边形横截面试样在弯曲装置上经受弯曲塑性变形，不改变加力方向，直至达到规定的弯曲角度。

弯曲试验时，试样两臂的轴线保持在垂直于弯曲轴的平面内。如为弯曲 180°角的弯曲试验，按照相关产品标准的要求，可以将试样弯曲至两臂直接接触或两臂相互平行且相距规定距离，可使用垫块控制规定距离。

（3）试验设备

抗弯弯曲试验应在配备下列弯曲装置之一的试验机或压力机上完成：

配有两个支辊和一个弯曲压头的支辊式弯曲装置；

配有一个 V 形模具和一个弯曲压头的 V 形模具式弯曲装置；

虎钳式弯曲装置。

（4）试验操作

1）试验一般在 10～35℃的室温范围内进行。对温度要求严格的试验，试验温度应为 23℃±5℃。

2）按照相关产品标准规定，采用下列方法之一完成试验：

试样在给定的条件和力作用下弯曲至规定的弯曲角度；

试样在力作用下弯曲至两臂相距规定距离且相互平行；

试样在力作用下弯曲至两臂直接接触。

3）试样弯曲至规定弯曲角度的试验，应将试样放于两支辊（见图 8-19①）或 V 形模具（见图 8-19②）上，试样轴线应与弯曲压头轴线垂直，弯曲压头在两支座之间的中点处对试样连续施加力使其弯曲，直至达到规定的弯曲角度。弯曲角度 α 可以通过测量弯曲压头的位移计算得出，可以采用图 8-19③所示的方法进行弯曲试验。试样一端固定，绕弯曲压头进行弯曲，可以绕过弯曲压头，直至达到规定的弯曲角度。

弯曲试验时，应当缓慢地施加弯曲力，以使材料能够自由地进行塑性变形。

当出现争议时，试验速率应为 1mm/s±0.2mm/s。

使用上述方法如不能直接达到规定的弯曲角度，可将试样置于两平行压板之间（见图 8-19④），连续施加力压其两端使进一步弯曲，直至达到规定的弯曲角度。

4）试样弯曲至两臂相互平行的试验，首先对试样进行初步弯曲，然后将试样置于两平行压板之间（见图 8-19④），连续施加力压其两端使进一步弯曲，直至两臂平行（见图 8-19⑤）。试验时可以加或不加内置垫块。垫块厚度等于规定的弯曲压头直径，除非产品标准中另有规定。

5）试样弯曲至两臂直接接触的试验，首先对试样进行初步弯曲，然后将试样置于两平行压板之间，连续施加力压其两端使进一步弯曲，直至两臂直接接触（见图 8-19⑥）。

（5）结果分析

1）应按照相关产品标准的要求评定弯曲试验结果。如未规定具体要求，弯曲试验后不使用放大仪器观察，试样弯曲外表面无可见裂纹应评定为合格。

2）以相关产品标准规定的弯曲角度作为最小值；若规定弯曲压头直径，以规定的弯曲压头直径作为最大值。

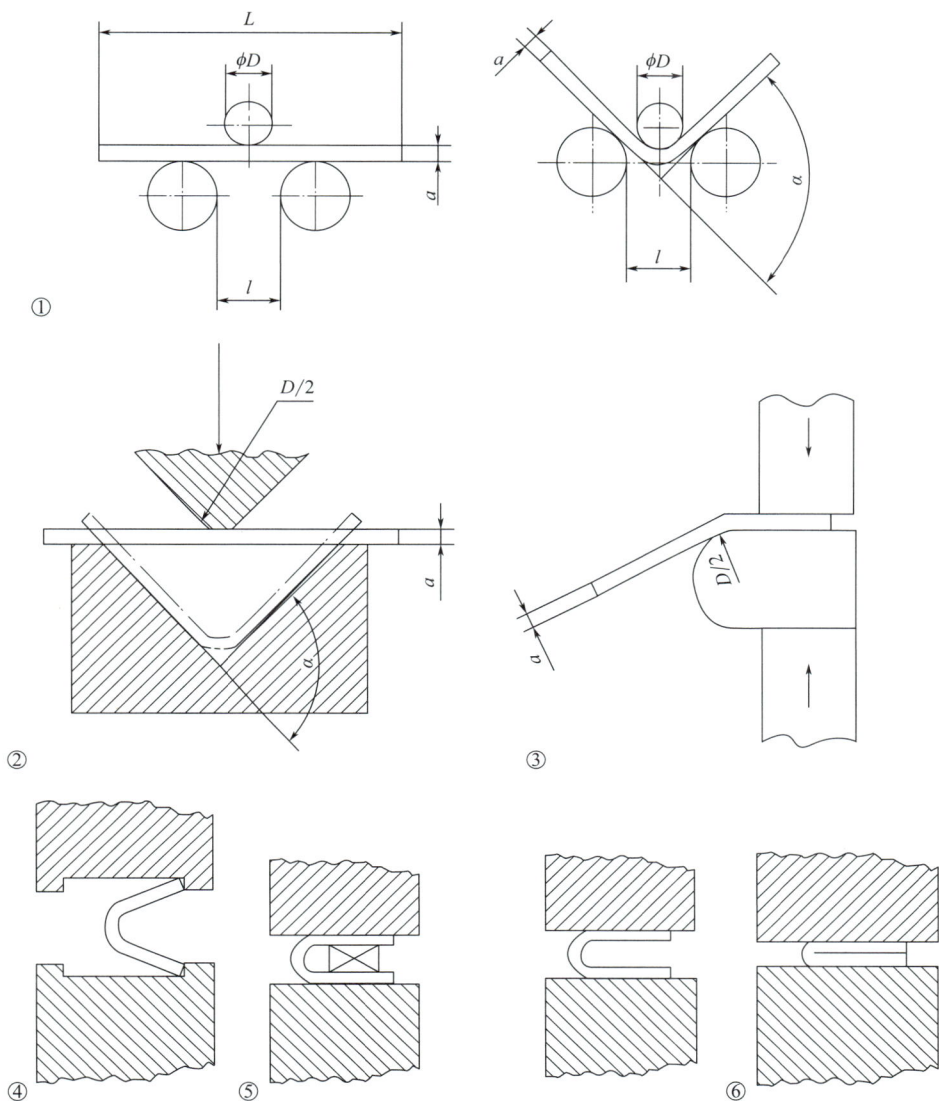

图 8-19　弯曲试验装置示意图

① 完好试样：弯曲处的外表面基体上无肉眼可见因弯曲变形产生的缺陷的称为完好。

② 微裂纹试样：弯曲外表面金属基体上出现的细小裂纹，其长度不大于 2mm，宽度不大于 0.2mm 时称为微裂纹。

③ 裂纹试样：弯曲外表面金属基体上出现开裂，其长度大于 5mm，宽度大于 0.5mm 时称为裂缝。

④ 裂断试样：出现沿宽度贯穿的开裂，其深度超过试样厚度的 1/3 时称为裂断。

3. 钢结构用钢冲击试验

（1）目的与试验范围

本试验采用夏比摆锤冲击试验方法测定冲击试样（V 形、U 形缺口和无缺口试样）吸收的能量。适用于室温、高温或低温条件。

（2）试验原理

本试验采用摆锤单次冲击的方式使试样破断，试样的缺口有规定的几何形状并位于两支座的中心、打击中心的对面（图 8-20）。测定参数包括吸收能量、侧膨胀值和剪切断面率等。由于很多材料的冲击结果会随温度变化而变化，试验应在给定温度条件下进行，当给定温度不是室温时，试样应在可控温度下进行加热或冷却。

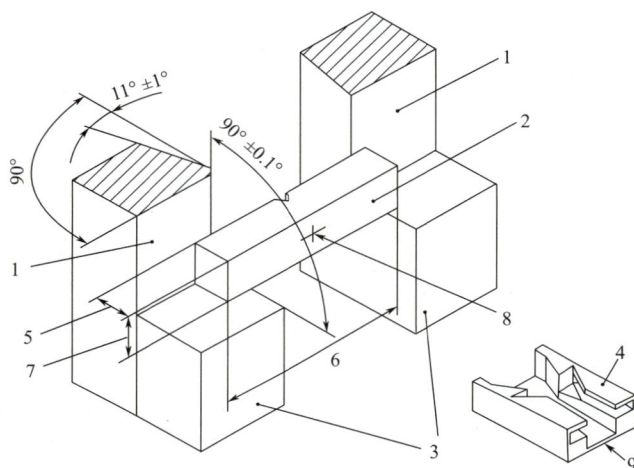

图 8-20　试样与摆锤冲击试验机支座及砧座相对位置示意图

1—砧座；2—标准尺寸试样；3—试样支座；4—保护罩；5—试样宽度 W；

6—试样长度 L；7—试样厚度 B；8—打击点；9—摆锤冲击方向

注：保护罩可用于 U 形摆锤试验机，用于保护断裂试样不回弹到摆锤和造成卡锤。

（3）试验仪器

摆锤冲击试验机如图 8-21 所示，摆锤锤刃边缘曲率半径应为 2mm 或 8mm。用符号的下标数字表示：KV_2、KV_8、KU_2、KU_8、KW_2、KW_8。摆锤锤刃半径的选择应依据相关产品标准的规定。

注：采用 2mm 和 8mm 摆锤锤刃得到的试验结果可能有差异。

（4）取样与制样

试样样坯的切取应按相关产品标准执行，试样制备过程应使任何可能令材料发生改变（例如加热或冷作硬化）的影响减至最小。

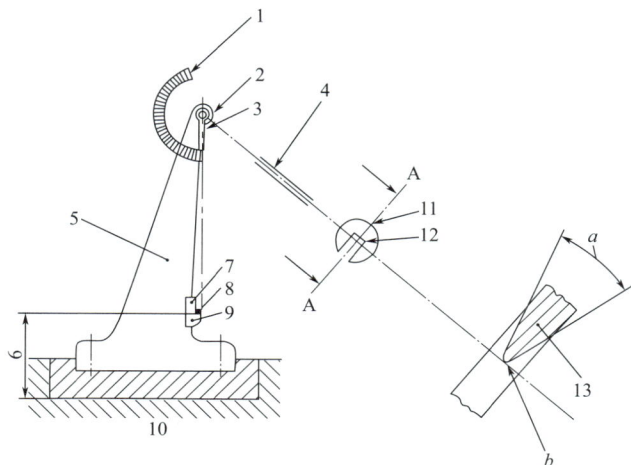

图 8-21 试验机的组成部分

1—标度盘；2—摆锤轴承；3—指针；4—摆杆；5—机架；6—底座；7—砧座；8—试样；

9—试样支座；10—基础；11—C形锤体；12—冲击刃口；13—摆锤的冲击刃；

a—冲击刃角；b—冲击刃曲率半径

1）标准尺寸：冲击试样长度为 55mm，横截面为 10mm×10mm 的方形截面。在试样长度的中间位置有 V 形或 U 形缺口，如试料不够制备标准尺寸试样，如无特殊规定，可使用厚度为 7.5mm、5mm 或 2.5mm 的小尺寸试样。

2）缺口几何形状

应仔细制备试样缺口，以保证缺口根部半径没有影响吸收能量的加工痕迹。缺口对称面应垂直于试样纵向轴线（见图 8-22）。V 形缺口夹角应为 45°，根部半径为 0.25mm，见图 8-22（a），韧带宽度为 8mm（缺口深度为 2mm）。U 形缺口根部半径为 1mm，见图 8-22（b），韧带宽度为 8mm 或 5mm（缺口深度为 2mm 或 5mm，除非另有规定）。

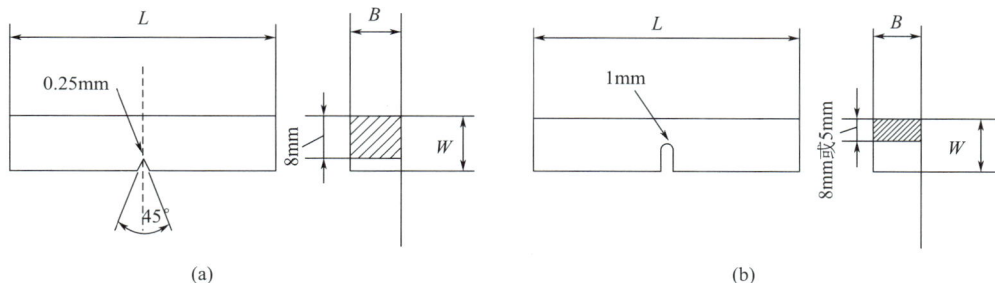

图 8-22 夏比摆锤冲击试样

（a）V 形缺口；（b）U 形缺口

（5）试验方法

1）试样应紧贴试验机砧座，摆锤刀刃沿缺口对称面打击试样缺口的背面，试样缺口对称面偏离两砧座间的中点不应大于 0.5mm。

2）冲击试样的吸收能量 K 不应大于实际初始势能 K_p 的 80%，如超过此值，在试验报告中应说明；试样吸收能量 K 的下限不应低于试验机最小分辨率的 25 倍。

3）冲击试验可在室温或负温条件下进行。对于试验温度有规定的，应在规定温度±2℃范围内进行；室温冲击试验应在 23℃±5℃范围内进行。

4）当试验不在室温进行时，试样从低温装置中移出至打击的时间应在 5s 之内，可采用过冷试样的方法补偿温度损失。当试验温度为 0～−60℃时，可采用 1～2℃的过冷度。夹持工具应与试样一起冷却。

5）试样试验后没有完全断裂，可以报出冲击吸收能量。由于试验机打击能量不足，试样未完全断开，吸收能量不能确定，试验报告应注明试验用的冲击试验机的标称能量，试样未断开。

6）如试样卡在试验机上，试验结果无效，应彻底检查试验机，以免影响测量的准确性。

（6）试验结果处理

1）试样折断后，应检查断口，当发现有气孔、夹渣、裂纹等缺陷时，应在试验记录上注明。

2）读取每个试样的冲击吸收能量，应估读到 0.5J 或 0.5 个标度单位（取两者之间较小值）。试验结果保留有效数字不应小于两位，修约方法应按现行国家标准《数值修约规则与极限数值的表示和判定》GB/T 8170 执行。

8.4　钢筋连接件性能检测与试验

8.4.1　钢筋焊接接头的组批与取样

1. 闪光对焊

（1）力学性能检验时，应从每批接头中随机切取 6 个接头，其中 3 个做拉伸试验，3 个做弯曲试验。

（2）在同一台班内，由同一焊工完成的 300 个同级别、同直径钢筋焊接接头应作为一批。当同一台班内焊接的接头数量较少，可在一周之内累计计算；累计仍不足 300 个接头，应按一批计算。做力学性能试验时，随机抽取 6 个接头，3 个做拉伸试验，3 个做弯曲试验。

取样长度：直径≥20mm，$L_{拉}=10d+200$，$L_{弯}=5d+200$；

直径<20mm，$L_{拉}=10d+250$，$L_{弯}=5d+200$。

（3）封闭环式箍筋闪光对焊接头，以 600 个同牌号、同规格的接头作为一批，只做拉伸试验。

2. 钢筋焊接骨架和焊接网

（1）凡钢筋牌号、直径及尺寸相同的焊接骨架和焊接网应视为同一类型制品，且每 300 件作为一批，一周内不足 300 件的亦应按一批计算。

（2）力学性能检验的试件，应从每批成品中切取。切取过试件的制品，应补焊同牌号、同直径的钢筋，其每边的搭接长度不应小于 2 个孔格的长度。当焊接骨架所切取试件的尺寸小于规定的试件尺寸，或受力钢筋直径大于 8mm 时，可在生产过程中制作模拟焊接试验网片，从中切取试件。

（3）由几种直径钢筋组合的焊接骨架或焊接网，应对每种组合的焊点作力学性能检验。

（4）热轧钢筋的焊点应做剪切试验，试件应为 3 件冷轧带肋钢筋焊点。除做剪切试验外，尚应对纵向和横向冷轧带肋钢筋做拉伸试验，试件应各为 1 件。剪切试件纵筋长度应大于或等于 290mm，横筋长度应大于或等于 50mm；拉伸试件纵筋长度应大于或等于 300mm。

（5）焊接网剪切试件应沿同一横向钢筋随机切取。

（6）切取剪切试件时，应使制品中的纵向钢筋成为试件的受拉钢筋。

3. 电弧焊

（1）在现浇混凝土结构中，应以 300 个同牌号钢筋、同形式接头作为一批。在房屋结构中，应以不超过两楼层中的 300 个同牌号钢筋、同形式接头作为一批。每批随机切取 3 个接头，做拉伸试验。

（2）在装配式结构中，可按生产条件制作模拟试件，每批 3 个，做拉伸试验。

（3）钢筋与钢板电弧搭接焊接头可只进行外观检查。

在同一批中若有几种不同直径的钢筋焊接接头，应从最大直径钢筋接头中切取 3 个试件。以下电渣压力焊、气压焊接头取样均同。

4. 电渣压力焊

在现浇钢筋混凝土结构中，应以 300 个同牌号钢筋接头作为一批。在房屋结构中，应以不超过两楼层中的 300 个同牌号钢筋接头作为一批。当不足 300 个接头时，仍应作为一批。每批随机切取 3 个接头做拉伸试验。

拉伸试验结果，3 个试件的抗拉强度均不得小于该级别钢筋规定的抗拉强度。当试验结果有一个试件的抗拉强度低于规定值，应再抽取 6 个试件进行复验，其结果如仍有一个试件抗拉强度小于规定值，则该批接头为不合格品。

5. 预埋件钢筋 T 形接头

（1）当进行力学性能试验时，应以 300 件同类型埋件作为一批。一周内连续焊接时，可累计计算。当不足 300 件时，亦按一批计算。

（2）应从每批预埋件中随机切取 3 个接头做拉伸试验，试件的钢筋长度应大于或等于 200mm，钢板长度和宽度均应大于或等于 60mm。

6. 钢筋气压焊

（1）在现浇钢筋混凝土结构中，应以 300 个同牌号钢筋接头作为一批。在房屋结构中，应以不超过两楼层中的 300 个同牌号钢筋接头作为一批。当不足 300 个接头时，仍应作为一批件计算。

（2）在柱、墙的竖向钢筋连接中，应从每批接头中随机切取 3 个接头做拉伸试验。在梁、板的水平钢筋连接中，应另切取 3 个接头做弯曲试验。

8.4.2 钢筋焊接接头力学性能检测与试验

1. 钢筋焊接接头拉伸试验

（1）试验目的和适用范围

试验目的是测定焊接接头抗拉强度，观察断裂位置和断口形貌，判定塑性断裂或脆性断裂。该试验方法适用于电阻点焊、闪光对焊、电弧焊、电渣压力焊、气压焊、预埋件弧压力焊的焊接，接头做常温静力拉伸试验。

（2）试验原理

试验是用拉力拉伸试样，一般拉至断裂，测定其力学性能。除非另有规定，试验一般在室温 10～35℃ 范围内进行。对温度要求严格的试验，试验温度应为 23℃ ±5℃。

（3）仪器设备

万能材料试验机（符合型号规格的夹紧装置）；

游标卡尺（0～150mm），精度 0.001。

（4）试验操作

1）试样制备，拉伸试样尺寸要求如表 8-11 所示。

焊接方法		接头形式	试样尺寸(mm)	
			L_s	L
电阻点焊			$\geqslant 20d$，且$\geqslant 180$	L_s+2L_j
闪光对焊			$8d$	L_s+2L_j
电弧焊	双面帮条焊		$8d+L_h$	L_s+2L_j
	单面帮条焊		$5d+L_h$	L_s+2L_j
	双面搭接焊		$8d+L_h$	L_s+2L_j
	单面搭接焊		$5d+L_h$	L_s+2L_j
	熔槽帮条焊		$8d+L_h$	L_s+2L_j
	坡口焊		$8d$	L_s+2L_j
	窄间隙焊		$8d$	L_s+2L_j
电渣压力焊			$8d$	L_s+2L_j

项目 8　建筑钢材性能检测与试验

焊接方法	接头形式	试样尺寸（mm）	
		L_s	L
气压焊		$8d$	L_s+2L_j
预埋件	电弧焊 埋弧压力焊 埋弧螺柱焊	—	200

2）测量尺寸将试样夹紧于试验机上，加荷应连续而平稳，不得有冲击或跳动，加荷速度为 10～30MPa/s，直至试样拉断（或出现颈缩后）为止。

3）试验过程中应记录钢筋级别和公称直径，试件拉断（或颈缩）前的最大荷载 F_m 值，断裂（或颈缩）位置，以及离开焊缝的距离。

（5）试验结果分析

1）试件的抗拉强度按式（8-2）计算。

试验结果数值应修约到 5MPa，并应按现行国家标准《数值修约规则与极限数值的表示和判定》GB/T 8170 执行。

2）检查断裂状况（延性断裂、脆性断裂）或颈缩现象。

3）试验中，若由于操作不当（如试件夹偏）或试验设备发生故障而影响试验数据准备，试验结果无效。

（6）试验结果应符合下列要求

1）符合下列条件之一，应评定该检验批接头拉伸试验合格：

① 3 个试件均断于钢筋母材，呈延性断裂，其抗拉强度大于或等于钢筋母材抗拉强度标准值。

② 2 个试件断于钢筋母材，呈延性断裂，其抗拉强度大于或等于钢筋母材抗拉强度标准值；另一试件断于焊缝，呈脆性断裂，其抗拉强度大于或等于钢筋母材抗拉强度标准值的 1.0 倍。

注：试件断于热影响区，呈延性断裂，应视作与断于钢筋母材等同；试件断于热影响区，呈脆性断裂，应视作与断于焊缝等同。

2）符合下列条件之一，应进行复验：

①2个试件断于钢筋母材，呈延性断裂，其抗拉强度大于或等于钢筋母材抗拉强度标准值；另1个试件断于焊缝，或热影响区，呈脆性断裂，其抗拉强度小于钢筋母材抗拉强度标准值的1.0倍。

②1个试件断于钢筋母材，呈延性断裂，其抗拉强度大于或等于钢筋母材抗拉强度标准值；另2个试件断于焊缝或热影响区，呈脆性断裂。

③3个试件均断于焊缝，呈脆性断裂，其抗拉强度均大于或等于钢筋母材抗拉强度标准值的1.0倍，应进行复验。当3个试件中有1个试件抗拉强度小于钢筋母材抗拉强度标准值的1.0倍，应评定该检验批接头拉伸试验不合格。

④复验时，应切取6个试件进行试验。试验结果若有4个或4个以上试件断于钢筋母材，呈延性断裂，其抗拉强度大于或等于钢筋母材抗拉强度标准值，另2个或2个以下试件断于焊缝，呈脆性断裂，其抗拉强度大于或等于钢筋母材抗拉强度标准值的1.0倍，应评定该检验批接头拉伸试验复验合格。

⑤预应力钢筋与螺钉端杆闪光对焊接头拉伸试验结果，3个试件应全部断于焊缝之外，并呈延性断裂。当试验结果有一个试件在焊缝或热影响区发生脆断时应再抽取3个试件进行复验，若仍有一个试件在焊缝或热影响区发生脆断，则该批接头为不合格品。

2. 钢筋焊接接头弯曲试验

（1）试验目的和适用范围

本试验方法适用于钢筋闪光对焊接头的常温弯曲试验。试验目的是检验钢筋焊接接头的弯曲变形性能和可能存在的焊接缺陷。

（2）试验原理

弯曲试验是以圆形、方形、矩形或多边形横截面试样在弯曲装置上经受弯曲塑性变形，不改变加力方向，直至达到规定的弯曲角度。

（3）试验仪器

钢筋焊接接头弯曲试验时，宜采用支辊式弯曲装置，并应符合现行国家标准《金属材料 弯曲试验方法》GB/T 232 中有关规定。见图8-23。

钢筋焊接接头弯曲试验可在压力机或万能试验机上进行，不得使用钢筋弯曲机对钢筋焊接接头进行弯曲试验。执行标准为现行《钢筋焊接接头试验方法标准》JGJ/T 27，实验室温度10～35℃。

万能材料试验机（符合型号规格的夹紧装置）。

游标卡尺（0～150mm），精度0.001。

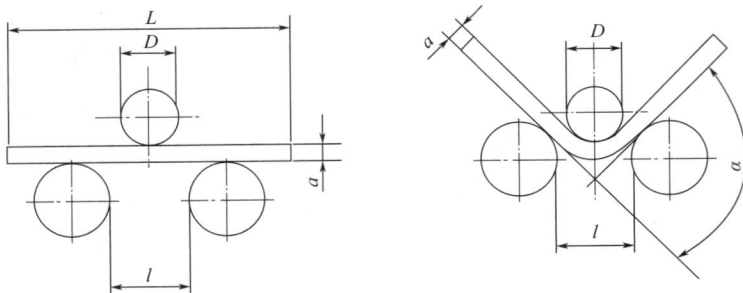

图 8-23 支辊式弯曲试验

弯曲支架。

（4）试验操作

1）钢筋焊接接头弯曲试样

钢筋焊接接头弯曲试样的长度宜为两支辊内侧距离加 150mm；两支辊内侧距离 L 应按下式确定，两支辊内侧距离 L 在试验期间应保持不变。

$$L=(D+3a)\pm a/2 \qquad\qquad 式（8-5）$$

式中：L——两支辊内侧距离（mm）；

    D——弯曲压头直径（mm）；

    a——弯曲试样直径（mm）。

2）测量尺寸试件放在两支辊中点上，并使焊缝中心线与压头中心线相一致，平稳地对试件施加压力，直至达到规定的弯曲角度为止。

3）钢筋的焊接试验，按 JGJ/T 27 中规定不同种类、不同厚度的钢筋选用不同的弯曲压头直径弯至 90°。

钢筋焊接接头进行弯曲试验时，试样应放在两支点上，并应使焊缝中心与弯曲压头中心线一致，应缓慢地对试样施加荷载，以使材料能够自由地进行塑性变形；当出现争议时，试验速率应为 1mm/s±0.2mm/s，直至达到规定的弯曲角度或出现裂纹、破断为止。在试验过程中，应采取安全措施，防止试件突然断裂伤人。

弯曲压头直径和弯曲角度应按表 8-12 的规定确定。

弯曲压头直径和弯曲角度　　　　　　　　　　　　　　表 8-12

序号	钢筋牌号	弯曲压头直径 D		弯曲角度 α（°）
		$a \leqslant 25mm$	$a > 25mm$	
1	HRB400 HRBF400	5a	6a	90
2	HRB500 HRBF500	7a	6a	90

（5）结果分析

弯曲试验结果应按下列规定进行评定：

1）当试验结果，弯曲至$90°$，有2个或3个试件外侧（含焊缝和热影响区）未发生宽度达到0.5mm的裂纹，应评定该检验批接头弯曲试验合格。

2）当有2个试件发生宽度达到0.5mm的裂纹，应进行复验。

3）当有3个试件发生宽度达到0.5mm的裂纹，应评定该检验批接头弯曲试验不合格。

4）复验时，应切取6个试件进行试验。复验结果中，当不超过2个试件发生宽度达到0.5mm的裂纹时，应评定该检验批接头弯曲试验复验合格。

3. 钢筋焊接接头冲击试验

（1）试验目的和适用范围

本方法适用于闪光对焊、电弧焊、电渣压力焊、气压焊等焊接接头的夏比冲击试验，试验目的是测定焊接接头各部位的冲击吸收能量。

（2）试验原理

试验采用摆锤单次冲击的方式使试样破断，试样的缺口有规定的几何形状并位于两支座的中心、打击中心的对面。测定参数包括吸收能量、侧膨胀值和剪切断面率等。由于很多材料的冲击结果会随温度变化而变化，试验应在给定温度条件下进行，当给定温度不是室温时，试样应在可控温度下进行加热或冷却。

（3）试验仪器

1）测量试样尺寸的量具最小分度值不应大于0.02mm。

2）冲击试验机的标称能量应为300J或150J，打击瞬间摆锤的冲击速度应为$5.0\sim5.5\text{m/s}$。

3）冲击试验机应按现行标准《摆锤式冲击试验机的检验》GB/T 3808和《摆锤式冲击试验机检定规程》JJG 145进行检验。摆锤刀刃半径应为2mm，以冲击吸收能量符号的下标表示：KV_2。应检查摆锤空打时的回零差或空载能耗，试验前，应检查砧座跨距，应保证在$40^{+0.2}_{0}\text{mm}$以内。

（4）试验方法

1）取样规定

试样应在钢筋横截面中心截取，试样中心线与钢筋中心偏差不得大于1mm。试样在各种焊接接头中截取的部位及缺口方位应按JGJ/T 27的规定确定（表8-13）。

取样部位与缺口方位 　　表 8-13

焊接方法		取样部位			缺口方位	
		焊缝	熔合线	热影响区	光圆钢筋	带肋钢筋
闪光对焊						
电弧焊	坡口焊					
	窄间隙焊					
电渣压力焊						
气压焊						

标准试样应采用尺寸为 $10\text{mm} \times 10\text{mm} \times 55\text{mm}$ 且带有 V 形缺口的试样。V 形缺口应有 $45°$ 夹角，深度应为 2mm，底部曲率半径应为 0.25mm。同样试验条件下同一部位所取试样的数量不应少于 3 个。试样应逐个编号，并应做相应记录。

2）试验步骤

① 试样应紧贴试验机砧座，摆锤刀刃沿缺口对称面打击试样缺口的背面，试样缺口对称面偏离两砧座间的中点不应大于 0.5mm。

② 冲击试样的吸收能量 K 不应大于实际初始势能 K_p 的 80%，如超过此值，在试验报告中应说明；试样吸收能量 K 的下限不应低于试验机最小分辨率的 25 倍。

③ 冲击试验可在室温或负温条件下进行。对于试验温度有规定的，应在规定温度 $\pm 2℃$ 范围内进行；室温冲击试验应在 $23℃ \pm 5℃$ 范围内进行。

④ 当使用液体介质冷却试样时，试样应放置于一容器中的网栅上，网栅应高于容器底部 25mm，液体浸过试样的高度应大于 25mm，试样距容器侧壁应大于 10mm。应连续均匀搅拌介质以使温度均匀。测定介质温度的仪器宜置于一组试样中间处。介质温度应在规定温度 $\pm 1℃$ 以内，保持时间不应少于 5min。当使用气体介质冷却试样时，试样距低温装置内表面以及试样与试样之间应保持足够的距离，试样在规定温度下保持时间不应少于 20min。

⑤ 当试验不在室温进行时，试样从低温装置中移出至打击的时间应在 5s 之内，可采用过冷试样的方法补偿温度损失。当试验温度为 $0 \sim -60℃$ 时，可采用 $1 \sim 2℃$

的过冷度。夹持工具应与试样一起冷却。

⑥ 试样试验后没有完全断裂，可以报出冲击吸收能量。由于试验机打击能量不足，试样未完全断开，吸收能量不能确定，试验报告应注明试验用的冲击试验机的标称能量，试样未断开。

⑦ 如试样卡在试验机上，试验结果无效，应彻底检查试验机，以免影响测量的准确性。

（5）试验结果处理

1）试样折断后，应检查断口，当发现有气孔、夹渣、裂纹等缺陷时，应在试验记录上注明。

2）读取每个试样的冲击吸收能量，应估读到 0.5J 或 0.5 个标度单位（取两者之间较小值）。试验结果保留有效数字不应少于两位，修约方法应按现行国家标准《数值修约规则与极限数值的表示和判定》GB/T 8170 执行。

8.4.3 钢筋机械连接接头的组批与取样

1. 组批与取样规则

接头现场抽检项目应包括极限抗拉强度试验、加工和安装质量检验。抽检应按验收批进行，同钢筋生产厂、同强度等级、同规格、同类型和同形式接头应以 500 个为一个验收批进行检验与验收，不足 500 个也应作为一个验收批。

2. 取样数量

（1）接头安装检验应符合如下规定：

螺纹接头安装后应按上述验收批，抽取其中 10％的接头进行拧紧扭矩校核，拧紧扭矩值不合格数超过被校核接头数的 5％时，应重新拧紧全部接头、直到合格为止。

套筒挤压接头应按验收批抽取 10％接头，压痕直径或挤压后套筒长度应满足规范要求。钢筋插入套筒深度应满足产品设计要求，检查不合格数超过 10％时，可在本批外观检验不合格的接头中抽取 3 个试件做极限抗拉强度试验。

（2）接头极限抗拉强度检验应符合如下规定：

对接头的每一验收批，应在工程结构中随机截取 3 个接头试件做极限抗拉强度试验，按设计要求的接头等级进行评定。

对封闭环形钢筋接头、钢筋笼接头、地下连续墙预埋套筒接头、不锈钢钢筋接头、装配式结构构件间的钢筋接头和有疲劳性能要求的接头，可见证取样。在已加工并检验合格的钢筋丝头成品中随机割取钢筋试件，按要求与随机抽取的进场套筒组装成 3 个接头试件做极限抗拉强度试验，按设计要求的接头等级进行评定。

同一接头类型、同形式、同等级、同规格的现场检验连续 10 个验收批抽样试件抗拉强度试验一次合格率为 100% 时，验收批接头数量可扩大为 1000 个，当验收批接头数量少于 200 个时，可按规范的抽样要求随机抽取 2 个试件做极限抗拉强度试验。

对有效认证的接头产品，验收批数量可扩大至 1000 个；当现场抽检连续 10 个验收批抽样试件极限抗拉强度检验一次合格率为 100% 时，验收批接头数量可扩大为 1500 个。当扩大后的各验收批中出现抽样试件极限抗拉强度检验不合格的评定结果时，应将随后的各验收批数量恢复为 500 个，且不得再次扩大验收批数量。

设计对接头疲劳性能要求进行现场检验的工程，应选取工程中大、中、小三种直径钢筋各组装 3 根接头试件进行疲劳试验。

现场截取抽样试件后，原接头位置的钢筋可采用同等规格的钢筋进行绑扎搭接连接、焊接或机械连接方法补接。

8.4.4　钢筋机械连接接头力学性能检测与试验

1. 钢筋机械连接接头极限抗拉强度试验

（1）试验目的和适用范围

试验目的是测定钢筋机械接头极限抗拉强度，观察断裂位置和断口形貌，判定塑性断裂或脆性断裂。适用于建筑工程混凝土结构中钢筋机械连接的设计、施工和验收。适用于各类钢筋机械连接的套筒挤压接头、锥螺纹接头、直螺纹接头。

（2）试验原理

试验是用拉力拉伸试样，一般拉至断裂，测定其力学性能。除非另有规定，试验一般在室温 10～35℃ 范围内进行。对温度要求严格的试验，试验温度应为 23℃±5℃。

（3）仪器设备

万能材料试验机（符合型号规格的夹紧装置）；

游标卡尺（0～150mm），精度 0.001。

（4）试验操作

1）试样的准备：按组批与取样要求制备试样。

2）试验前准备：万能材料试验机开机预热，检查设备是否能正常运行，并填写设备运行记录表。根据样品直径选择合适的夹头，并安装到万能材料试验机上，并用扳手紧固螺丝。

3）试验操作：在控制仪器上设置速率，在测量接头时间的最大力总伸长率或极限抗拉强度时，试验机夹头的分离速率宜采用每分钟 $0.05L_c$，L_c 为试验机夹头间的距离，速率的相对误差不宜大于 $\pm20\%$，调整仪器上的升、降控制按钮使活动横梁移动到合适位置。把钢筋夹到上下接头中的合适位置。负荷清零，点击"运行"开始试验，现场抽检试样极限抗拉强度，应采用从零到破坏的一次加载制度，持续加载，直至破坏，测得实测抗拉荷载，试验结束保存试验数据并记录。查看并判断连接件接头破坏形态并记录。端口形式分为延性断裂和脆性断裂。

（5）试验结果处理

1）试件的抗拉强度按下式计算

$$f_{mst}^0 = F_m/S_0 \qquad\qquad 式（8-6）$$

式中：f_{mst}^0——实测极限抗拉强度（MPa）；

$\quad\quad\quad F_m$——试件拉断前的最大荷载（N）；

$\quad\quad\quad S_0$——试件公称横截面积（mm^2）。

试验结果数值应修约到 5MPa，并应按现行国家标准《数值修约规则与极限数值的表示和判定》GB/T 8170 执行。

2）检查断裂状况（延性断裂、脆性断裂）或颈缩现象。

3）试验中，若由于操作不当（如试件夹偏）或试验设备发生故障而影响试验数据准备，试验结果无效。

试验结果应符合下列要求：当三根接头都符合表 8-14 的相应等级要求时，该验收批应评为合格；当三根接头有一个不符合要求时，应取六根复检。六根中有一根复检不合格时，应评定该验收批不合格。

接头极限抗拉强度　　　　　　　　　　　　　表 8-14

接头等级	Ⅰ 级	Ⅱ 级	Ⅲ 级
极限抗拉强度	$f_{mst}^0 \geqslant f_{stk}$ 或钢筋拉断 $f_{mst}^0 \geqslant 1.10f_{stk}$ 或连接件破坏	$f_{mst}^0 \geqslant f_{stk}$	$f_{mst}^0 \geqslant 1.25f_{yk}$

注：1. 钢筋拉断指断于钢筋母材、套筒外钢筋丝头和钢筋镦粗过渡段；

    2. 连接件破坏指断于套筒、套筒纵向开裂或钢筋从套筒中拔出以及其他连接组件破坏。

    f_{yk}——钢筋屈服强度标准值；

    f_{stk}——钢筋极限抗拉强度标准值。

8.5　建筑钢材试验报告与检测报告

8.5.1　建筑钢材拉伸试验报告

1. 试验目的

2. 试验仪器与材料

3. 试验步骤

（1）试样制作与准备

（2）试样拉伸并记录数据

（3）清洁整理试验仪器和试验台

4. 试验数据记录

试件	屈服荷载(kN)	最大破坏荷载(kN)	原始标距(mm)	断后标距(mm)
试件 1				
试件 2				

5. 试验数据处理

6. 试验结论

8.5.2 建筑钢材冷弯试验报告

1. 试验目的

2. 试验仪器与材料

3. 试验步骤

（1）试样制作与准备

（2）试样弯曲并记录数据

（3）清洁整理试验仪器和试验台

4. 试验数据记录

试件	弯曲角度(°)	弯曲压头直径(mm)	试验现象
试件1			
试件2			

5. 试验结论

8.5.3 建筑钢材冲击试验报告

1. 试验目的

2. 试验仪器与材料

3. 试验步骤

（1）试样制作与准备

（2）室温冲击试验并记录数据

（3）清洁整理试验仪器和试验台

4. 试验数据记录

试验次数	第 1 次试验	第 2 次试验	第 3 次试验
冲击吸收能量(J)			
断口形态			

5. 试验结论

8.5.4 建筑钢材检测报告

工程名称					
工程地点			检验依据		
建设单位					
见证单位		见证人		见证人证书编号	
取样单位		取样人		取样人证书编号	
收样日期		试验日期		报告日期	
钢筋品种		钢筋牌号		公称直径(mm)	
生产厂家				代表数量	
使用部位				样品编号	

试测结果

	检验项目	标准要求	实测值
力学性能	屈服强度(MPa)		
	抗拉强度(MPa)		
	断后伸长率(%)		
	屈强比		
冷弯性能	弯曲压头直径(mm)		
	弯曲角度(°)		
	检测结果		
冲击性能	冲击吸收能量(J)		
	断口形态		

结论	

检验单位：　　　　　负责：　　　　　审核：　　　　　检验：

【项目总结】

建筑钢材包括钢筋混凝土结构用钢、钢结构用钢和钢筋连接件，建筑钢材性能检测中应执行各项技术指标的检测标准，再对照建筑钢材的质量标准评定其技术指标的合格性。建筑钢材的重要技术指标包括拉伸性能指标、冷弯性能指标、冲击韧性指标等。建筑钢材检测的组批、取样和制样必须执行相关标准。

建筑钢材各项技术指标检测过程中应明确检测目的和原理，准备实验室、试验材料、检测仪器等，按现行标准或规范进行检测操作，记录试验数据，按现行标准或规范要求对试验数据进行处理，并出具试验结论，填写建筑钢材单项性能指标试验报告，填写建筑钢材检测报告。

【思考及练习】

一、填空题

1. 按化学成分分类，钢可分为（　　）和（　　）两类。低碳钢的含碳量小于（　　）。

2. 钢筋混凝土结构用钢筋主要有（　　）、（　　）、（　　）、（　　）等。

3. HRB400 为（　　）级钢，标准规定，该牌号的钢屈服强度应不小于（　　）MPa，抗拉强度应不小于（　　）MPa，断后伸长率应不小于（　　）。

4. 低碳钢热轧圆盘条取样数量为拉伸（　　）根，弯曲（　　）根。试件应从（　　）根钢筋中截取，距钢筋端头应不小于（　　）mm。

5. 钢材的力学性能试件取样长度，拉伸试样应≥（　　），弯曲试样应≥（　　）。两支辊之间的距离为（　　）。

6. 对钢材复验的规定是，如某试验结果不符合规定的要求，则从同一批钢材中再取（　　）的试样进行该不合格项目的检验，复验结果即使有一项指标不合格，则整批不予验收。

7. 对试验机的要求，除要求应为1级或优于1级的准确度外，还有（　　）的要求。

8. 钢筋机械连接当（　　）个接头试件中有（　　）个试件的强度不符合要求，应再取（　　）个试件进行复检。复检中如仍有（　　）个试件的强度不符合要求，则该验收批评为不合格。

9. 应用小标记、细画线或细墨线标记原始标距，但不得用引起过早断裂的缺口作标记。应精确至（　　　）。对于比例试样，应将原始标距的计算值修约至最接近（　　　）mm 的倍数。

10. 对焊接接头的弯曲试验，当试件外侧横向裂纹宽度达到（　　　）mm 时，应认定已经破裂。

二、单选题

1. 牌号为 HPB300，公称直径为 8mm 的钢筋做弯曲试验时其弯心直径应是（　　　）。

A. a　　　　　　　B. $2a$　　　　　　　C. $3a$　　　　　　　D. $4a$

2. 钢筋混凝土用热轧带肋钢筋、光圆钢筋及热轧圆盘条按批进行检查和验收，每批质量为（　　　）。

A. ≤30t　　　　　B. ≤50t　　　　　C. ≤60t　　　　　D. ≤60t

3. 对于钢筋的机械连接接头，Ⅰ级接头的抗拉强度应满足以下要求（　　　）。

A. 不小于被连接钢筋实际抗拉强度或 1.10 倍钢筋抗拉强度标准值

B. 不小于被连接钢筋抗拉强度标准值

C. 不小于被连接钢筋屈服强度标准值的 1.35 倍

D. 不小于被连接钢筋屈服强度标准值的 1.25 倍

4. 在做拉伸试验时，试样采用 10 倍直径的标距的钢筋是（　　　）。

A. 低碳钢热轧圆盘条　　　　　　　B. 热轧光圆钢筋

C. 热轧带肋钢筋　　　　　　　　　D. 冷轧带肋钢筋

5. CRB650 代表的是（　　　）。

A. 热轧光圆钢筋，屈服强度不小于 650MPa

B. 冷轧光圆钢筋，屈服强度不小于 650MPa

C. 冷轧带肋钢筋，抗拉强度不小于 650MPa

D. 冷轧光圆钢筋，抗拉强度不小于 650MPa

6. 公称直径为 28mm 闪光对焊试件，冷弯检验时其弯心直径应为（　　　）。

A. $3a$　　　　　　B. $4a$　　　　　　C. $5a$　　　　　　D. $6a$

7. 钢材拉伸试验在出现下列哪个情况时，试验结果无效？（　　　）

A. 试样断在机械划刻的标记上，断后伸长率超过规定的最小值

B. 试验期间设备发生故障，但很快修好

C. 试验后试样出现两个或两个以上的缩颈

D. 试样断在 L_0 之间

8. 直径为 20mm 的热轧带肋钢筋，牌号为 HRB400，做拉伸性能检验，使用

（　　）较合适。

A. 100kN 万能材料试验机   B. 600kN 万能材料试验机

C. 1000kN 万能材料试验机   D. 800kN 万能材料试验机

9. 对闪光对焊、电渣压力焊，电弧焊的拉伸试验结果，下列情况中应进行复验的是（　　）。

A. 1 个试件的抗拉强度小于规定值

B. 2 个试件在焊缝或热影响区脆断，但抗拉强度大于钢筋规定抗拉强度的 1.1 倍

C. 3 个试件均在焊缝或热影响区脆断

D. 3 个试件的抗拉强度均合格

10. 下列情况中应采用移位法测定断后标距的是（　　）。

A. 拉断处到最近标距端点的距离 ≤ $1/3L_0$，直接计算出的断后伸长率大于规定值

B. 拉断处到最近标距端点的距离 ≤ $1/3L_0$，直接计算出的断后伸长率小于规定值

C. 拉断处在两标距端点之外

D. 拉断处到最近标距端点的距离 ≤ $1/2L_0$，直接计算出的断后伸长率小于规定值

11. 钢材拉伸试验中（　　）与影响屈服点的因素无关。

A. 变形速度   B. 温湿度   C. 加荷速度   D. 试验机精度

12. 下屈服强度 R_{eL} 定义为：在屈服期间，（　　），除以试样原始横截面积 S_0 所得到的强度值。

A. 初始瞬时效应时的最小应力

B. 试样发生屈服而力首次下降前的最高应力

C. 试样发生屈服而力首次下降后的最小应力

D. 不计初始瞬时效应时的最小应力

三、多选题

1. 关于钢筋检验，下列说法正确的是（　　）。

A. 不得在同一根钢筋上取两个或两个以上试件

B. 在拉力检验项目中，包括屈服点、抗拉强度和伸长率三个指标

C. 如有一个指标不符合规定，即认为拉力检验项目不合格

D. 钢筋取样时，钢筋端部要先截去 500mm 再取试件

2. 钢筋拉伸试验过程中，出现下列哪几种情况结果无效？（　　）

A. 设备发生故障　　　　　　　　B. 记录有误

C. 试件断在标距之外　　　　　　D. 脆断

3. 反映钢材变形性能的塑性指标有（　　）。

A. 延度　　　　B. 伸长率　　　　C. 断面收缩率　　　　D. 韧性

4. 热轧钢筋试验项目包括（　　）。

A. 屈服强度　　　B. 极限强度　　　C. 松弛率　　　D. 伸长率

5. 钢筋闪光对焊接头力学性能试验包括（　　）。

A. 强度　　　　B. 塑性　　　　C. 冷弯性能　　　　D. 硬度

四、简答题

1. 试述低碳钢拉伸经历的四个阶段。

2. 什么是钢材的冷弯性能？应如何进行评价？

3. 试述热轧带肋钢筋牌号的含义。如何评价热轧带肋钢筋的表面质量？

4. 试述钢筋机械连接接头的现场检验的评定方法。

项目9

防水材料性能检测与试验

防水材料性能检测与试验

【教学目标】

1. 知识目标：

掌握防水材料检测国家标准；

掌握防水材料主要质量指标的检测方法与步骤。

2. 能力目标：

具备确定并检索防水材料性能检测依据的能力；

具备防水材料性能试验的能力；

具备试验数据分析处理的能力；

具备防水材料性能评估的能力。

3. 素质目标：

具有爱岗敬业、细心踏实、思维敏捷、勇于创新的职业精神；

具有精益求精的工匠精神和爱岗敬业的劳动态度；

具有人际交往能力和团队协作精神；

具有规范意识、质量意识、安全意识和环保意识。

【思维导图】

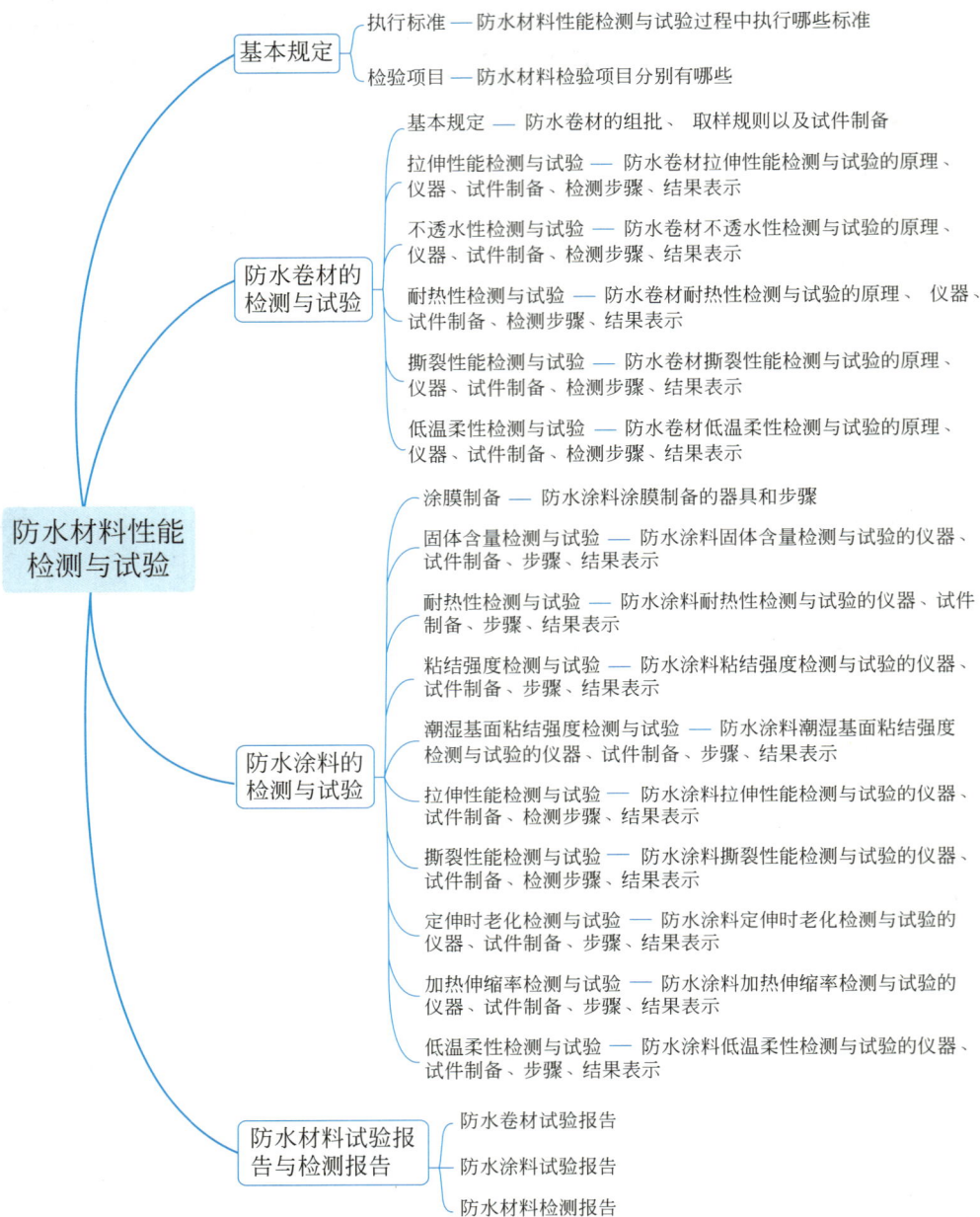

【引文】

　　防水工程是工程建设的重要环节，防水材料是指能防止雨水、雪水、地下水等对建筑物和各种构筑物的渗透、渗漏和侵蚀的材料。我国建筑防水材料的发展方向：大力发展改性沥青防水卷材，适当发展防水涂料。因此，对防水材料的多功能复合化及多样化提出了新的要求。总之，开发高强度、高弹性、高延性、轻质、耐老化、低污染的新型防水材料已势在必行。

9.1 防水材料性能检测的基本规定

9.1.1 执行标准（现行）

《建筑防水卷材试验方法》GB/T 328 系列

《建筑防水涂料试验方法》GB/T 16777

9.1.2 检验项目

防水卷材：拉伸性能、不透水性、耐热性、撕裂性能、低温柔性。

防水涂料：固体含量、耐热性、粘结强度、拉伸性能、撕裂强度、低温柔性、加热伸缩率。

9.2 防水卷材的检测与试验

9.2.1 基本规定

1. 组批原则（图 9-1）

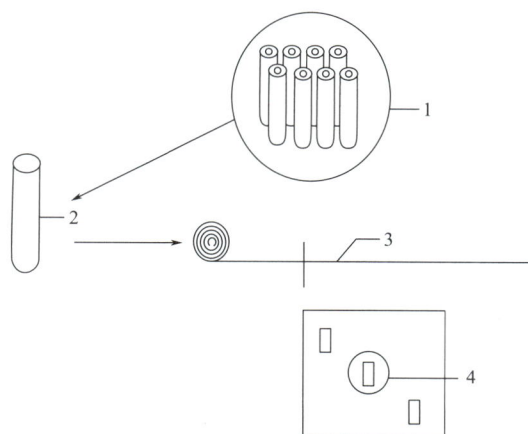

图 9-1 抽样

1—交付批；2—样品；3—试样；4—试件

抽样根据相关协议的要求，当没有相关协议的时候，可按照表 9-1 所示进行，不要抽取损坏的卷材。

抽样　　　　　　　　　　　　　　　　　　　　表 9-1

批量（m³）		样品数量（卷）
以上	直至	
—	1000	1
1000	2500	2
2500	5000	3
5000	—	4

2. 试样与试件制备

（1）温度条件

在裁取试样前样品应在 20℃±10℃ 放置至少 24h。无争议时可在产品规定的展开温度范围内裁取试样。

（2）试样

在平面上展开抽取的样品，根据试件需要的长度在整个卷材宽度上裁取试样。若无合适的包装保护，将卷材外面的一层去除。

试样用能识别的材料标记卷材的上表面和机器生产方向。若无其他相关标准规定，在裁取试件前试样应在 23℃±2℃ 放置至少 20h。

（3）试件

在裁取试件前检查试样，试样不应有由于抽样或运输造成的折痕，保证试样没有 GB/T 328.2 或 GB/T 328.3 规定的外观缺陷。

根据相关标准规定的检测性能和需要的试件数量裁取试件。

试件用能识别的方式来标记卷材的上表面和机器生产方向。

9.2.2　防水卷材的检测与试验

1. 拉伸性能检测与试验

（1）原理

试件以恒定的速度拉伸至断裂。连续记录试验中拉力和对应的长度变化。

（2）仪器设备

拉伸试验机有连续记录力和对应距离的装置能按下面规定的速度均匀地移动夹具。拉伸试验机有足够的量程（至少 2000N）和夹具移动速度 100mm/min±10mm/min，夹具宽度不小于 50mm。

拉伸试验机的夹具能随着试件拉力的增加而保持或增加夹具的夹持力，对于厚度不超过 3mm 的产品能夹住试件使其在夹具中的滑移不超过 1mm，更厚的产品不超过 2mm。这种夹持方法不应在夹具内外产生过早的破坏。

为防止从夹具中的滑移超过极限值，允许用冷却的夹具，同时实际的试件伸长用引伸计测量。

（3）试件制备

整个拉伸试验应制备两组试件，一组纵向 5 个试件，一组横向 5 个试件。

试件在试样上距边缘 100mm 以上任意裁取，用模板，或用裁刀，矩形试件宽为 50mm±0.5mm，长为（200mm+2×夹持长度），长度方向为试验方向。

表面的非持久层应去除。

试件在试验前在 23℃±2℃和相对湿度 30%～70%的条件下至少放置 20h。

（4）检测步骤

将试件紧紧地夹在拉伸试验机的夹具中，注意试件长度方向的中线与试验机夹具中心在一条线上。夹具间距离为 200mm±2mm，为防止试件从夹具中滑移应作标记。当用引伸计时，试验前应设置标距间距离为 180mm±2mm。

试验在 23℃±2℃进行，夹具移动的恒定速度为 100mm/min±10mm/min。连续记录拉力和对应的夹具（或引伸计）间距离。

（5）检测数据处理与结论评定

1）记录得到的拉力和距离，或数据记录，最大的拉力和对应的由夹具（或引伸计）间距离与起始距离的百分率计算的延伸率。

2）去除任何在夹具 10mm 以内断裂或在试验机夹具中滑移超过极限值的试件的试验结果，用备用件重测。

3）最大拉力单位为 N/50mm，对应的延伸率用百分率表示，作为试件同一方向结果。

4）分别记录每个方向 5 个试件的拉力值和延伸率，计算平均值。

5）拉力的平均值修约到 5N，延伸率的平均值修约到 1%。

6）复合增强的卷材在应力-应变图上有两个或更多的峰值，拉力和延伸率应记录两个最大值。

2. 不透水性检测与试验

（1）原理

方法 A：在整个试验过程中承受水压后试件表面的滤纸不变色。试验适用于卷材低压力的使用场合，如屋面、基层、隔汽层。试件满足承受 60kPa 压力 24h 不变色。

方法 B：最终压力与开始压力相比下降不超过 5%。试验适用于卷材高压力的使用场合如特殊屋面、隧道、水池。试件采用有四个规定形状尺寸线的圆盘保持规定水压 24h，或采用 7 孔圆盘保持规定水压 30min，观测试件是否保持不渗水。

（2）仪器设备

方法 A：一个带法兰盘的金属圆柱体箱体，孔径 150mm，并连接到开放管子末端或容器，其间高差不低于 1m，通常如图 9-2 所示。

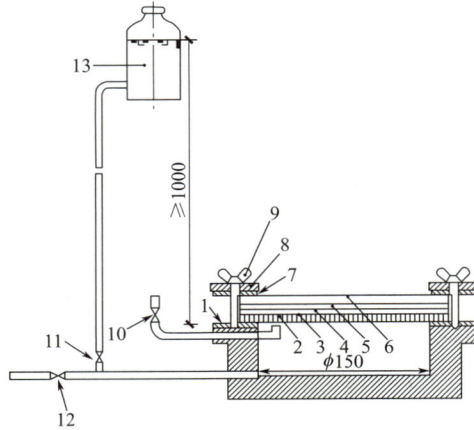

图 9-2　低压力不透水性装置（单位：mm）

1—下橡胶密封垫圈；2—试件的迎水面是通常暴露于大气/水的面；3—实验室用滤纸；

4—湿气指示混合物，均匀地铺在滤纸上面，湿气透过试件能容易地探测到，指示剂是由细白糖（冰糖）（99.5%）和亚甲蓝染料（0.5%）组成的混合物，用 0.074mm 筛过滤并在干燥器中用氯化钙干燥；5—实验室用滤纸；

6—圆的普通玻璃板，其中：5mm 厚，水压≤10kPa；8mm 厚，水压≤60kPa；7—上橡胶密封垫圈；8—金属环；

9—带翼螺母；10—排气阀；11—进水阀；12—补水和排水阀；13—提供和控制水压到 60kPa 的装置

方法 B：组成设备的装置见图 9-3 和图 9-4，产生的压力作用于试件的一面。试件用有四个狭缝的盘（或 7 孔圆盘）盖上。缝的形状尺寸符合图 9-5 的规定，孔的尺寸形状符合图 9-6 的规定。

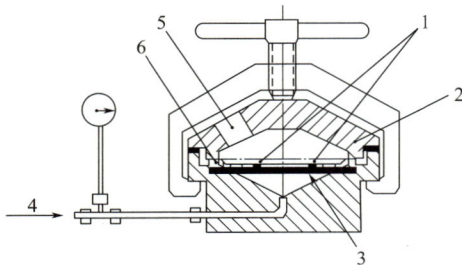

图 9-3　高压力不透水性用压力试验装置

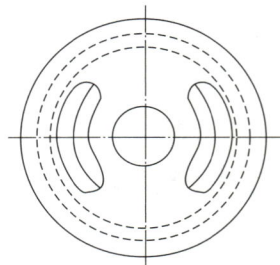

图 9-4　狭缝压力试验装置封盖草图

1—狭缝；2—封盖；3—试件；4—静压力；5—观测孔；6—开缝盘

　　　　　　　　　　　　　　　　　　　　　　　　建筑材料检测与试验

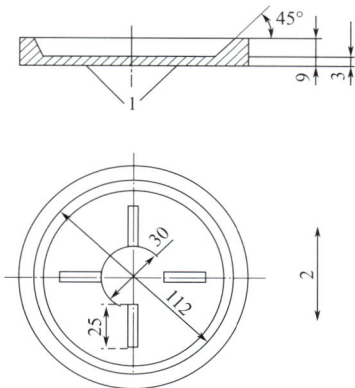

图 9-5 开缝盘（单位：mm）

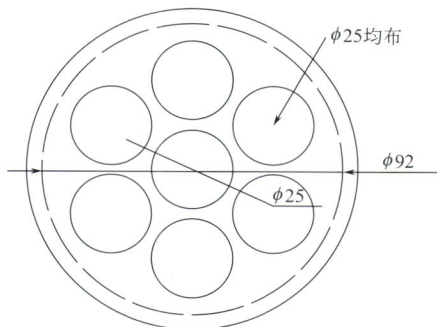

图 9-6 孔圆盘（单位：mm）

1—所有开缝盘的边都有约 0.5mm 半径弧度；

2—试件纵向方向

（3）试件制备、试件尺寸及试验条件

试件在卷材宽度方向均匀裁取，最外一个距卷材边缘 100mm。试件的纵向与产品的纵向平行并标记。在相关的产品标准中应规定试件数量，最少三块。

方法 A：圆形试件，直径 200mm±2mm。方法 B：试件直径不小于盘外径（约 130mm）。

试验前试件在 23℃±5℃放置至少 6h。

（4）检测步骤

1）试验条件

试验在 23℃±5℃进行，产生争议时，在 23℃±2℃相对湿度 50％±5％进行。

2）方法 A 步骤

放试件在设备上，旋紧翼形螺母固定夹环。打开阀（11）让水进入，同时打开阀（10）排出空气。直至水出来关闭阀（10），说明设备已水满。

调整试件上表面所要求的压力。保持压力 24h±1h。

检查试件，观察上面滤纸有无变色。

3）方法 B 步骤

图 9-3 装置中充水直到满出，彻底排出水管中空气。

试件的上表面朝下放置在透水盘上，盖上规定的开缝盘（或 7 孔圆盘），其中一个缝的方向与卷材纵向平行（见图 9-5）。放上封盖，慢慢夹紧直到试件夹紧在盘上，用布或压缩空气干燥试件的非迎水面，慢慢加压到规定的压力。

达到规定压力后，保持压力 24±1h（7 孔盘保持规定压力 30min±2min）。试验时观察试件的不透水性（水压突然下降或试件的非迎水面有水）。

4）结果表示

方法 A：试件有明显的水渗到上面的滤纸产生变色，认为试验不符合。所有试件通过认为卷材不透水。

方法 B：所有试件在规定的时间不透水认为不透水性试验通过。

3. 耐热性检测与试验

（1）方法 A

1）原理

从试样裁取的试件，在规定温度分别垂直悬挂在烘箱中。在规定的时间后测量试件两面涂盖层相对于胎体的位移。平均位移超过 20mm 为不合格。耐热性极限是通过在两个温度结果间插值测定。

2）仪器设备

鼓风烘箱（不提供新鲜空气）：在试验范围内最大温度波动±2℃。当门打开30s 后，恢复温度到工作温度的时间不超过 5min。

热电偶：连接到外面的电子温度计，在规定范围内能测量到±1℃。

悬挂装置（如夹子）至少 100mm 宽，能夹住试件的整个宽度在一条线，并被悬挂在试验区域（见图 9-7）。

光学测量装置（如读数放大镜）刻度至少 0.1mm。

金属圆插销的插入装置：内径约 4mm。

画线装置：画直的标记线（图 9-7）。

墨水记号线的宽度不超过 0.5mm，白色耐水墨水。

硅纸。

3）试件制备

矩形试件尺寸（115mm±1mm）×（100mm±1mm），试件均匀地在试样宽度方向裁取，长边是卷材的纵向。试件应距卷材边缘 150mm 以上，试件从卷材的一边开始连续编号，卷材上表面和下表面应标记。

去除任何非持久保护层，适宜的方法是常温下用胶带粘在上面，冷却到接近假设的冷弯温度，然后从试件上撕去胶带，另一方法是用压缩空气吹［压力约0.5MPa（5bar），喷嘴直径约 0.5mm］，假若上面的方法不能除去保护膜，用火焰烤，用最少的时间破坏膜而不损伤试件。

在试件纵向的横断面一边，上表面和下表面的大约 15mm 一条的涂盖层去除直至胎体，若卷材有超过一层的胎体，去除涂盖料直到另外一层胎体。在试件的中间

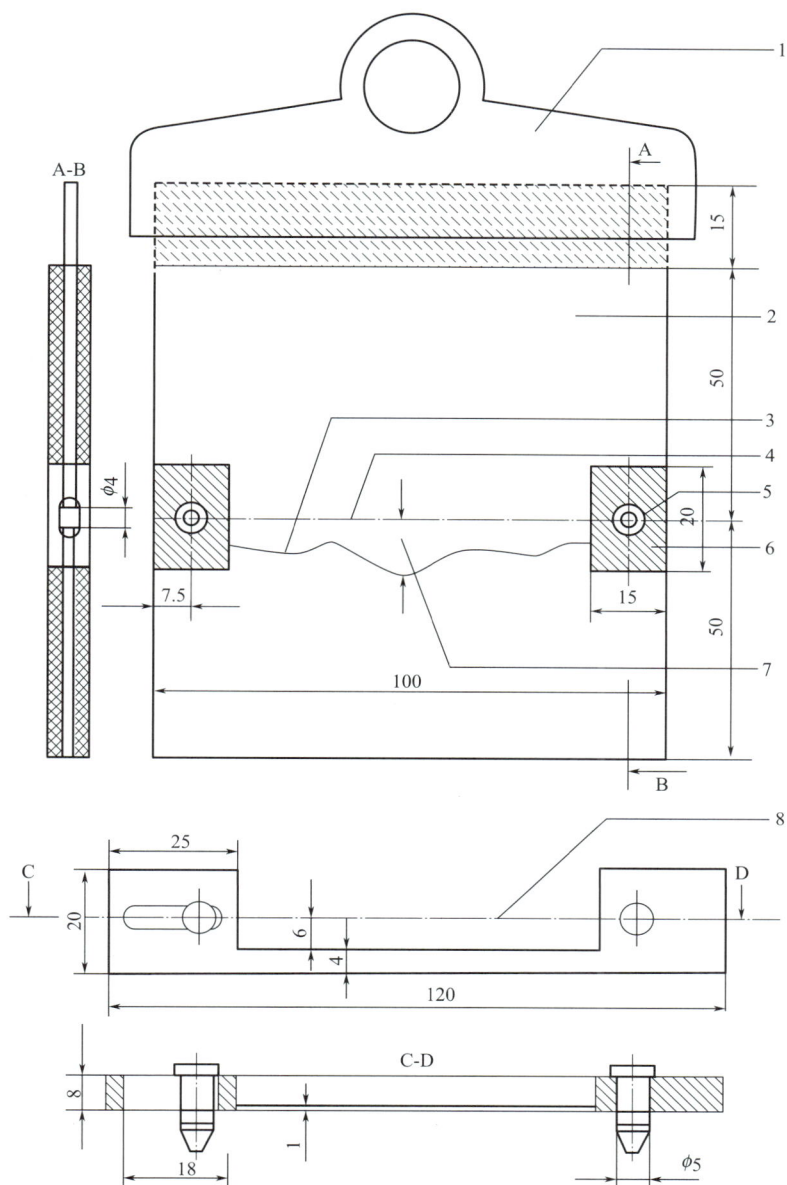

图 9-7　试件，悬挂装置和标记装置（示例）（单位：mm）

1—悬挂装置；2—试件；3—标记线 1；4—标记线 2；5—插销，44mm；

6—去除涂盖层；7—滑动 ΔL（最大距离）；8—直边

区域的涂盖层也从上表面和下表面的两个接近处去除，直至胎体（图 9-7）。为此，可采用热刮刀或类似装置，小心地去除涂盖层不损坏胎体。两个内径约 4mm 的插销在裸露区域穿过胎体（图 9-7）。任何表面浮着的矿物料或表面材料通过轻轻敲打试件去除。然后标记装置放在试件两边插入插销定位于中心位置，在试件表面整个宽度方向沿着直边用记号笔垂直画一条线（宽度约 0.5mm），操作时试件平放。

试件试验前至少放置在 23℃±2℃的平面上 2h，相互之间不要接触或粘住，有必要时，将试件分别放在硅纸上防止粘结。

4）步骤

① 试验准备

烘箱预热到规定试验温度，温度通过与试件中心同一位置的热电偶控制。整个试验期间，试验区域的温度波动不超过±2℃。

② 规定温度下耐热性的测定

制备的一组三个试件露出的胎体处用悬挂装置夹住，涂盖层不要夹到。必要时，用如硅纸的不粘层包住两面，便于在试验结束时除去夹子。

制备好的试件垂直悬挂在烘箱的相同高度，间隔至少 30mm。此时烘箱的温度不能下降太多，开关烘箱门放入试件的时间不超过 30s。放入试件后加热时间为 120min±2min。

加热周期一结束，试件和悬挂装置一起从烘箱中取出，相互间不要接触，在 23℃±2℃自由悬挂冷却至少 2h。然后除去悬挂装置，在试件两面画第二个标记，用光学测量装置在每个试件的两面测量两个标记底部间最大距离 ΔL，精确到 0.1mm（图 9-7）。

③ 耐热性极限测定

耐热性极限对应的涂盖层位移正好 2mm，通过对卷材上表面和下表面在间隔 5℃的不同温度段的每个试件的初步处理试验的平均值进行测定，其温度段总是 5℃ 的倍数（如 100℃、105℃、110℃）。这样试验的目的是找到位移尺寸 $\Delta L = 2mm$ 在其中的两个温度段 T℃和（$T+5$）℃。

卷材两个面的每个温度段应采用新的试件试验。

一组三个试件初步测定耐热性能的这样两个温度段已测定后，上表面和下表面都要测定两个温度 T℃和（$T+5$）℃，在每个温度用一组新的试件。

在卷材涂盖层在两个温度段间完全流动将产生的情况下，$\Delta L = 2mm$ 时的精确耐热性不能测定，此时滑动不超过 2.0mm 的最高温度 T 可作为耐热性极限。

5）结果计算、表示和试验方法精确度

① 平均值计算

计算卷材每个面三个试件的滑动值的平均值，精确到 0.1mm。

② 耐热性

耐热性试验在此温度卷材上表面和下表面的滑动平均值不超过 2.0mm 认为

合格。

③ 耐热性极限

耐热性极限通过线性图或计算每个试件上表面和下表面的两个结果测定，每个面修约到1℃（见图9-8）。

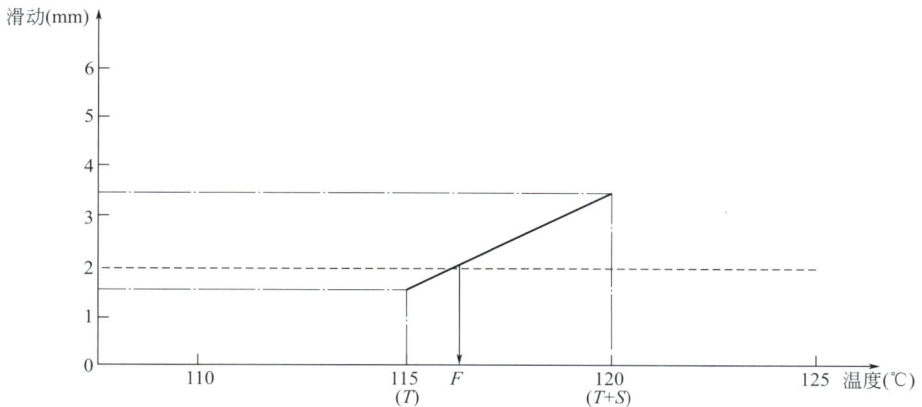

图9-8 内插法耐热极限测定（示例）

F—耐热性极限（示例＝117℃）

（2）方法 B

1）原理

从试样裁取的试件，在规定温度分别垂直悬挂在烘箱中。在规定的时间后测量试件两面涂盖层相对于胎体的位移及流淌、滴落。

2）仪器设备

鼓风烘箱（不提供新鲜空气）在试验范围内最大温度波动±2℃。当门打开30s后，恢复温度到工作温度的时间不超过5min。

热电偶：连接到外面的电子温度计，在规定范围内能测量到±1℃。

悬挂装置：洁净无锈的铁丝或回形针。

硅纸。

3）抽样

矩形试件尺寸（100mm±1mm）×（50mm±1mm），试件均匀地在试样宽度方向裁取。长边是卷材的纵向。试件应距卷材边缘150mm以上，试件从卷材的一边开始连续编号，卷材上表面和下表面应标记。

4）试件制备

去除任何非持久保护层，适宜的方法是常温下用胶带粘在上面，冷却到接近假设的冷弯温度，然后从试件上撕去胶带，另一方法是用压缩空气吹〔压力约

0.5MPa（5bar），喷嘴直径约 0.5mm]，假若上面的方法不能除去保护膜，用火焰烤，用最少的时间破坏膜而不损伤试件。

试件试验前至少在 23℃±2℃ 平放 2h，相互之间不要接触或粘住，有必要时，将试件分别放在硅纸上防止粘结。

5）步骤

① 试验准备

烘箱预热到规定试验温度，温度通过与试件中心同一位置的热电偶控制。整个试验期间，试验区域的温度波动不超过±2℃。

② 规定温度下耐热性的测定

制备一组三个试件，分别在距试件短边一端 10mm 处的中心打一小孔，用细铁丝或回形针穿过，垂直悬挂试件在规定温度烘箱的相同高度，间隔至少 30mm。此时烘箱的温度不能下降太多。开关烘箱门放入试件的时间不超过 30s。放入试件后加热时间为 120min±2min。

加热周期一结束，试件从烘箱中取出，相互间不要接触，目测观察并记录试件表面的涂盖层有无滑动、流淌、滴落、集中性气泡。

集中性气泡指破坏涂盖层原形的密集气泡。

6）结果计算

试件任一端涂盖层不应与胎基发生位移，试件下端的涂盖层不应超过胎基，无流淌、滴落、集中性气泡，为规定温度下耐热性符合要求。一组三个试件都应符合要求。

4. 撕裂性能检测与试验（钉杆法）

（1）原理

通过用钉杆刺穿试件试验测量需要的力，用与钉杆成垂直的力进行撕裂。

（2）仪器设备

1）拉伸试验机

拉伸试验机应有连续记录力和对应距离的装置，能够按以下规定的速度分离夹具。拉伸试验机有足够的荷载能力（至少 2000N），和足够的夹具分离距离，夹具拉伸速度为 100mm/min±10mm/min，夹持宽度不少于 100mm。

拉伸试验机的夹具能随着试件拉力的增加而保持或增加夹具的夹持力，夹具能夹住试件使其在夹具中的滑移不超过 2mm，为防止从夹具中的滑移超过 2mm，允许用冷却的夹具。这种夹持方法不应在夹具内外产生过早的破坏。

2）U 形装置

U 形装置一端通过连接件连在拉伸试验机夹具上，另一端有两个臂支撑试件。

臂上有钉杆穿过的孔，其位置能允许按检测步骤要求进行试验（见图 9-9）。

（3）试件制备

试件需距卷材边缘 100mm 以上在试样上任意裁取，用模板或裁刀裁取，要求的长方形试件宽 100mm±1mm，长至少 200mm。试件长度方向是试验方向，试件从试样的纵向或横向裁取。

对卷材用于机械固定的增强边，应取增强部位试验。

每个选定的方向试验 5 个试件，任何表面的非持久层应去除。

试验前试件应在 23℃±2℃ 和相对湿度 30%～70% 的条件下放置至少 20h。

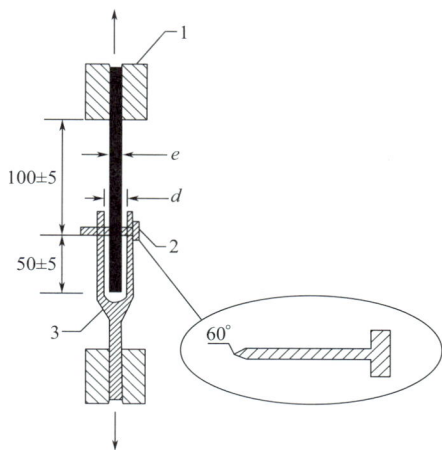

图 9-9　钉杆撕裂试验（单位：mm）

1—夹具；2—钉杆（$\phi 2.5 \pm 0.1$）；

3—U 形头；e—样品厚度；

d—U 形头间隙（$e+1 \leqslant d \leqslant e+2$）

（4）步骤

试件放入打开的 U 形头的两臂中，用一直径 2.5mm±0.1mm 的尖钉穿过 U 形头的孔位置，同时钉杆位置在试件的中心线上，距 U 形头中的试件一端 50mm±5mm（见图 9-9）。钉杆距上夹具的距离是 100mm±5mm。

把该装置试件一端的夹具和另一端的 U 形头放入拉伸试验机，开动试验机使穿过材料面的钉杆直到材料的末端。试验装置的示意图见图 9-9。

试验在 23℃±2℃ 进行，拉伸速度 100mm/min±10mm/min。穿过试件钉杆的撕裂力应连续记录。

（5）结果表示、计算

连续记录的力，试件撕裂性能（钉杆法）是记录试验的最大力。

每个试件分别列出拉力值，计算平均值，精确到 5N，记录试验方向。

5. 低温柔性检测与试验

（1）原理

从试样裁取的试件，上表面和下表面分别绕浸在冷冻液中的机械弯曲装置上弯曲 180°。弯曲后，检查试件涂盖层存在的裂纹。

（2）仪器设备

试验装置的操作示意和方法见图 9-10。该装置由两个直径 20mm±0.1mm 不旋转的圆筒，一个直径 30mm±0.1mm 的圆筒或半圆筒弯曲轴组成（可以根据产品规定采用其他直径的弯曲轴，如 20mm、50mm），该轴在两个圆筒中间，能向上移动。两个圆筒间的距离可以调节，即圆筒和弯曲轴间的距离能调节为卷材的厚度。

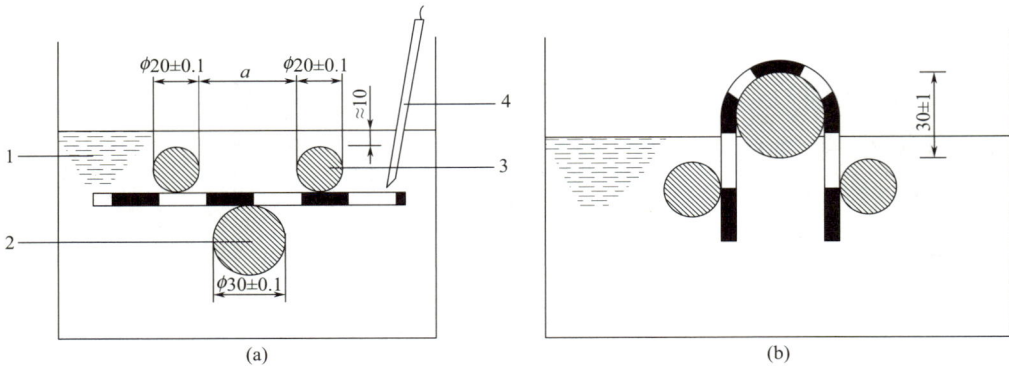

图 9-10　试验装置原理和弯曲过程（单位：mm）

（a）开始弯曲；（b）弯曲结束

1—冷冻液；2—弯曲轴；3—固定圆筒；4—半导体温度计（热敏探头）

整个装置浸入能控制温度在＋20～—40℃、精度 0.5℃ 温度条件的冷冻液中。冷冻液用任一混合物：

丙烯乙二醇/水溶液（体积比 1∶1）低至—25℃，或低于—20℃的乙醇/水混合物（体积比 2∶1）。

用一支测量精度 0.5℃ 的半导体温度计检查试验温度，放入试验液体中与试验试件在同一水平面。试件在试验液体中的位置应平放且完全浸入，用可移动的装置支撑，该支撑装置应至少能放一组五个试件。

试验时，弯曲轴从下面顶着试件以 360mm/min 的速度升起，这样试件能弯曲180°，电动控制系统能保证在每个试验过程和试验温度的移动速度保持在 360mm/min±40mm/min。裂缝通过目测检查，在试验过程中不应有任何人为的影响。为了准确评价，试件移动路径是在试验结束时，试件应露出冷冻液，移动部分通过设置适当的极限开关控制限定位置。

（3）试件制备

用于低温柔性或冷弯温度测定试验的矩形试件尺寸（150mm±1mm）×（25mm±1mm），试件从试样宽度方向上均匀的裁取，长边在卷材的纵向，试件裁取时应距卷材边缘不少于 150mm，试件应从卷材的一边开始做连续的记号，同时标记卷材的上表面和下表面。

去除表面的任何保护膜，适宜的方法是常温下用胶带粘在上面，冷却到接近假设的冷弯温度，然后从试件上撕去胶带，另一方法是用压缩空气吹［压力约0.5MPa（5bar），喷嘴直径约0.5mm］，假若上面的方法不能除去保护膜，用火焰烤，用最少的时间破坏膜而不损伤试件。

试件试验前应在（23±2）℃的平板上放置至少4h，并且相互之间不能接触，也不能粘在板上。可以用硅纸垫，表面的松散颗粒用手轻轻敲打除去。

（4）步骤

1）仪器准备

在开始所有试验前，两个圆筒间的距离（见图9-10）应按试件厚度调节，即弯曲轴直径＋2mm＋试件厚度的2倍。然后装置放入已冷却的液体中，并且圆筒的上端在冷冻液面下约10mm，弯曲轴在下面的位置。

弯曲轴直径根据产品不同可以为20mm、30mm、50mm。

2）试件条件

冷冻液达到规定的试验温度，误差不超过0.5℃，试件放于支撑装置上，且在圆筒的上端，保证冷冻液完全浸没试件。试件放入冷冻液达到规定温度后，开始保持在该温度1h±5min。半导体温度计的位置靠近试件，检查冷冻液温度，然后试件按低温柔性或冷弯温度测定试验。

3）低温柔性

两组各5个试件，全部试件按规定温度处理后，一组是上表面试验，另一组下表面试验，试验按下述进行。

试件放置在圆筒和弯曲轴之间，试验面朝上，然后设置弯曲轴以360mm/min±40mm/min速度顶着试件向上移动，试件同时绕轴弯曲。轴移动的终点在圆筒上面30mm±1mm处（见图9-10）。试件的表面明显露出冷冻液，同时液面也因此下降。

在完成弯曲过程10s内，在适宜的光源下用肉眼检查试件有无裂纹，必要时，用辅助光学装置帮助。假若有一条或更多裂纹从涂盖层深入到胎体层，或完全贯穿无增强卷材，即存在裂缝。一组五个试件应分别试验检查。假若装置的尺寸满足，可以同时试验几组试件。

4）冷弯温度测定

假若沥青卷材的冷弯温度要测定（如人工老化后变化的结果），按低温柔性和下面的步骤进行试验。

冷弯温度的范围（未知）最初测定，从期望的冷弯温度开始，每隔6℃试验每个试件，因此每个试验温度都是6℃的倍数（如−12℃、−18℃、−24℃等）。从开始导致破坏的最低温度开始，每隔2℃分别试验每组五个试件的上表面和下表面，连续地每次 2℃地改变温度，直到每组 5 个试件分别试验后至少有 4 个无裂缝，这个温度记录为试件的冷弯温度。

（5）结果记录、计算和试验方法的精确度

1）规定温度的柔度结果

一个试验面 5 个试件在规定温度至少 4 个无裂缝为通过，上表面和下表面的试验结果要分别记录。

2）冷弯温度测定的结果

测定冷弯温度时，要求按冷弯温度测定试验得到的温度应 5 个试件中至少 4 个通过，这冷弯温度是该卷材试验面的。上表面和下表面的结果应分别记录（卷材的上表面和下表面可能有不同的冷弯温度）。

9.3 防水涂料检测与试验

9.3.1 防水涂料涂膜制备

1. 试验器具

涂膜模框

电热鼓风烘箱：控温精度±2℃。

2. 试验步骤

（1）试验前模框、工具、涂料应在标准试验条件下放置 24h 以上。

（2）称取所需的试验样品量，保证最终涂膜厚度 1.5mm±0.2mm。

单组分防水涂料应将其混合均匀作为试料，多组分防水涂料应按生产厂规定的配比精确称量后，将其混合均匀作为试料。在必要时可以按生产厂家指定的量添加稀释剂，当稀释剂的添加量有范围时，取其中间值，将产品混合后充分搅拌 5min，在不混入气泡的情况下倒入模框中。模框不得翘曲且表面平滑，为便于脱模，涂覆前可用脱模剂处理。样品按生产厂的要求一次或多次涂覆（最多三次，每次间隔不超过 24h），最后一次将表面刮平，然后按表 9-2 进行养护。

涂膜制备的养护条件 表 9-2

分类		脱模前的养护条件	脱模后的养护条件
水性	沥青类	在标准条件 120h	40℃±2℃48h后,标准条件 4h
	高分子类	在标准条件 96h	40℃±2℃48h后,标准条件 4h
溶剂型、反应型		标准条件 96h	标准条件 72h

9.3.2　防水涂料检测与试验

1. 固体含量检测与试验

（1）试验器具

天平：感量 0.001g。

电热鼓风烘箱：控温精度±2℃。

干燥器：内放变色硅胶或无水氯化钙。

培养皿：直径 60～75mm。

（2）试验步骤

将样品（对于固体含量试验不能添加稀释剂）搅匀后，取（6+1）g 的样品倒入已干燥称量的培养皿（m_0）中并铺平底部，立即称量（m_1），再放入到加热到表 9-3 规定温度的烘箱中，恒温 3h，取出放入干燥器中，在标准试验条件下冷却 2h，然后称量（m_2）。对于反应型涂料，应在称量（m_1）后在标准试验条件下放置 24h，再放入烘箱。

涂料加热温度

表 9-3

涂料种类	水性	溶剂型、反应型
加热温度（℃）	105±2	120±2

（3）结果计算

固体含量按照式（9-1）计算：

$$X_固 = \frac{m_2 - m_0}{m_1 - m_0} \times 100\%$$

式（9-1）

式中：$X_固$——固体含量（质量分数）；

　　　m_0——培养皿的质量（g）；

　　　m_1——干燥前培养皿和试样质量（g）；

　　　m_2——干燥后培养皿和试样质量（g）。

试验结果取两次平行试验的算术平均值作为测试值，结果精确至 1%。

2. 耐热性检测与试验

（1）试验器具

电热鼓风烘箱：控温精度±2℃。

铝板：厚度不小于 2mm，面积大于 100mm×50mm，中间上部有一小孔，便于悬挂。

（2）试验步骤

将样品搅匀后，将样品按生产厂的要求分 2～3 次涂覆（每次间隔不超过 24h）在已清洁干净的铝板上，涂覆面积为 100mm×50mm，总厚度 1.5mm，最后一次将表面刮平，按表 9-2 条件进行养护，不需要脱模。然后将铝板垂直悬挂在已调节到规定温度的电热鼓风干燥箱内，试件与干燥箱壁间的距离不小于 50mm，试件的中心宜与温度计的探头在同一位置，在规定温度下放置 5h 后取出，观察表面现象。共试验 3 个试件。

（3）结果评定

试验后所有试件都不应产生流淌、滑动、滴落，试件表面无密集气泡。

3. 粘结强度检测与试验

（1）A 法

1）试验器具

拉伸试验机：测量值在量程的 15%～85% 之间，示值精度不低于 1%，拉伸速度（5±1）mm/min。

电热鼓风烘箱：控温精度±2℃。

拉伸专用金属夹具：上夹具、下夹具、垫板如图 9-11～图 9-13 所示。

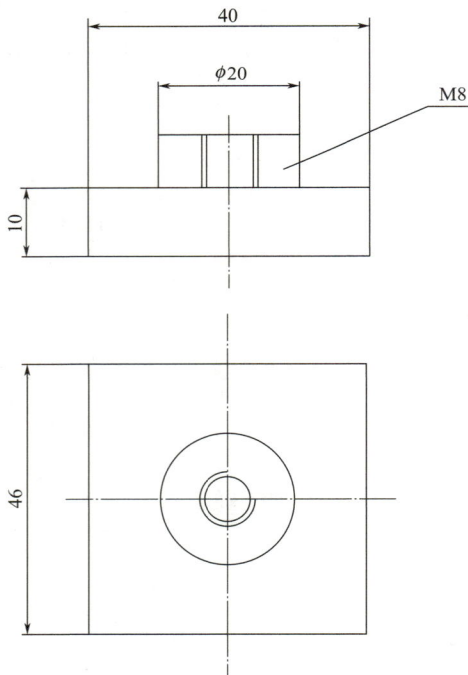

图 9-11　拉伸用上夹具（单位：mm）

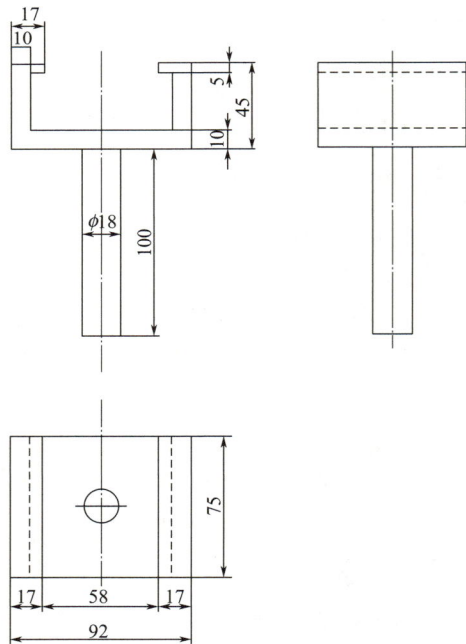

图 9-12　拉伸用下夹具（单位：mm）

水泥砂浆块：尺寸 70mm × 70mm × 20mm。采用强度等级 42.5 级的普通硅酸盐水泥，将水泥、中砂按照质量比 1：1 加入砂浆搅拌机中搅拌，加水量以砂浆稠度 70～90mm 为准，倒入模框中振实抹平，然后移入养护室，1d 后脱模，水中养护 10d 后再在（50±2）℃的烘箱中干燥（24±0.5）h，取出在标准条件下放置备用，去除砂浆试块成型面的浮浆、浮砂、灰尘等，同样制备五块砂浆试块。

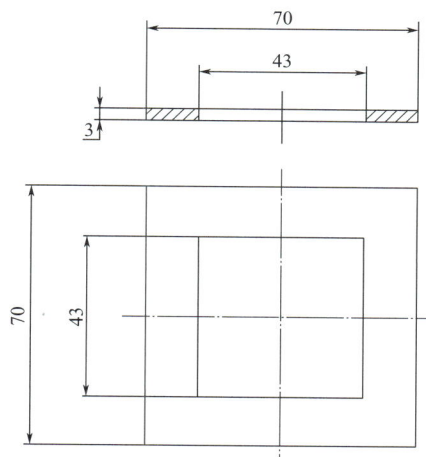

图 9-13　拉伸用垫板（单位：mm）

高强度胶粘剂：难以渗透涂膜的高强度胶粘剂，推荐无溶剂环氧树脂。

2）试验步骤

试验前制备好的砂浆块、工具、涂料应在标准试验条件下放置 24h 以上。

取五块砂浆块用 2 号砂纸清除表面浮浆，必要时按生产厂要求在砂浆块的成型面（70mm×70mm）上涂刷底涂料，干燥后按生产厂要求的比例将样品混合后搅拌 5min（单组分防水涂料样品直接使用）涂抹在成型面上，涂膜的厚度 0.5～1.0mm（可分两次涂覆，间隔不超过 24h）。然后将制得的试件按表 9-2 要求养护，不需要脱模，制备五个试件。

将养护后的试件用高强度胶粘剂将拉伸用上夹具与涂料面粘贴在一起，如图 9-14 所示，小心地除去周围溢出的胶粘剂，在标准试验条件下水平放置养护 24h。然后沿上夹具边缘一圈用刀切割涂膜至基层，使试验面积为 40mm×40mm。

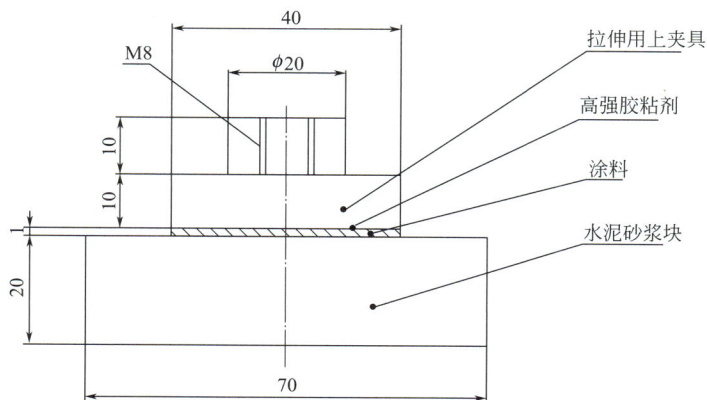

图 9-14　试件与上夹具粘结图（单位：mm）

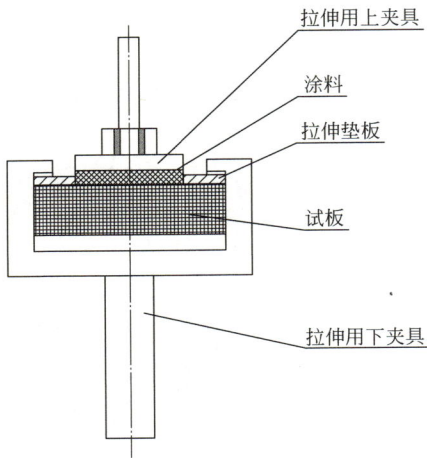

图 9-15 试件与夹具粘结图

将粘有拉伸用上夹具的试件如图 9-15 所示安装在试验机上，保持试件表面垂直方向的中线与试验机夹具中心在一条线上，以 5mm/min±1mm/min 的速度拉伸至试件破坏，记录试件的最大拉力。试验温度为（23±2)℃。

（2）B 法

1）试验器具

拉伸试验机：测量值在量程的 15%～85%之间，示值精度不低于 1%，拉伸速度 5mm/min±1mm/min。

电热鼓风烘箱：控温精度±2℃。

"8" 字形金属模具：如图 9-16 所示，中间用插片分成两半。

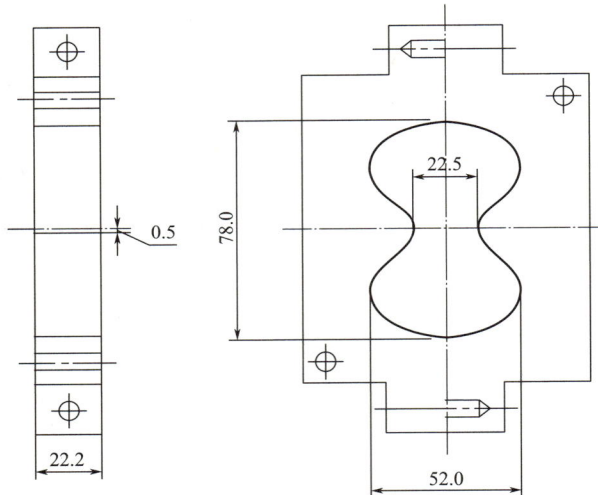

图 9-16 "8" 字形金属模具（单位：mm）

粘结基材："8" 字形水泥砂浆块，如图 9-17 所示。采用强度等级 42.5 级的普通硅酸盐水泥，将水泥、中砂按照质量比 1:1 加入砂浆搅拌机中搅拌，加水量以砂浆稠度 70～90mm 为准，倒入模框中振实抹平，然后移入养护室，1d 后脱模，水中养护 10d 后再在 50℃±2℃的烘箱中干燥 24h±0.5h，取出在标准条件下放置备用，同样制备五对砂浆试块。

2）试验步骤

试验前制备好的砂浆块、工具、涂料应在标准试验条件下放置 24h 以上。

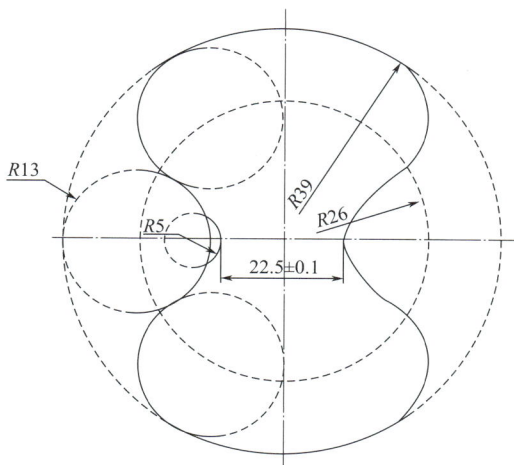

图 9-17　水泥砂浆块（单位：mm）

取五对砂浆块用 2 号砂纸清除表面浮浆，必要时先将涂料稀释后在砂浆块的断面上打底，干燥后按生产厂要求的比例将样品混合后搅拌 5min（单组分防水涂料样品直接使用）涂抹在成型面上，将两个砂浆块断面对接、压紧，砂浆块间涂料的厚度不超过 0.5mm。然后将制得的试件按表 9-2 要求养护，不需要脱模，制备五个试件。

将试件安装在试验机上，保持试件表面垂直方向的中线与试验机夹具中心在一条线上，以 5mm/min±1mm/min 的速度拉伸至试件破坏，记录试件的最大拉力。试验温度为 23℃±2℃。

3）结果计算

粘结强度按式（9-2）计算：

$$\sigma = \frac{F}{a \times b} \qquad\qquad 式（9-2）$$

式中：σ——粘结强度（MPa）；

　　　F——试件的最大拉力（N）；

　　　a——试件粘结面的长度（mm）；

　　　b——试件粘结面的宽度（mm）。

去除表面未被粘住面积超过 20% 的试件，粘结强度以剩下的不少于 3 个试件的算术平均值表示，不足三个试件应重新试验，结果精确到 0.01MPa。

4. 潮湿基面粘结强度检测与试验

制备"8"字形砂浆块。取 5 对养护好的水泥砂浆块，用 2 号砂纸清除表面浮浆，将砂浆块浸入 23℃±2℃ 的水中浸泡 24h。将在标准试验条件下已放置 24h 的样品按生产厂要求的比例混合后搅拌 5min（单组分防水涂料样品直接使用）。从水中取出砂浆块用湿毛巾揩去水渍，晾置 5min 后，在砂浆块的断面上涂抹准备好的涂料，将两个砂浆块断面对接、压紧，砂浆块间涂料的厚度不超过 0.5mm 在标准试验条件下放置 4h。然后将制得的试件进行养护，条件为温度 20℃±1℃，相对湿度不小于 90%，养护 168h。制备五个试件。

将养护好的试件在标准试验条件下放置 2h，将试件安装在试验机上，保持试件表面垂直方向的中线与试验机夹具中心在一条线上，以 5mm/min±1mm/min 的速度拉伸至试件破坏，记录试件的最大拉力。试验温度为 23℃±2℃。

结果计算参照式（9-2）。

5. 拉伸性能检测与试验

（1）试验器具

拉伸试验机：测量值在量程的 15%～85% 之间，示值精度不低于 1%，伸长范围大于 500mm。

电热鼓风干燥箱：控温精度±2℃。

冲片机及符合 GB/T 528 要求的哑铃Ⅰ型裁刀。

紫外线箱：500W 直管汞灯，灯管与箱底平行，与试件表面的距离为 47～50cm。

厚度计：接触面直径 6mm，单位面积压力 0.02MPa，分度值 0.01mm。

氙弧灯老化试验箱：符合 GB/T 18244 要求的氙弧灯老化试验箱。

（2）试验步骤

1）无处理拉伸性能

裁取符合 GB/T 528 要求的哑铃Ⅰ型试件，并画好间距 25mm 的平行标线，用厚度计测量试件标线中间和两端三点的厚度，取其算术平均值作为试件厚度。调整拉伸试验机夹具间距约 70mm 将试件夹在试验机上，保持试件长度方向的中线与试验机夹具中心在一条线上，按表 9-4 的拉伸速度进行拉伸至断裂，记录试件断裂时的最大荷载（P），断裂时标线间距离（L_1），精确到 0.1mm，测试五个试件，若有试件断裂在标线外，应舍弃用备用件补测。

拉伸速度 表 9-4

产品类型	拉伸速度（mm/min）
高延伸率涂料	500
低延伸率涂料	200

2）热处理拉伸性能

裁取六个 120mm×25mm 矩形试件平放在隔离材料上，水平放入已达到规定温度的电热鼓风烘箱中，加热温度沥青类涂料为 70℃±2℃，其他涂料为 80℃±2℃。

试件与箱壁间距不得少于 50mm，试件宜与温度计的探头在同一水平位置，在规定温度的电热鼓风烘箱中恒温 168h±1h 取出，然后在标准试验条件下放置 4h，裁取符合 GB/T 528 要求的哑铃 I 型试件，进行拉伸试验。

3）碱处理拉伸性能

在 23℃±2℃时，在 0.1％化学纯氢氧化钠溶液中，加入氢氧化钙试剂，并达到过饱和状态。

在 600mL 该溶液中放入裁取的六个 120mm×25mm 矩形试件，液面应高出试件表面 10mm 以上，连续浸泡 168h±1h 取出，充分用水冲洗、擦干，在标准试验条件下放置 4h，裁取符合 GB/T 528 要求的哑铃 I 型试件进行拉伸试验。

对于水性涂料，浸泡取出擦干后，再在 60℃±2℃的电热鼓风烘箱中放置 6h±15min，取出在标准试验条件下放置 18h±2h，裁取符合 GB/T 528 要求的哑铃 I 型试件进行拉伸试验。

4）酸处理拉伸性能

在 23℃±2℃时，在 600mL 的 2％化学纯硫酸溶液中，放入裁取的六个 120mm×25mm 矩形试件，液面应高出试件表面 10mm 以上，连续浸泡 168h±1h 取出，充分用水冲洗，擦干，在标准试验条件下放置 4h，裁取符合 GB/T 528 要求的哑铃 I 型试件进行拉伸试验。

对于水性涂料，浸泡取出擦干后，再在 60℃±2℃的电热鼓风烘箱中放置 6h±15min，取出在标准试验条件下放置 18h±2h，裁取符合 GB/T 528 要求的哑铃 I 型试件进行拉伸试验。

5）紫外线处理拉伸性能

裁取六个 120mm×25mm 矩形试件，将试件平放在釉面砖上，为了防粘，可在釉面砖表面撒滑石粉。将试件放入紫外线箱中，距试件表面 50mm 左右的空间温度为 45℃±2℃，恒温照射 240h。取出在标准试验条件下放置 4h 裁取符合 GB/T 528 要求的哑铃 I 型试件进行拉伸试验。

6）人工气候老化材料拉伸性能

裁取六个 120mm×25mm 矩形试件放入符合 GB/T 18244 要求的氙弧灯老化试验箱中，试验累计辐照能量为 1500MJ^2/m（约 720h）后取出，擦干，在标准试验条件下放置 4h，裁取符合 GB/T 528 要求的哑铃 I 型试件进行拉伸试验。

对于水性涂料，取出擦干后，再在 60℃±2℃的电热鼓风烘箱中放置 6h±15min，取出在标准试验条件下放置 18h＋2h，裁取符合 GB/T 528 要求的哑铃 I 型试件进行拉伸试验。

（3）结果计算

1）拉伸强度

试件的拉伸强度按照公式（9-3）表示：

$$T_L = \frac{P}{B \times D} \qquad \text{式（9-3）}$$

式中：T_L——拉伸强度（MPa）；

P——最大拉力（N）；

B——试件中间部位宽度（mm）；

D——试件厚度（mm）。

取五个试件的算术平均值作为试验结果，结果精确到 0.01MPa。

2）断裂伸长率

试件的断裂伸长率按照公式（9-4）表示：

$$E = \frac{L_1 - L_0}{L_0} \times 100\% \qquad \text{式（9-4）}$$

式中：E——断裂伸长率；

L_0——试件起始标线间距离 25mm；

L_1——试件断裂时标线间距离（mm）。

取五个试件的算术平均值作为试验结果，结果精确到 1%。

3）保持率

拉伸性能保持率按照公式（9-5）表示：

$$R_t = \frac{T_1}{T} \times 100\% \qquad \text{式（9-5）}$$

式中：R_t——样品处理后拉伸性能保持率；

T_1——样品处理前平均拉伸强度（MPa）；

T——样品处理后平均拉伸强度（MPa）。

结果精确到 1%。

6. 撕裂强度检测与试验

（1）试验器具

拉伸试验机：测量值在量程的 15%～85% 之间，示值精度不低于 1%，伸长范围大于 500mm。

电热鼓风干燥箱：控温精度 ±2℃。

冲片机及符合 GB/T 529 要求的直角撕裂裁刀。

厚度计：接触面直径 6mm，单位面积压力 0.02MPa，分度值 0.01mm。

（2）试验步骤

裁取符合 GB/T 529 要求的无割口直角撕裂试件，用厚度计测量试件直角撕裂区域三点的厚度，取其算术平均值作为试件厚度，将试件夹在试验机上，保持试件长度方向的中线与试验机夹具中心在一条线上，按表 9-4 的拉伸速度拉伸至断裂，记录试件断裂时的最大荷载（P），测试五个试件。

（3）结果计算

试件的撕裂强度按式（9-6）计算：

$$T_s = \frac{P}{d} \qquad\qquad 式（9-6）$$

式中：T_s——撕裂强度（kN/m）；

P——最大拉力（N）；

d——试件厚度（mm）。

取五个试件的算术平均值作为试验结果，结果精确到 0.1kN/m。

7. 定伸时老化检测与试验

（1）试验器具

电热鼓风干燥箱：控温精度±2℃。

氙弧灯老化试验箱：符合 GB/T 18244 要求的氙弧灯老化试验箱。

冲片机及符合 GB/T 528 要求的哑铃Ⅰ型裁刀。

定伸保持器：能使标线间距离拉伸 100％以上。

（2）试验步骤

1）加热老化

裁取符合 GB/T 528 要求的哑铃Ⅰ型试件，并画好间距 25mm 的平行标线，并使试件的标线间距离从 25mm 拉伸至 50mm，在标准试验条件下放置 24h。然后将夹有试件的定伸保持器放入烘箱，加热温度沥青类涂料为 70℃±2℃，其他涂料为 80℃±2℃，水平放置 168h 后取出。再在标准试验条件下放置 4h。观测定伸保持器上的试件有无变形，并用 8 倍放大镜检查试件有无裂纹，同时试验三个试件，分别记录每个试件有无变形、裂纹。

2）人工气候老化

裁取符合 GB/T 528 要求的哑铃Ⅰ型试件，并画好间距 25mm 的平行标线，并使试件的标线间距离从 25mm 拉伸至 37.5mm，在标准试验条件下放置 24h。然后将夹有试件的定伸保持器放入符合 GB/T 18244 要求的氙弧灯老化试验箱中，试验 250h 后取出。再在标准试验条件下放置 4h，观测定伸保持器上的试件有无变形，并用 8 倍放大镜检查试件有无裂纹。同时试验三个试件，分别记录每个试件有无变形、裂纹。

（3）结果评定

每个试件应无裂纹、无变形。

8. 加热伸缩率检测与试验

（1）试验器具

电热鼓风干燥箱：控温精度±2℃。

测长装置：精度至少0.5mm。

（2）试验步骤

裁取300mm×30mm试件三块，将试件在标准试验条件下水平放置24h，用测长装置测定每个试件长度（L_0）。将试件平放在撒有滑石粉的隔离纸上，水平放入已加热到规定温度的烘箱中，加热温度沥青类涂料为70℃±2℃，其他涂料为80℃±2℃，恒温168h±1h取出，在标准试验条件下放置4h，然后用测长装置在同一位置测定试件的长度（L_1），若试件有弯曲，用直尺压住后测量。

（3）结果计算

加热伸缩率按式（9-7）计算：

$$S = \frac{L_1 - L_0}{L_0} \times 100\%$$
式（9-7）

式中：S——加热伸缩率；

L_0——加热处理前长度（mm）；

L_1——加热处理后长度（mm）。

取三个试件的算术平均值作为试验结果，结果精确到0.1%。

9. 低温柔性检测与试验

（1）试验器具

低温冰柜：控温精度±2℃。

圆棒或弯板：直径10mm、20mm、30mm。

（2）试验步骤

1）无处理

裁取100mm×25mm试件三块进行试验，将试件和弯板或圆棒放入已调节到规定温度的低温冰柜的冷冻液中，温度计探头应与试件在同一水平位置，在规定温度下保持1h，然后在冷冻液中将试件绕圆棒或弯板在3s内弯曲180°，弯曲三个试件（无上、下表面区分），立即取出试件用肉眼观察试件表面有无裂纹、断裂。

2）热处理

裁取三个100mm×25mm矩形试件平放在隔离材料上，水平放入已达到规定温度的电热鼓风烘箱中，加热温度沥青类涂料为70℃±2℃，其他涂料为80℃±2℃。试件与箱壁间距不得少于50mm，试件宜与温度计的探头在同一水平位置，在规定温度的电热鼓风烘箱中恒温168h±1h取出，然后在标准试验条件下放置4h，按无处理试验步骤进行试验。

3）碱处理

在23℃±2℃时，在0.1%化学纯氢氧化钠溶液中，加入氢氧化钙试剂，并达到过饱和状态。

在400mL该溶液中放入裁取的三个100mm×25mm试件，液面应高出试件表面10mm以上，连续浸泡168h±1h取出，充分用水冲洗、擦干，在标准试验条件下放置4h，按无处理试验步骤进行试验。

对于水性涂料，浸泡取出擦干后，再在60℃＋2℃的电热鼓风烘箱中放置6h±15min，取出在标准试验条件下放置18h±2h，按无处理试验步骤进行试验。

4）酸处理

在23℃±2℃时，在400mL的2%化学纯硫酸溶液中，放入裁取的三个100mm×25mm试件，液面应高出试件表面10mm以上，连续浸泡168h±1h取出，充分用水冲洗、擦干，在标准试验条件下放置4h，按无处理试验步骤进行试验。

对于水性涂料，浸泡取出擦干后，再在60℃±2℃的电热鼓风烘箱中放置6h±15min，取出在标准试验条件下放置18h±2h，按无处理试验步骤进行试验。

5）紫外线处理

裁取的三个100mm×25mm试件，将试件平放在釉面砖上，为了防粘，可在釉面砖表面撒滑石粉。将试件放入紫外线箱中，距试件表面50mm左右时的空间温度为45℃±2℃，恒温照射240h。取出在标准试验条件下放置4h，按无处理试验步骤进行试验。

6）人工气候老化处理

裁取的三个100mm×25mm试件放入符合GB/T 18244要求的氙弧灯老化试验箱中，试验累计辐照能量为1500MJ/m²（约720h）后取出，擦干在标准试验条件下放置4h，按无处理试验步骤进行试验。

对于水性涂料，取出擦干后，再在60℃±2℃的电热鼓风烘箱中放置6h±15min，取出在标准试验条件下放置18h±2h，按无处理试验步骤进行试验。

（3）结果评定

所有试件应无裂纹。

9.4　防水材料试验报告与检测报告

9.4.1　防水卷材试验报告

1. 拉伸性能试验报告

（1）试验原理

（2）试验仪器

（3）试件制备

（4）试验步骤

（5）试验数据记录与处理

（6）试验结论

2. 不透水性试验报告

（1）试验原理

（2）试验仪器

（3）试件制备

（4）试验步骤

（5）试验数据记录与处理

（6）试验结论

3. 耐热性试验报告
（1）试验原理

（2）试验仪器

（3）试件制备

（4）试验步骤

（5）试验数据记录与处理

（6）试验结论

4. 撕裂性能试验报告

（1）试验原理

（2）试验仪器

（3）试件制备

（4）试验步骤

（5）试验数据记录与处理

（6）试验结论

5. 低温柔性试验报告

（1）试验原理

（2）试验仪器

（3）试件制备

（4）试验步骤

（5）试验数据记录与处理

（6）试验结论

9.4.2 防水涂料试验报告

1. 固体含量试验报告

（1）试验原理

（2）试验仪器

（3）试验步骤

（4）试验数据记录与处理

（5）试验结论

2. 耐热性试验报告

（1）试验原理

（2）试验仪器

（3）试验步骤

（4）试验数据记录与处理

（5）试验结论

3. 粘结强度试验报告

（1）试验原理

（2）试验仪器

（3）试验步骤

（4）试验数据记录与处理

（5）试验结论

4. 潮湿基面粘结强度试验报告

（1）试验原理

（2）试验仪器

（3）试验步骤

（4）试验数据记录与处理

（5）试验结论

5. 拉伸性能试验报告
（1）试验原理

（2）试验仪器

（3）试验步骤

（4）试验数据记录与处理

（5）试验结论

6. 撕裂强度试验报告
（1）试验原理

（2）试验仪器

（3）试验步骤

（4）试验数据记录与处理

（5）试验结论

7. 定伸时老化试验报告

（1）试验原理

（2）试验仪器

（3）试验步骤

（4）试验数据记录与处理

（5）试验结论

8. 加热伸缩率试验报告

（1）试验原理

（2）试验仪器

（3）试验步骤

（4）试验数据记录与处理

（5）试验结论

9. 低温柔性试验报告

（1）试验原理

（2）试验仪器

（3）试验步骤

（4）试验数据记录与处理

（5）试验结论

9.4.3 防水材料检测报告

委托单位		委托编号	
工程名称		检测类别	
防水材料品种		取样数量	
种类		检测日期	
生产厂家		报告日期	
检测依据			

检测结果

检测项目		标准要求	实测结果	单项评定	结果评定
防水卷材	拉伸性能				
	不透水性				
	耐热性				
	撕裂性能				
	低温柔性				
防水涂料	固体含量				
	耐热性				
	粘结强度				
	潮湿基面粘结强度				
	拉伸性能				
	撕裂强度				
	定伸时老化				
	加热伸缩率				
	低温柔性				
结论					
备注					

检测：　　　　审核：　　　　签发：　　　　报告日期：

【项目总结】

防水材料各项技术指标检测过程中应明确原理、检测仪器，按现行标准或规范进行检测操作，记录试验数据，按现行标准或规范要求对试验数据进行处理，并出具试验结论，填写防水材料单项性能指标试验报告，填写防水材料检测报告。

【思考及练习】

一、填空题

1. 在裁取试样前样品应在（   ）℃放置至少 24h。

2. 防水卷材拉伸性能检测与试验中，拉力的平均值修约到（   ）N，延伸率的平均值修约到（   ）%。

3. 防水卷材不透水性试验，试件有明显的水渗到上面的滤纸产生变色，认为（   ），所有试件通过认为（   ）。

4. 防水涂料低温柔性检测与试验中，在 23℃±2℃时，在 0.1% 化学纯氢氧化钠溶液中，加入（   ）试剂，并达到过饱和状态。

二、单选题

1. 沥青类防水涂料涂膜制备时，脱模前的养护条件是（   ）。

A. 在标准条件 120h   B. 在标准条件 96h

C. 在标准条件 72h   D. 在标准条件 48h

2. 高分子类防水涂料涂膜制备时，脱模后的养护条件是（   ）。

A. 40℃±2℃48h 后，标准条件 6h   B. 40℃±5℃48h 后，标准条件 6h

C. 40℃±2℃48h 后，标准条件 4h   D. 40℃±5℃48h 后，标准条件 4h

3. 防水涂料加热伸缩率检测与试验，取（   ）个试件的算术平均值作为试验结果。

A. 2   B. 3   C. 5   D. 6

三、多选题

1. 防水涂料粘结强度检测与试验的试验器具有（   ）。

A. 电热鼓风烘箱   B. 拉伸试验机   C. 厚度计

D. 水泥砂浆块   E. 高强度胶粘剂

2. 防水涂料拉伸性能检测与试验的试验步骤包括（   ）。

A. 人工气候老化材料拉伸性能   B. 热处理拉伸性能

C. 碱处理拉伸性能   D. 酸处理拉伸性能

E. 紫外线处理拉伸性能

四、简答题

1. 防水卷材耐热性检测与试验的原理是什么?

2. 防水涂料的粘接强度结果评定原则是什么?

3. 防水卷材的拉伸性能检测与试验中，要记录哪些数据，结论如何评定?